“十三五”规划教材

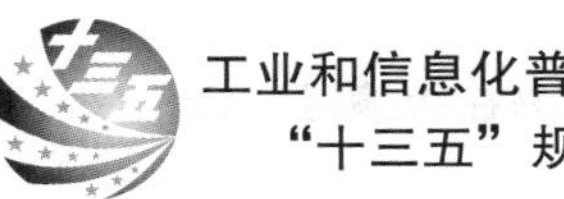

工业和信息化普通高等教育
“十三五”规划教材

13th Five-Year Plan Textbooks
of Software Engineering

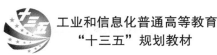

软件质量保证与测试

（慕课版）

王智钢 杨乙霖 ◎ 主编
王蓁蓁 钟睿 苗春雨 吴呜旦 苏敏 ◎ 副主编

Software Quality Assurance and Testing

人民邮电出版社
北京

图书在版编目（CIP）数据

软件质量保证与测试：慕课版 / 王智钢，杨乙霖主编. -- 北京：人民邮电出版社，2020.10
普通高等教育软件工程“十三五”规划教材
ISBN 978-7-115-54221-2

Ⅰ. ①软… Ⅱ. ①王… ②杨… Ⅲ. ①软件质量—质量管理—高等学校—教材②软件—测试—高等学校—教材 Ⅳ. ①TP311.5

中国版本图书馆CIP数据核字(2020)第098865号

内 容 提 要

本书全面讲述了软件质量保证与测试的发展过程、基本概念、核心思想、基本原理、基本方法、主要过程、常用技术和工具，内容包括绪论、软件测试策略、黑盒测试、白盒测试、软件测试过程、面向对象测试、自动化测试、软件评审、软件质量与质量保证、测试的组织和管理及软件测试热点。

本书以大量源程序代码和测试代码作为示例来进行讲解，结合软件开发，培养学生的测试分析、测试设计和测试开发能力。本书以基于“学习产出”的教育模式为指导，提供丰富新颖的习题，加强对学生“能力产出”的度量和考核，以适应工程教育认证的要求。本书为慕课（MOOC）教材，可以提供全套网络教学资源，让暂不具备这些数字化资源的学校和教师能快速开设“软件质量保证与测试”“软件测试”慕课/微课课程。

本书可作为应用型本科软件工程、计算机等专业“软件质量保证与测试”“软件测试”课程的教材，也可作为软件测试工程师的参考书。

◆ 主　　编　王智钢　杨乙霖
　副 主 编　王蓁蓁　钟　睿　苗春雨　吴鸣旦　苏　敏
　责任编辑　李　召
　责任印制　王　郁　陈　犇
◆ 人民邮电出版社出版发行　　北京市丰台区成寿寺路 11 号
　邮编　100164　电子邮件　315@ptpress.com.cn
　网址　https://www.ptpress.com.cn
　北京隆昌伟业印刷有限公司印刷
◆ 开本：787×1092　1/16
　印张：15　　2020 年 10 月第 1 版
　字数：409 千字　　2024 年 8 月北京第 11 次印刷

定价：49.80 元

读者服务热线：(010)81055256　印装质量热线：(010)81055316
反盗版热线：(010)81055315
广告经营许可证：京东市监广登字 20170147 号

前言
Foreword

随着软件数量越来越多，并且一些软件的规模越来越大，复杂度越来越高，软件的应用越来越广泛和深入，尤其是软件在一些事关国计民生的重要领域的应用，使软件的质量风险越来越高，社会对软件质量的要求也越来越高，软件质量保证与测试越来越受到关注和重视，它已经成为软件工程专业的一门核心课程。

党的二十大报告中提到："全面提高人才自主培养质量，着力造就拔尖创新人才，聚天下英才而用之。"并不是只有将来专门从事软件质量保证与测试工作的人员，才需要学习软件质量保证与测试。首先，所有参与软件项目的人都应具有软件质量意识，树立质量保证和测试理念，正如伯恩斯坦（Burnstein）博士在软件测试成熟度模型最高级中所期望的那样，测试不是行为，而是一种自觉的约束，不用太多的测试投入，即可产生低风险的软件。其次，随着软件迭代的速度越来越快，软件测试和软件开发结合越来越紧密，这对软件开发者的软件测试能力提出了更高的要求，很多测试技术和工具也被越来越紧密地集成到开发环境中，为开发者完成相应测试工作提供了便利。软件开发者熟悉软件的详细设计和代码，由他们来完成单元测试、集成测试等一部分测试工作，有利于节约测试成本、提高软件质量。只有了解质量保证、懂得测试的开发人员才能开发出高质量的软件。因此，具有软件质量理念、掌握软件测试知识、具备软件测试能力是对软件开发工程师的基本要求。

本书以大量源程序代码和测试代码作为示例来进行讲解，力争结合软件开发，培养软件工程专业学生基本的软件测试能力；同时，本书也较全面地介绍了软件测试的基础知识、基本方法和技术，为学生后续进一步深入学习软件测试奠定基础。本书以基于"学习产出"的教育模式为指导，运用启发式教学、实例化教学等方法，注重对学生测试分析、测试设计和测试开发能力的培养，加强对学生"能力产出"的度量和考核，以适应工程教育认证的要求。本书将软件质量保证与测试知识体系分解为相对独立的知识点，围绕知识点组织教学内容，适当减少了文字叙述，通过图解示意、表格列举等信息加工和表达手段，提高学习者学习兴趣，帮助其记忆和理解。同时，本书也适应碎片化学习、移动学习的需要。本书为 MOOC 配套教材，可以提供全套网络教学资源，支持 MOOC/SPOC 开设，让暂不具有这些数字化资源的学校能快速开设"软件质量保证与测试"MOOC/SPOC 课程（登录"中国大学慕课"或"优课在线"获取 MOOC 资源）。

本书由王智钢、杨乙霖任主编，王蓁蓁、钟睿、苗春雨、吴鸣旦、苏敏任副主编。

第 1～7 章由王智钢编写，第 8 章由钟睿编写，第 9～10 章由杨乙霖、王蓁蓁编写，第 11 章第 1 节由杭州安恒信息技术股份有限公司苗春雨、吴鸣旦编写，第 11 章第 2 节由王智钢、苏敏编写。

由于作者水平所限，书中难免存在不足之处，望广大读者不吝赐教。

王智钢

金陵科技学院软件测试课程组

江苏省软件测试工程实验室

2023 年 5 月

目录

Contents

PART01

第1章

绪论

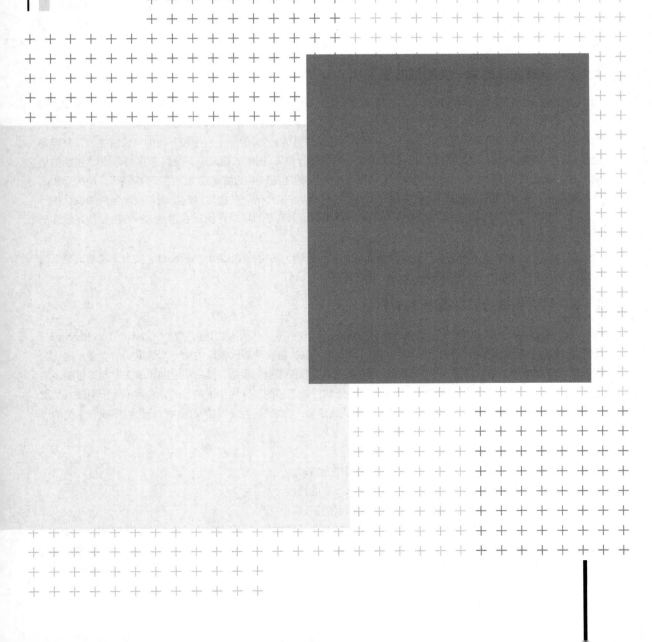

1.1 软件测试的产生与发展

1.1.1 软件测试的产生

软件测试是伴随软件的产生而产生的。早期的大多数软件是由使用该软件的个人或机构开发的，软件往往带有强烈的个人色彩。早期的软件开发也没有什么系统的方法可以遵循，而且除了源代码之外，往往也没有软件说明书等文档。那时软件规模都很小、复杂程度很低，软件开发的过程相当随意，开发人员将“调试”等同于软件测试，开发人员常常自己完成这部分工作。总体而言，对软件测试的投入极少，测试介入也晚，常常是等到代码编写完成，产品已经基本完成时才进行测试。

直到 1957 年，软件测试才开始与调试区别开来，作为一种专门致力于发现软件缺陷的活动。由于当时人们对软件测试的目的理解为“使自己确信产品能工作”，因此软件测试通常在程序代码编写完成之后进行。当时也缺乏有效的测试方法，主要依靠“错误推测”来寻找软件中的缺陷。因此，大量软件交付后，仍存在很多问题，软件产品的质量无法保证。

1.1.2 软件测试的第一类测试方法

1972 年，软件测试领域的先驱比尔·黑则尔（Bill Hetzel）博士在美国的北卡罗来纳大学组织了历史上第一次正式的关于软件测试的会议。1973 年，他首先给软件测试做了一个这样的定义：“就是建立一种信心，认为程序能够按预期的设想运行”。他在 1983 年又将定义修订为：“评价一个程序和系统的特性或能力，并确定它是否达到预期的结果。软件测试就是以此为目的的任何行为”。在他的定义中，“预期的设想”和“预期的结果”其实就是我们现在所说的用户需求或软件规格设计。他还把软件的质量定义为“符合要求”。他的思想的核心观点是：测试方法是试图验证软件是“工作的”，所谓“工作的”是指软件的功能是按照预先的设计执行的，是以正向思维，针对软件系统的所有功能点，逐个验证其正确性。软件测试业界把这种方法看作是软件测试的第一类测试方法。

1975 年，约翰·古迪纳夫（John Goodenough）和苏珊·格哈特（Susan Gerhart）发表了《测试数据选择的原理》这篇文章，软件测试被确定为一种研究方向。

1.1.3 软件测试的第二类测试方法

软件测试的第一类测试方法受到很多业界权威的质疑和挑战，代表人物是迈尔斯（Glenford J. Myers）。1979 年，迈尔斯发表的代表性论著《软件测试艺术》可以算是软件测试领域的第一本最重要的专著，他认为测试不应该着眼于验证软件是工作的，相反应该首先认为软件是有错误的，然后用逆向思维去发现尽可能多的错误。他还从人的心理学的角度论证，如果将“验证软件是工作的”作为测试的目的，非常不利于测试人员发现软件中的错误。1979 年，他提出了他对软件测试的定义：“测试是为发现错误而执行一个程序或者系统的过程”。这个定义被业界所认可，经常被引用。

迈尔斯还给出了与测试相关的三个重要观点。

（1）测试是为了证明程序有错，而不是证明程序无错误。

（2）一个好的测试用例在于它能够发现至今未发现的错误。

（3）一个成功的测试是发现了至今未发现的错误的测试。

这就是软件测试的第二类测试方法，简单地说就是验证软件是“不工作的”，或者说是有错误的。迈尔斯认为，一个成功的测试必须是发现缺陷（Bug）的测试，不然就没有价值。这就如同一个病人（假定此人确实有病），到医院做一项医疗检查，结果各项指标都正常，那么说明该项医疗检查对诊断该病人的病情是没有价值的，是失败的。迈尔斯提出的“测试的目的是证伪”这一概念，推翻了过去“为表明软件正确而进行测试”的错误认识，为软件测试的发展指明了方向，软件测试的理论、方法在此后得到了长足的发展。第二类软件测试方法在业界也很流行，受到很多学术界专家的支持。迈尔斯及他的同事们在20世纪70年代的工作是测试发展过程中的里程碑。

然而，对迈尔斯提出的“测试的目的是证伪”这一概念的理解也不能太过于片面。在很多软件工程学、软件测试方面的书籍中都提到一个概念：“测试的目的是寻找错误，并且是尽最大可能找出最多的错误”。这很容易让人们简单而直接地认为测试人员就是来“挑毛病”的，如果这样理解的话，也会带来诸多问题。罗恩·巴顿（Ron Patton）在《软件测试》一书中阐述：“软件测试人员的目标是找到软件缺陷，尽可能早一些，并确保其得以修复。”这样的阐述具有一定的片面性，软件测试工作的目标并不只是找到软件缺陷，还有其他的目标内容，如对软件质量进行客观评价，确保软件产品达到一定的质量标准等，如果把软件测试工作的目标仅仅定位于查找软件缺陷，那么可能带来以下两个负面影响。

（1）测试人员以发现缺陷为唯一目标，而很少去关注系统对需求的实现，测试活动往往会存在一定的随意性和盲目性。

（2）如果有些软件企业接受了这样的看法，就可能以发现缺陷的数量来作为考核测试人员业绩的唯一指标，这显然不科学。因为测试工作的价值不仅仅体现在发现的缺陷数量上，测试的工作量也不是简单的和发现的缺陷数量成正比例关系。

总的来说，第一类测试方法可以简单抽象地描述为这样的过程：在软件设计明确规定的环境下运行软件的各项功能，将其结果与用户需求或设计结果相比较，如果相符则测试通过，如果不相符则视为缺陷。这一过程的终极目标是将软件的所有功能在所有设计规定的环境中全部运行并通过。在软件行业中一般把第一类测试方法奉为主流和行业标准。第一类测试方法以需求和设计为本，因此有利于界定测试工作的范畴，更便于部署测试的侧重点，加强针对性。这一点对大型软件的测试，尤其是在有限的时间和人力资源情况下显得格外重要。

第二类测试方法与需求和设计没有必然的关联，更强调测试人员发挥主观能动性，用逆向思维方式，不断思考开发人员理解的误区、不良的习惯、程序代码的边界、无效数据的输入及系统的各种弱点，试图扰乱系统、破坏系统、摧毁系统，目标就是发现系统中各种各样的问题。这种方法往往能够更多地发现系统中存在的缺陷。

1.1.4 软件测试与软件质量

到了20世纪80年代初期，软件和信息技术行业进入了大发展时期，软件趋向大型化、复杂化，软件的质量越来越重要，要求越来越高。此时，一些软件测试的基础理论和实用技术开始形成，而且人们开始为软件的开发设计各种流程和管理方法。软件开发的方式也逐渐由混乱无序过渡到结构化的开发过程，以结构化分析与设计、结构化评审、结构化程序设计以及结构化测试为特征。

人们还将“质量”的概念融入其中，软件测试的定义发生变化，测试不单纯是一个发现错误的过程，而且包含软件质量评价的内容，软件测试成为软件质量保证（Software Quality Assurance，SQA）的主要手段。比尔·黑则尔在《软件测试完全指南》一书中指出：“测试是以评价一个程序或者系统属性为目标的任何一种活动。测试是对软件质量的度量。”

在这以后，软件开发人员和测试人员开始坐在一起探讨软件工程和测试问题，软件测试也有了行业标准。1983年，电气与电子工程师协会（Institute of Electrical and Electronic Engineers，IEEE）提出的软件工程术语中，给软件测试下的定义是：“使用人工或自动的手段来运行或测定某个软件系统的过程，其目的在于检验它是否满足规定的需求或弄清预期结果与实际结果之间的差别”。

软件测试总的来说是一种事后检查的方法。如果软件研发前期工作做得不好，完全依赖测试很难保障软件产品的质量。因此，结合事先预防、过程监督和事后检查的SQA就应运而生。SQA是为保证软件产品和服务充分满足用户要求的质量而进行的有计划、有组织的活动，它贯穿于整个软件过程。

SQA 通过对软件产品和软件过程明确质量标准、制订质量保证计划、落实质量措施、全程质量监督、阶段质量检查、给出质量报告、跟踪问题解决等，来保证软件产品质量是合乎标准的，使软件过程对于软件项目管理人员及软件用户来说是可监控、可度量的、可信任的。

1.1.5 软件测试及软件测试观念的发展过程

软件测试的产生与发展过程如图 1-1 所示。

在软件测试的产生与发展过程中，软件测试的观念也在不断发展变化并提高和升华，大致经历了四个阶段和层次，如图 1-2 所示。

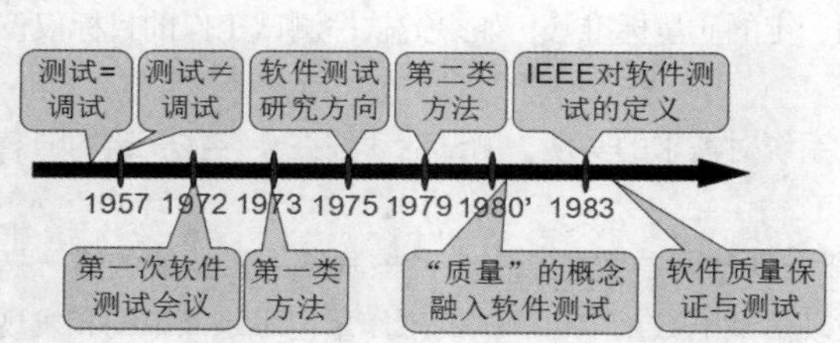

图 1-1 软件测试的产生与发展过程

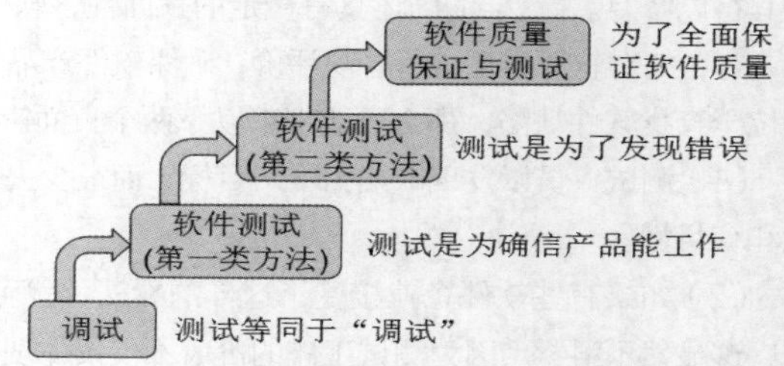

图 1-2 软件测试观念的四个阶段和层次

1.2 软件缺陷、软件错误、软件失败

1.2.1 第一个 Bug

软件缺陷常常又被叫作 Bug。Bug 一词的原意为"臭虫"或"虫子"，为什么把软件缺陷称为 Bug 呢？这与历史上的一件趣事有关。

1945 年 9 月 9 日下午，美国海军编程员、编译器的发明者格蕾斯·哈珀（Grace Hopper）（见图 1-3）正领着她的小组构造"马克二型"的计算机。这台"马克二型"计算机还不是电子计算机，它使用了大量的继电器（一种电子机械装置）。当时第二次世界大战还没有结束，哈珀的小组夜以继日地工作，她们工作的机房是一间第一次世界大战时建造的老建筑，天气炎热，房间没有空调，所有窗户都敞开散热。突然，"马克二型"计算机死机了。技术人员试了很多办法，最后定位到第 70 号继电器出错。哈珀检查这个出错的继电器，发现里面有一只飞蛾的尸体。她小心地用摄子将蛾子夹出来，用透明胶布贴到工作日志中，并注明"第一个发现 Bug 的实例"（见图 1-4）。后来，Bug 一词成了计算机领域的专业术语，比喻那些系统中的缺陷或问题。

图 1-3 格蕾斯·哈珀

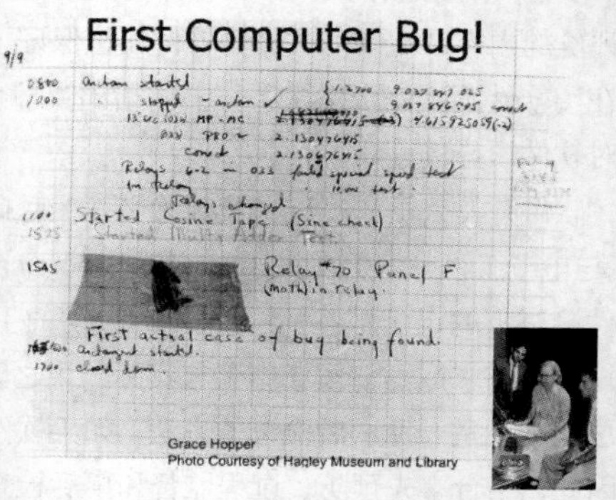

图 1-4 第一个发现 Bug 的实例

1.2.2 软件缺陷

软件缺陷是存在于软件（文档、数据、程序）之中的那些不希望或不可接受的偏差。缺陷的存在会导致软件产品在某种程度上不能满足用户的需要。

IEEE 729—1983 对缺陷有一个标准的定义：从产品内部看，缺陷是软件产品开发或维护过程中存在的错误、毛病等各种问题；从产品外部看，缺陷是系统所需要实现的某种功能的失效或违背。

符合下列情况的都属于软件缺陷。

（1）软件出现了产品说明书指明不会出现的错误。

（2）软件未达到产品说明书的功能。

（3）软件功能超出产品说明书指明的范围。

（4）软件未达到产品说明书虽未指出但应达到的目标。

（5）软件测试员认为难以理解、不易使用、运行速度缓慢，或者最终用户认为不好。

软件缺陷的五种情形如图 1-5 所示。

图 1-5　软件缺陷的五种情形

1.2.3 缺陷产生的原因

软件缺陷的产生主要是由软件产品的特点和开发过程决定的。那么造成软件缺陷的主要原因有哪些呢？下面从软件自身的特点、团队合作、技术问题和项目管理等角度来分析软件缺陷产生的各种原因。

1. 软件自身的特点

（1）软件需求不明确，或发生变化。如果对软件需求不明确，或者随着时间的推移软件需求发生变化，那么就会导致软件需求定位偏离实际需要的情况，从而导致软件产品在实际使用中，出现功能、性能或其他方面不符合使用需要的问题。例如，某网上售票系统，一开始把系统的并发在线购票用户数量定位在十万数量级。但在实际应用中，随着网络购票模式的流行和普及，同时在线购票用户数量可能会达到百万数量级，这样就会引起系统过载。系统过载后会导致性能下降，而如果负载超过其强度极限，则可能会彻底瘫痪或崩溃。

（2）软件系统结构非常复杂。如果软件系统结构非常复杂，而又无法设计成一个很好的层次结构或者组件结构，就可能出现意想不到的问题或者导致系统维护、扩充上的困难。即使设计成良好的面向对象的系统，由于对象、类太多，很难完成对各种对象、类相互作用的组合测试，软件中可能会隐藏着一些参数传递、方法调用、对象状态变化等方面的问题。

（3）精确的时间同步问题。对一些实时应用，要进行精心设计和技术处理，来保证精确的时间同步，否则容易引起时间上不协调、不一致所带来的问题。

（4）软件运行环境复杂。如果一个软件有很多用户，而用户在使用该软件的时候其运行环境又可能千差万别，如不同的硬件、不同的操作系统等，那么要让该软件在各种各样的软硬件环境条件下都能正常运行是不容易做到的。

当前，Web 和 App 大行其道，而能打开 Web 的浏览器种类很多、版本也很多；能运行 App 的手机、Pad 也是品牌众多、型号不一，要让 Web 和 App 在各种运行环境条件下都能正常运行和显示是很不容易做到的。

例如，某城市用于实现地铁手机购票和扫码进站的 App 存在以下缺陷。

① 在某些屏幕分辨率和字体设置下，会出现按钮重叠，无法正常登录，如图 1-6（a）所示。

② 在系统版本较低的 Pad 或手机上，可能出现进站二维码只显示一半的情况，无法实现扫码进站，如图 1-6（b）所示。

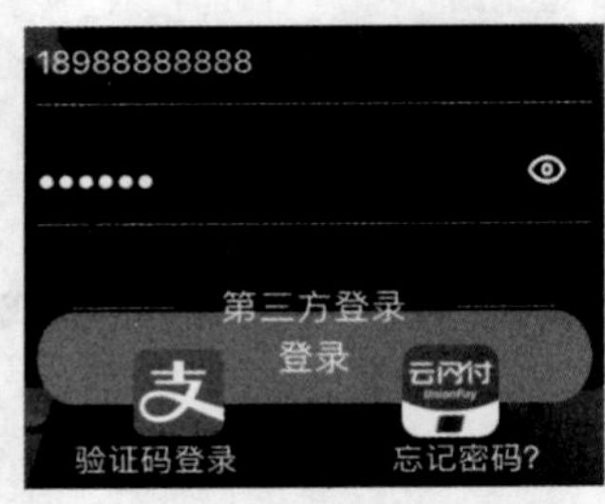

(a)　按钮重叠

(b) 二维码只显示一半

图 1-6　与运行环境有关的缺陷示例

（5）通信端口多、存取和加密手段的矛盾性等，会造成系统的安全性低或适用性差等问题。

2. 团队合作

现在的软件开发，主要都是以团队合作的形式来进行的。在软件开发的团队合作中，可能出现如下问题。

（1）在做软件需求分析时，开发人员和软件用户沟通不够，或者沟通存在困难和障碍，导致对软件需求的理解不明确或不一致。

（2）不同阶段的研发人员存在认识、理解上的不一致。例如，软件设计人员对需求分析的理解有偏差，编程人员对系统设计规格说明书某些内容重视不够或存在误解。

（3）对需求、设计或编程上的一些默认属性、相关性或依赖性，相关人员没有充分沟通。

（4）项目组成员技术水平参差不齐，新员工较多，或培训不够等原因也容易引起问题。

3. 技术问题

软件需求明确后，需要对软件进行设计和实现。在软件设计和实现中，以下原因可能导致软件缺陷的产生。

（1）系统结构设计不合理、算法不科学，造成系统性能低下。

（2）没有考虑系统崩溃后的自我恢复或数据的异地备份、灾难性恢复等问题，从而导致软件系统存在安全性、可靠性等方面的隐患。

（3）对程序逻辑路径或数据范围的边界考虑不够周全，漏掉某些可能的情况或边界条件，造成逻辑或边界值错误。

（4）算法错误：在给定条件下没能给出正确或准确的结果。

（5）语法错误：对于编译性语言程序来说，编译器可以发现这类问题；但对于解释性语言程序来说，只能在测试运行时发现。

（6）计算和精度问题：计算的结果达不到所需要的精度。

（7）接口参数传递不匹配，导致模块集成出现问题。

（8）新技术的采用可能涉及技术不成熟或系统兼容性等问题。

4. 项目管理

在软件开发过程中，管理很重要，如果管理工作不到位，也会导致问题产生。

（1）缺乏质量意识，不重视软件质量，对质量、资源、任务、成本等的权衡没有把握好，对需求分析、软件评审、软件测试等环节的资源、成本投入不足，导致软件质量无法得到保证，这样开发出来的软件其缺陷会比较多。

（2）开发流程不够完善和规范，存在太多的随机性，缺乏严谨的评审机制，容易产生问题。例如，对需求变化、设计更改、代码修正等，缺乏严格规范的管理机制，导致开发过程难以稳步推进。

（3）开发周期短，需求分析、设计、编程、测试等各项工作都不能完全按照规范的流程来进行，工作过程马马虎虎、偷工减料，工作结果也就错误较多，甚至漏洞百出；开发周期短，还给各类开发人员造成太大的压力，引起一些人为的错误。

（4）软件文档不完善，风险估计不足等。

1.2.4 PIE模型

在试图发现软件缺陷而执行软件的动态测试工作中，有一些复杂而有趣的现象。假设某个程序中有行代码存在缺陷，在该软件的某次执行中，这个存在缺陷的代码行并不一定会被执行到，这样的话是不可能发现这行代码中的错误的；就算是这个存在缺陷的代码行被执行到了，但如果没有达到某个特定的条件，程序执行也并不一定会出错。动态测试中，只有执行错误代码行，符合某个或者某些特定的条件，程序执行出错，并表现出来被外部感知后，我们才能发现程序中的缺陷。

软件测试中的PIE模型可以区分这些不同的现象，并明确了这些现象的转化条件。在PIE模型中，有三个需要区分的概念。

（1）缺陷（Fault）：指静态存在于程序中、有问题的代码行。

（2）错误（Error）：指执行有问题的代码后导致的不正确的内部状态。错误是软件运行过程中出现的一种不希望或不可接受的内部状态，此时若不及时采取无适当措施进行处理，便会产生软件失败。

（3）失败（Failure）：指软件内部的错误状态传播到软件外部被外部感知。

缺陷、错误、失败的关系如图1-7所示。

PIE模型告诉我们，就算一个程序中有缺陷，但要通过动态测试观察到这一缺陷的外部表现，还需要满足以下三个条件。

（1）程序执行（Execution）路径必须通过有问题的代码行。

（2）在执行有问题的代码行的时候必须符合某个或者某些特定条件，从而触发产生错误的中间状态，这被称为感染（Infection）。

（3）错误的中间状态必须要传播（Propagation）到软件外部（如输出），使得外部能观测到输出结果与预期结果的不一致。

PIE是Propagation、Infection、Execution三个英文单词的首字母缩写。PIE模型如图1-8所示。

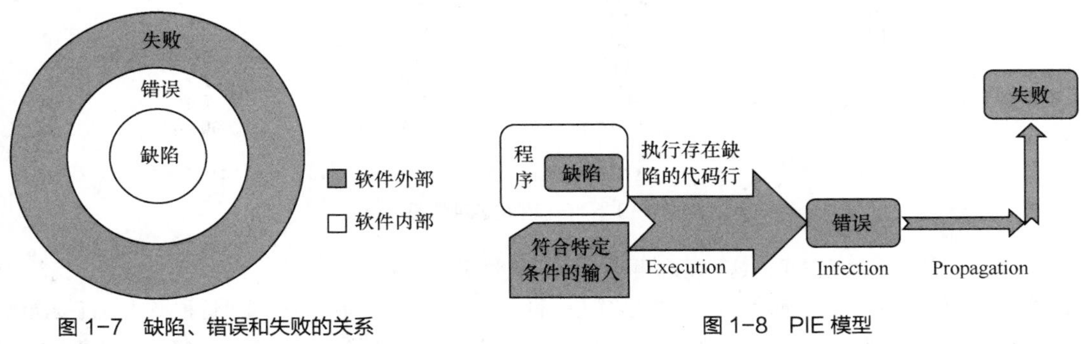

图1-7 缺陷、错误和失败的关系

图1-8 PIE模型

在对程序进行动态测试时，要防止三种测试无效的情形。

（1）程序有缺陷（有存在错误的代码行），但对软件进行测试时，存在错误的代码行没有被执行。

（2）即使执行到了包含缺陷的代码行，但不符合某个或者某些特定条件，没有产生错误的中间状态。

（3）产生了错误的中间状态，但没有传播到最后的输出，外部没有观察到软件失败。

这三种情形都会导致无法发现代码中的问题。

下面来看一个示例。有一个程序，包含以下代码段，该代码段在第6行存在缺陷，循环控制变量i的初值应为 0，而不是 1。

```
public static void MY_AVG (int [ ] numbers )
    {   int length = numbers.length;
        double V_avg, V_sum;
        V_avg = 0.0;
        V_sum = 0.0;
        for (int i = 1; i < length; i++ )    //缺陷Fault
        {  V_sum += numbers [ i ];  }
        if ( length!=0 )
        { V_avg = V_sum / (double) length;}
        System.out.println ("V_avg:  " + V_avg);
    }
```

情况 1：在程序的某次执行中，没有对上述代码段进行调用，缺陷代码行没有被执行到。此时，虽然代码中存在缺陷，但由于包含缺陷的代码行没有被执行，所以不会产生错误，也不会发生软件失败。

情况 2：在程序的某次执行中，调用了上述代码段，给定的测试数据为空整型数组 numbers，即 numbers[]={}，此时虽然执行到了包含缺陷的代码行，但不会产生错误。

情况 3：在程序的某次执行中，调用了上述代码段，给定的测试数据为 numbers[]={0,2,4}，程序的输出结果为 2，而预期的正确结果也为 2，此时产生了错误（执行过程中少加了一个数），但从外部来看，观察不到软件失败，因为输出结果碰巧和预期的正确结果一致。

情况 4：在程序的某次执行中，调用了上述代码段，给定的测试数据为 numbers[]={3,4,5}，程序的输出结果为 3，而预期的正确结果应为 4，此时产生了错误，也发生了软件失败。

PIE 模型的四种情况如图 1-9 所示。

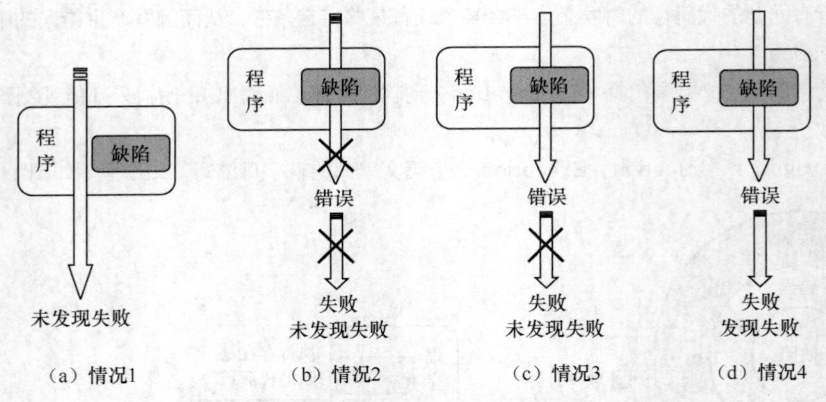

（a）情况1　（b）情况2　（c）情况3　（d）情况4

图 1-9　PIE 模型的四种情况

通过执行软件检查执行结果的这种动态测试活动，能够发现的问题只有外部层面的软件失败，也就是表现出来的问题；而程序中处于内部静态层次的缺陷和内部中间状态层次的错误无法通过这种测试而直接检测出来。测试设计要做的重要工作之一就是如何恰当地设计测试数据，使得可能存在的软件缺陷通过程序执行都尽可能地产生失败且被外部观察到。测试设计如图 1-10 所示。

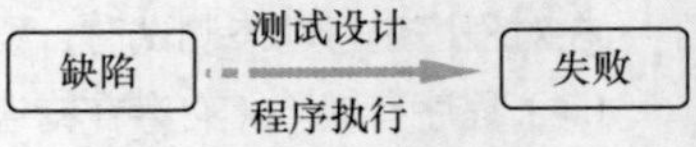

缺陷　测试设计　程序执行　失败

图 1-10　测试设计

软件开发是由人来完成的，所有由人做的工作都不会是完美无缺的。软件开发是非常复杂的过程，很容易出现各种各样的错误，导致软件可能存在很多缺陷。无论软件从业人员、专家和学者做多大的努力，软件缺陷仍然存在。

大家得到一种共识：软件中残存着缺陷，这是软件的一种属性，是无法改变的。但可以通过软件测试来尽可能多地发现软件中的缺陷，提高软件的质量。

1.3 软件测试的意义、原则和挑战

1.3.1 软件发展特点对软件测试的影响

软件的发展有其特点，这些特点会对软件测试产生一定影响。

（1）软件数量越来越多，且规模越来越大，使软件测试任务越来越重。随着时代的发展，软件的数量越来越多。以 App 为例，工业和信息化部公布 2018 年我国市场上监测到的 App 数量净增 42 万款，总量达到 449 万款；其中我国本土第三方应用商店的 App 超过 268 万款，苹果商店（中国区）移动应用约 181 万款。

软件规模也越来越大，例如，航天飞机控制软件有 4000 万行代码，空间站控制软件有 10 亿行代码，广泛使用的 Windows 操作系统也有 4500 万～6000 万行代码。

在其他因素不变或变化不大的情况下，软件缺陷数与软件规模大致成正比。例如，某软件研发团队，从他们已经开发的软件产品统计得知，其代码行缺陷率为千分之五，那么他们再做类似的软件时，开发的代码总行数乘以千分之五就是大致的缺陷数。开发的代码行越多，软件中的缺陷就越多，测试任务也就越重。

（2）软件复杂度越来越高，使缺陷产生的概率增大，同时也使测试难度越来越大。1962 年，计算机技术的先驱萨缪尔研发的跳棋程序击败了美国一个州的跳棋冠军。1997 年，IBM 公司的计算机系统“深蓝”战胜了国际象棋世界冠军卡斯帕罗夫。2016 年，谷歌公司研发的阿尔法围棋（AlphaGo）战胜了职业顶尖高手李世石。把这三个具有代表性的事件串联在一起，如图 1-11 所示，能够反映出我们已经能够研发出越来越复杂的软件。总体而言，软件中的缺陷数与软件复杂度正相关，软件越复杂则产生缺陷的概率越大，测试的难度也越大。

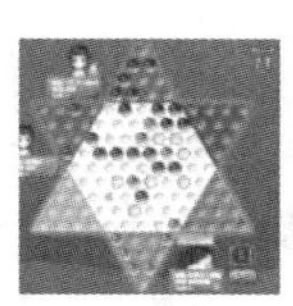
（a）1962年

（b）1997年

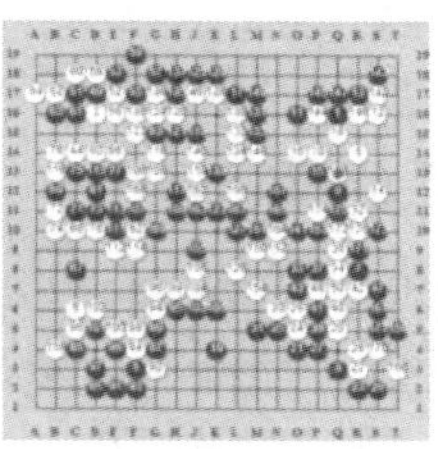
（c）2016年

图 1-11 软件复杂度越来越高

2017 年 5 月，谷歌无人驾驶团队宣布，谷歌无人驾驶汽车（见图 1-12）已测试 8 年，测试总里程已超过 300 万英里（约 480 万千米），相当于一个驾驶员数十年的行驶经验，谷歌每天还要在模拟器上对自动驾驶汽车进行 300 万英里的模拟测试。即使这样，谷歌无人驾驶汽车还需要继续测试，尚不能投入实际使用。

图 1-12 谷歌无人驾驶试验车

（3）软件应用热点、应用形式快速演进，使软件测试需求越来越多样化。以支付应用（见图 1-13）为例，从刷卡支付，到网银支付，再到支付宝、微信、QQ 支付等，还可以进一步演化到刷脸支付、声波支付等，支付应用可以说是五花八门。

(a) (b) (c) (d)

图 1-13　支付应用五花八门

现在的软件可分为单机软件、网络软件、手机 App、嵌入式软件等多种形式。软件应用热点、应用形式的快速演进，使得软件测试需求越来越多样化。不同类型的软件测试，需要不同的知识基础、方法手段和技术工具。而且新热点、新形式的软件，可能由于技术不成熟、缺少经验积累等，缺陷会较多，更需要做好测试工作。

（4）软件应用越来越广泛和深入，软件测试范围迅速扩大及深入。随着应用需求和技术发展，软件应用越来越广泛和深入，已经不能把对软件的认识仅仅局限于在计算机上运行的纯软件产品，越来越多的产品需要软件支撑或者涉及软件部分，这些产品也都需要进行软件测试，软件测试的范围已经由纯软件产品测试扩展到所有涉软产品的测试。

（5）软件在重要领域的应用使对软件质量的要求越来越高，软件的质量风险越来越高。例如，航空航天、武器控制、银行证券等领域的软件，其可靠性、安全性等质量要求非常高，必须要做好软件测试工作，保证软件质量。

1.3.2　软件缺陷导致的事故案例

随着软件在各个方面日益广泛和深入的应用，在给社会生产生活带来效率提升、能力增强、水平提高的同时，也曾因软件缺陷而导致过非常严重的事故，造成过重大财产和人身损失。尤其是那些事关国计民生的重要软件，没有严格的质量控制，不经过充分测试，就投入使用，就有可能造成恶性事故！下面我们来看一些与软件质量有关的恶性事故案例。

1. 爱国者导弹防御系统失效

1991 年 2 月 25 日，在第一次海湾战争中，部署在沙特阿拉伯达摩地区的美国爱国者导弹防御系统拦截伊拉克的一枚飞毛腿导弹失败，这枚飞毛腿导弹击中了位于沙特阿拉伯宰赫兰的美军军营，炸死了 28 名士兵，并导致 98 名士兵受伤。

事后的政府调查指出，拦截失败归咎于导弹控制软件系统中的一个时钟误差。该系统拦截飞毛腿导弹是通过一个函数来计算的，该函数接收两个参数，飞毛腿导弹的速度和雷达上一次侦测到该导弹的时间。爱国者导弹防御系统中有一个内置时钟，用计数器实现，每隔 0.1s 计数一次，程序用 0.1 乘以计数器的值得到以秒为单位的时间。计算机中的数字是以二进制形式来表示的，0.1 的二进制表示是一个无限循环序列：0.0[0011]B（方括号中的序列是重复的），这样一来，十进制的 1/10 用有限的二进制位来表示时就会产生一个微小的精度误差。

当时该爱国者导弹防御系统已经连续工作了 4 天，最终累积的时间偏差达到了 0.36s。飞毛腿导弹飞行的速度大概是 1676m/s，0.36s 的时间误差相当于对飞毛腿导弹的跟踪定位拦截误差约为 600m，这么大的距离偏差显然无法准确地拦截飞毛腿导弹。

在此之前，跟踪系统的误差已引起美军的注意。美陆军及主承包商雷锡恩公司已设计研制出一种时钟修正软件，但问题在于当时还没有来得及把相关的所有问题代码都进行修复，这个时间精度的问题依然存在于该系统之中。

2. 美国航天局火星登陆事故

1999年12月3日，美国航天局的“火星极地着陆器”（Mars Polar Lander，MPL）在试图登陆火星表面时，由于逆向推进器意外关闭，着陆器坠毁。事后分析测试发现，当着陆器的支撑腿迅速打开准备着陆时，机械振动很容易触发着地触电开关，控制系统误以为已经着陆，从而关闭逆向推进器。这一事故的后果非常严重，损失巨大，然而原因却如此简单，是控制系统存在设计缺陷。在着陆器的每条机械腿上都有1个霍尔效应磁传感器，用来感受着陆器是否已经触及火星地面，并在触及地面的50ms内关闭反推火箭发动机，从而完成着陆过程。但不幸的是，当着陆器到达火星表面1500m的上空时，着陆器的3条机械腿展开，此时的机械振动被传感器捕捉，并发送给控制系统，控制系统误以为已经着陆，过早地关闭了登陆逆向推进器，导致着陆器坠毁。

3. 致命的辐射治疗

Therac系列仪器是由加拿大原子能有限公司和一家法国公司联合制造的一种医用高能电子线性加速器，用来杀死病变组织癌细胞，同时使其对周围健康组织影响尽可能降低。Therac-25属于第三代医用高能电子线性加速器。20世纪80年代中期，Therac-25放射治疗仪在美国和加拿大发生了多次医疗事故，5名患者治疗后死亡，其余患者则受到了超剂量辐射被严重灼伤。

Therac-25放射治疗仪的事故是由操作失误、软件缺陷和系统设计共同造成的。当操作员输入错误而马上纠正时，系统显示错误信息，操作员不得不重新启动机器；但在启动机器时，计算机软件并没有切断X光，病人一直在治疗台上接受着过量的X光照射，最终使辐射剂量达到饱和的250戈瑞，而对人体而言，辐射剂量达到10戈瑞就已经是致命的了。

1.3.3 软件测试的意义

软件质量成本由预防成本、评估成本和失败成本三部分组成，如图1-14所示。

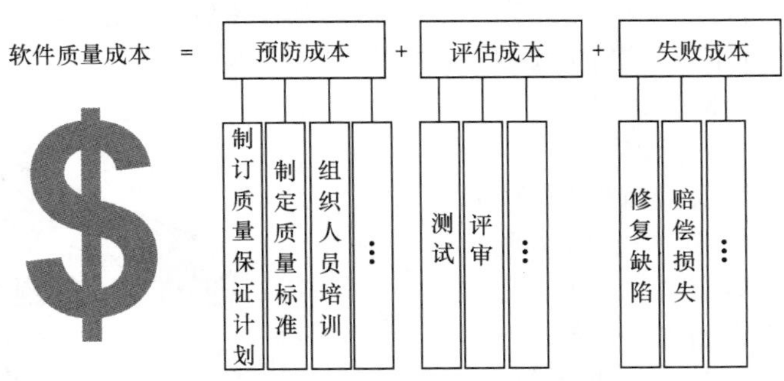

图1-14 软件质量成本的组成

（1）预防成本。预防成本是预防软件项目发生质量问题所产生的成本，规划质量与质量保证的成本都属于预防成本，如制订质量保证计划、制定质量标准、组织人员培训等。

（2）评估成本。评估成本是检查软件产品或生产过程，确认它们是否符合要求而发生的成本，如评审和测试成本。对软件进行质量控制的成本属于评估成本。

（3）失败成本。失败成本是制定纠正产品质量缺陷的措施及采取实际措施纠正缺陷、弥补缺陷造成的损失所发生的成本。它又可分为内部失败成本和外部失败成本，前者是指在产品给客户之前，在软件企业内部发现和处理缺陷所产生成本；后者是指客户拿到或者使用软件产品之后出现质量问题而产生的处理成本。

花费一定的成本对一个软件进行测试有哪些实际意义呢？一个软件项目，如果从一开始就做好软件质量保证工作，并对产品进行严格的测试，似乎是增加了预防成本和评估成本，但却可以减少因后期出现大量缺陷而频繁返工导致的内部失败成本，尤其是可以大幅度降低软件产品投入使用后出现故障导致巨额损失的概率，也就是降低了外部失败成本。所以，适当增加预防成本和评估成本，可以大幅度降低失败成本，从而降低总的软件质量成本。

软件测试的意义体现在以下五个方面。

（1）及早发现问题、解决问题，降低返工和修复缺陷的成本。同一个问题或错误，在软件开发过程中的不同阶段去发现和解决它，所要付出的成本是不一样的。早期就存在的问题如果没有被发现和解决，随着开发过程的推进会被逐级放大，发现问题和解决问题越迟，所要付出的成本就会越大。假设一个问题在需求分析阶段被发现和解决的成本是 1，那么到了后续阶段就会快速上升到数倍、数十倍，甚至成百上千倍。问题是时代的声音，回答并指导解决问题是理论的根本任务。缺陷修复成本逐级放大如图 1-15 所示。

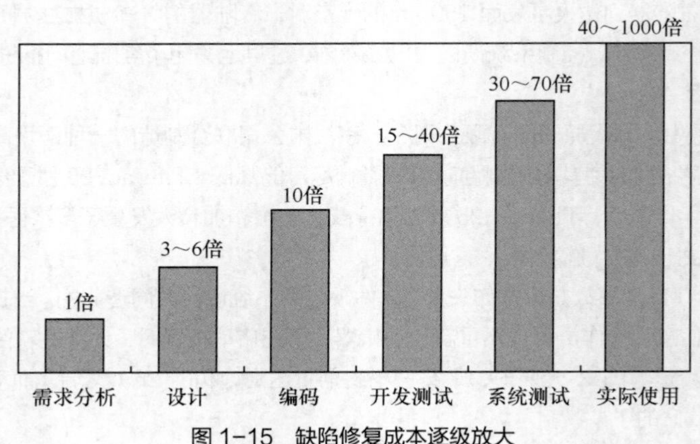

图 1-15　缺陷修复成本逐级放大

例如，有一个软件项目，在做需求分析时，对某一个需求指标点的 5 行文字描述是错的，但当时没有发现；在做概要设计时，按照这错误的 5 行文字描述，设计得到了 3 页错误的概要设计文档；在做详细设计时，按照 3 页错误的概要设计文档得到了 20 页错误的详细设计文档；最后，在编码阶段，按照 20 页错误的详细设计文档，编写了 5000 行并不符合实际需求的程序代码，如图 1-16 所示。

（2）防止事故发生，降低失败成本。

一些恶性软件事故造成过重大财产和人身损失，这些惨痛的教训告诉我们，必须防止软件事故的发生。因为在软件质量成本中，失败成本的变动空间非常大，最小可以是零，而最大却可以大到数以亿计，甚至大到无法估量。武器控制系统、航天航天软件等一旦发生故障，其损失是非常巨大的。通过对软件尤其是对重要软件进行有效的测试，就可以降低发生事故的概率，从而降低失败成本。

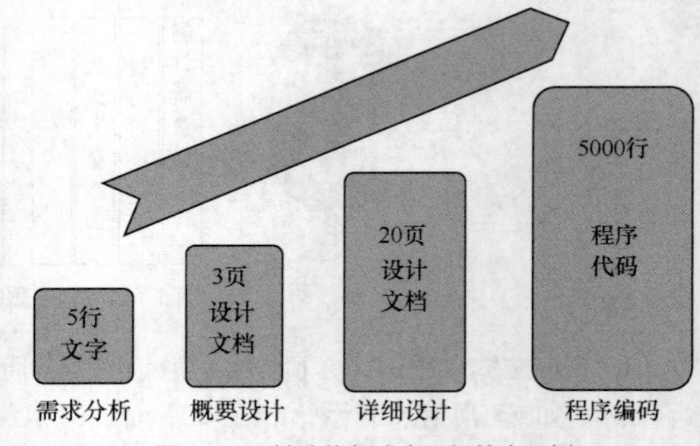

图 1-16　缺陷修复成本逐级放大示例

（3）保证软件产品达到一定的质量标准。我们知道，几乎每一种产品出厂前都应经过检验，只有检验合格的产品才能出厂。软件产品也是如此，必须通过测试，才能确保软件产品达到了一定的质量标准，是可以投入实际使用的。否则，就有可能让不合格的软件产品流入市场，形成事故隐患，甚至危害社会安全。

（4）对软件质量进行客观评价。如果要对一个产品进行客观的质量评价，而不是主观的猜测或者臆断，那就应当实际去检查、测试这一产品。对软件也是如此，只有通过对软件进行检查、测试，才能获得第一手的检查和测试结果，才能基于事实对软件质量进行客观评价。

（5）提高软件产品质量、满足用户需求。通过软件测试，不仅可以发现软件中的错误，还可以收集得到对软件的各种改进意见和建议，从而提高软件产品质量、满足用户的需求、提高用户对软件产品的满意度。

软件测试已成为一项专业化要求越来越高的工作，需要采用专门的方法和技术，需要借助各种专业化的工具，需要专业人才甚至是专家才能承担。并不是只有将来专门从事软件质量保证与测试工作的人才需要学习软件质量保证与测试。所有参与软件项目的人员都应当树立软件质量保证与测试的理念。开发人员也必须学习和掌握软件质量保证与测试的基本知识、方法、技术和工具。一般而言，软件开发人员需要对自己所开发的软件完成基本的单元测试和集成测试，只有懂测试的开发人员才能开发出高质量的软件。软件质量保证与测试的理念、知识和能力是对软件开发工程师的一项基本要求。

1.3.4 软件测试的基本原则

为了做好软件测试工作，应遵循以下基本原则。

（1）软件测试要贯穿于整个软件生存期，并把尽早和不断的测试作为座右铭。

（2）对软件的测试要求应追溯到用户的软件需求。

（3）应制订并严格执行测试计划，排除测试的随意性。

（4）软件测试需要客观性、独立性。

（5）穷尽测试是不可能的，应当进行测试设计，提高测试的覆盖度和针对性，降低测试的冗余度。

（6）设计测试用例时，应该考虑各种情况，包括异常情况。

（7）应妥善保存一切测试过程文档。

（8）对测试发现的错误结果一定要有一个确认的过程。

（9）应充分注意软件中问题的群集现象。

（10）通过测试的软件并不意味着没有任何缺陷。

（11）测试必须考虑成本和效益，测试工作需要适时终止。

我们来看一下为什么说穷尽测试是不可能的。设有一个软件，功能是输入两个数：A、B，输出：C = A+B。假设每一个输入数据用 32 位二进制数来存放，如果要把所有可能的输入都测试一次，粗略的估算一下：

每个数的取值：有 2^{32} 个；

A+B 所有可能的情况：有 2^{64} 种，约等于 10 的 20 次方。

如果计算机完成一次加法运算需要 1 纳秒的时间，则总共需要测试约 3000 年。不对软件做充分的测试是不负责任，而过度的测试也是一种严重浪费！

既然穷尽测试不可能，那么测试工作应当何时结束呢？随着测试工作的进行，软件中残留的缺陷会越来越少，但测试成本会越来越高，如图 1-17 所示。

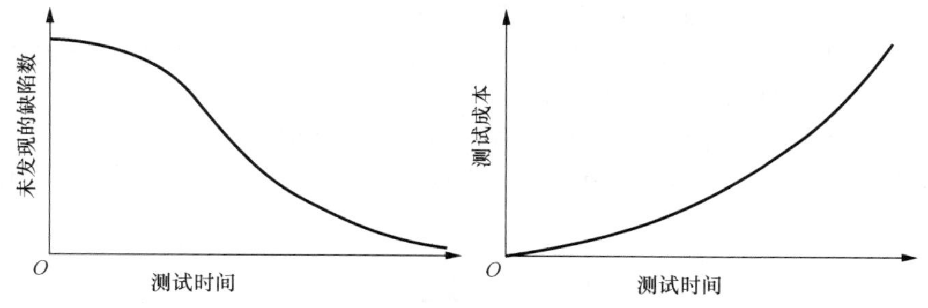

图 1-17 未发现的缺陷数与测试成本曲线

如果事先已有既定的测试结束标准，则当测试标准达到时测试即可结束测试。如果仅从未发现的缺陷数与测试成本曲线的角度来考虑，可以把以下情况之一作为测试结束的参考标准。

（1）测试成本投入与发现缺陷的投入产出比高于某一阈值时，意味着再投入测试成本已经不划算了，可以考虑结束测试。

（2）测试成本上升速率高于某一阈值时，意味着测试成本增长越来越快，可以考虑结束测试。

（3）未发现的缺陷数下降速率低于某一阈值时，意味着要发现新的缺陷越来越难，可以考虑结束测试。

1.3.5 关于测试的错误认识

关于测试，有一些错误的认识，需要予以纠正。

（1）软件测试由专人负责，与开发者无关。这样的观点是错误的，可以说软件测试与开发者紧密相关，因为开发者是自己所开发的代码和软件产品的第一责任人，单元测试和一些集成测试工作也都是由开发者自己来完成的。

（2）高水平程序员编写的程序无需测试。这一认识是错误的，没有人可做到开发的软件、编写的程序一定没有缺陷，因此对所有程序员编写的程序都要进行测试。

（3）测试是为了表明软件已正确地实现了用户的要求。这种看法是错误的，测试是为发现错误而执行一个程序或者系统的过程，所以测试时应考虑各种情况，包括可能导致执行出错的异常输入等。

（4）测试通过的软件一定是没有缺陷的。这种观点是错误的，测试通过只是说明软件达到了停止测试的标准，而不是没有缺陷。

（5）软件测试浪费经费和资源，拖累进度，没有必要。这样的认识也是错误的，如果从一开始就做好软件质量保证工作，并对产品进行严格的测试，就可以大幅降低因后期出现大量缺陷而频繁返工的概率；反之，则整个软件项目可能完全失败，根本无法交付，或者投入使用后因软件缺陷而导致严重事故，产生巨大损失。

1.3.6 软件测试面临的挑战

软件测试面临以下挑战。

（1）软件质量的理念还没有深入人心，理想状态应当是所有软件研发人员都把软件质量保证当成是一种自觉的约束，不用太多的测试投入就可产生低风险的软件，目前距离这一理想状态，还有很长的路要走。实际情况中不乏重产品、轻质量，重开发、轻测试，赶进度、降成本的例子。

（2）虽然软件测试技术的发展也很快，但其发展速度仍落后于软件开发技术的发展速度。

（3）如何通过软件质量保证与测试保证重要、关键软件不出问题，这是一个挑战。如果武器控制系统，航空航天软件，银行证券软件等软件出现质量问题，其后果可能非常严重。

（4）对于实时系统来说，我们还缺乏有效的测试手段。

（5）随着安全问题的日益突出，对信息系统的安全性进行有效的测试与评估，是世界性的难题。

（6）新的软件应用形式对软件质量保证与测试提出了新的挑战，如移动应用软件、嵌入式软件等。

（7）软件的规模越来越大，由此产生的测试任务越来越繁重。

（8）随着软件变得越来越复杂，研发过程中出现各种问题的概率增大，相应的软件质量保证工作难度也在增大，如何对其进行充分和有效的测试成为了难题。

（9）面向对象的开发技术越来越普及，但是面向对象的测试技术还很不成熟。

（10）对分布式系统整体性能，我们还不能进行很好的测试。

习 题

一、选择题

1. 缺陷产生的原因包括（　　）。

   A. 交流不充分及沟通不畅；软件需求的变更；软件开发工具的缺陷

B. 软件的复杂性；软件项目的时间压力

C. 程序开发人员的错误；软件项目文档的缺乏

D. 以上都是

2. 下面有关软件缺陷的说法中错误的是（　　）。

A. 缺陷就是软件产品在开发中存在的错误

B. 缺陷就是软件维护过程中存在的错误、毛病等各种问题

C. 缺陷就是导致系统程序崩溃的错误

D. 缺陷就是系统所需要实现某种功能的失效和违背

3. 以下选项不属于软件缺陷的是（　　）。

A. 软件没有实现产品规格说明所要求的功能

B. 软件中出现了产品规格说明不应该出现的功能

C. 软件实现了产品规格没有提到的功能

D. 软件满足用户需求，但测试人员认为用户需求不合常理

4. 下面有关测试原则的说法正确的是（　　）。

A. 测试用例应由测试的输入数据和预期的输出结果组成

B. 测试用例只需选取合理的输入数据

C. 软件最好由开发该软件的程序员自己来做测试

D. 使用测试用例进行测试是为了检查程序是否做了它该做的事

5. 在软件生命周期的哪一个阶段，软件缺陷修复费用最低（　　）。

A. 需求分析（编制产品说明书）　　B. 设计

C. 编码　　D. 产品发布

6. 为了提高测试的效率，应该（　　）。

A. 随机地选取测试数据　　B. 取一切可能的输入数据作为测试数据

C. 在完成编码以后制定软件的测试计划　　D. 选择发现错误可能性大的数据作为测试数据

7. 下列说法不正确的是（　　）。

A. 测试不能证明软件的正确性　　B. 测试员需要良好的沟通技巧

C. QA 与 testing 属于一个层次的概念　　D. 成功的测试是发现了错误的测试

8. 下列（　　）不属于软件缺陷。

A. 测试人员主观认为不合理的地方

B. 软件未达到产品说明书标明的功能

C. 软件出现了产品说明书指明不会出现的错误

D. 软件功能超出产品说明书指明范围

9. 产品发布后修复软件缺陷比项目开发早期这样做的费用要高（　　）。

A. 1~2 倍　　B. 10~20 倍　　C. 50 倍　　D. 100 倍或更高

10. 软件测试的目的是（　　）。

A. 发现程序中的所有错误　　B. 尽可能多地发现程序中的错误

C. 证明程序是正确的　　D. 调试程序

11. 经验表明，在程序测试中，某模块与其他模块相比，若该模块已发现并改正的错误较多，则该模块中残存的错误数目与其他模块相比，通常应该（　　）。

A. 较少　　B. 较多　　C. 相似　　D. 不确定

12. 导致软件缺陷的最大原因是（　　）。

A. 需求分析　　B. 设计　　C. 编码　　D. 测试

13. 下列中不属于测试原则的是（　　）。

A. 软件测试是有风险的行为　　B. 完全测试程序是不可能的

C. 测试无法显示潜伏的软件缺陷　　D. 找到的缺陷越多软件的缺陷就越少

14. 一个成功的测试是（　　）。

A. 发现错误码　　B. 发现了至今尚未发现的错误

C. 没有发现错误码　　D. 证明发现不了错误

15. 权衡多个因素，较实用的软件测试停止标准是（　　）。

A. 测试超过了预定时间，则停止测试。

B. 根据查出的缺陷总数量决定是否停止测试。

C. 测试成本超过了预期计划，则停止测试。

D. 分析发现的缺陷数量和测试投入成本曲线图，确定应继续测试还是停止测试。

16. 第一类测试方法与第二类测试方法的本质区别体现在（　　）。

A. 执行测试的人员不同　　B. 执行测试的时间不同

C. 执行测试的目的不同　　D. 执行测试的效果不同

17. 下列不属于软件缺陷的是（　　）。

A. 银行 POS 机在用户取款时翻倍吐钱，取 100 吐 200

B. 计算机病毒发作，屏幕出现熊猫烧香画面

C. 网上售票软件反应迟钝，用户难以正常买票

D. 某软件在进行修改升级之后，原来正常的功能现在出错了

二、填空题

1. 软件测试是使用人工或自动的手段来________或________某个软件系统的过程，其目的在于检验它是否满足规定的需求或弄清预期结果与实际结果之间的差别。

2. 软件质量成本包括所有由质量工作或者进行与质量有关的活动所导致的成本，包括________、________、________。

3. 软件缺陷产生的原因包括________________、________________、________________以及________________等。

4. ________是存在于软件（文档、数据、程序）之中的那些不希望或不可接受的偏差。它的存在会导致软件产品在某种程度上不能________________。

三、判断题

1. 没有可运行的程序，就无法进行任何测试工作。（　）

2. 软件测试针对的是初级程序员编写的程序，资深程序员编写的程序无需测试。（　　）

3. 测试是为了验证软件已正确地实现了用户的要求。（　　）

4. 测试一个程序，只需按程序的预期工作方式运行它就行了。（　　）

5. 好的测试员坚持不懈追求完美。（　　）

6. 软件测试工具可以代替软件测试员。（　　）

7. 在软件开发过程中，若能推迟暴露其中的错误，则为修复和改进错误所花费的代价就会降低。（　　）

8. 程序员与测试工作无关。（　　）

9. 我是个很棒的程序员，我无需进行单元测试。(　　)

10. 软件缺陷是导致软件失效的必要，而非充分要素。(　　)

11. 在软件产品计划阶段，不必进行 SQA 活动。(　　)

四、解答题

1. 什么是软件测试、软件质量保证？分析它们之间的关系如何。
2. 试分析应如何降低软件质量成本。
3. 什么是 PIE 模型？试分析 PIE 模型对软件测试设计有何指导意义。
4. 试分析软件缺陷产生的原因。
5. 试分析为什么要对软件进行质量保证与测试。
6. 计算机病毒是否是软件缺陷？为什么？
7. 第一类测试方法与第二类测试方法各自的优缺点是什么？
8. 针对以下代码，分析代码中存在的问题和缺陷。

```
public class getScoreAverage
{   public float getAverage( int [] scores )
    {   if (scores==null || scores.length==0)
        {   throw new NullPointerException();
        }
        float sum = 0.0F;
        int j=scores.length;
        for (int i=1; i<j; i++)
        {   sum += scores[i];
        }
      return sum/j;
     }
  }
```

9. 有程序段如下：

```
public int get_max(int x,int y,int z){
    int max;
    if(x>=y)
    {   max = x; }
    else
    {   max = y; }
    if( z>=x )
    {   max = z; }
          return max;      }
```

（1）试分析该程序段有何逻辑错误。

（2）设计 1 个测试数据，使执行该测试时会执行到缺陷代码但不会触发错误。

（3）设计 1 个测试数据，使执行该测试时会执行到缺陷代码并触发错误，但不会引起失败。

（4）设计 1 个测试数据，使执行该测试时会执行到缺陷代码，触发错误，并引起失败。

PART02

第2章

软件测试策略

2.1 软件测试的模型、过程和生命周期

2.1.1 软件测试的模型

软件测试的目标是以尽可能少的人力、物力和时间，尽可能多地找出软件中存在的各种问题和缺陷；意义是通过尽早发现和修正各种问题和缺陷，降低修正成本，提高软件质量，减小软件发布后可能由软件缺陷而造成的软件失败，降低发生事故的风险。

那么我们应当怎样来实施软件测试工作呢？软件测试模型是对软件测试工作的一种抽象，它划分了软件测试的主要阶段，明确了各阶段测试工作的基本内容。软件测试专家通过实践，总结出了很多很好的软件测试模型。这些模型对软件测试活动进行了抽象，并与开发活动进行了有机的结合，是软件测试过程管理和指导软件测试实施的重要参考依据。

1. V 模型

V 模型是最具有代表意义的软件测试模型，它反映出了软件测试活动与软件分析、设计、开发活动的关系。如图 2-1 所示，V 模型中左边是软件分析、设计、开发过程，右边是软件测试过程。

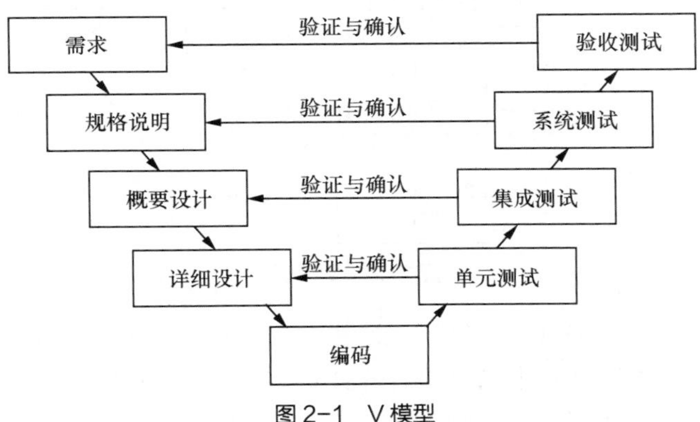

图 2-1 V 模型

V 模型指出，单元测试应检测程序单元是否满足软件详细设计的要求；集成测试应检测多个程序模块组装后是否满足软件概要设计的要求；系统测试应检测系统功能、性能等质量特性是否达到软件系统规格说明的要求；验收测试应确定软件的实现是否满足用户的需求或项目合同中的要求。

V 模型体现了软件测试活动与软件分析、设计、开发活动的关系。同时，V 模型也明确了各阶段软件测试工作的依据，如表 2-1 所示。

表 2-1 V 模型各阶段软件测试工作的依据

测试活动	测试依据
单元测试	详细设计
集成测试	概要设计
系统测试	软件规格说明
验收测试	软件需求或软件研发合同

软件测试并不是按照测试人员认为的标准或主观好恶来对软件进行检查测试的，而是有客观测试依据的。在测试工作中测试人员应明确测试依据，不掺杂主观好恶，保持客观性。

V 模型把软件测试作为需求分析、软件设计、程序编码之后的一个阶段，存在的两点不足。

一是，它忽视了对需求分析、软件设计的验证和确认，需求的满足情况一直到最后的验收测试才被验证。

二是，在 V 模型中，软件开发与测试是先后关系，先开发后测试。如果开发阶段没有有效的质量控制措施，到软件编码完成之后，通过测试发现大量缺陷和错误，再想提高软件质量，则成本会非常高，有时甚至已经不可能。而且所有测试工作都在开发之后进行，会延缓项目进度，延长项目的交付时间。

2. W 模型

如图 2-2 所示，W 模型由两个 V 字型模型组成，分别代表软件开发过程和软件质量验证、确认以及测试过程。相对于 V 模型，W 模型增加了软件开发各阶段中同步进行的验证和确认活动。

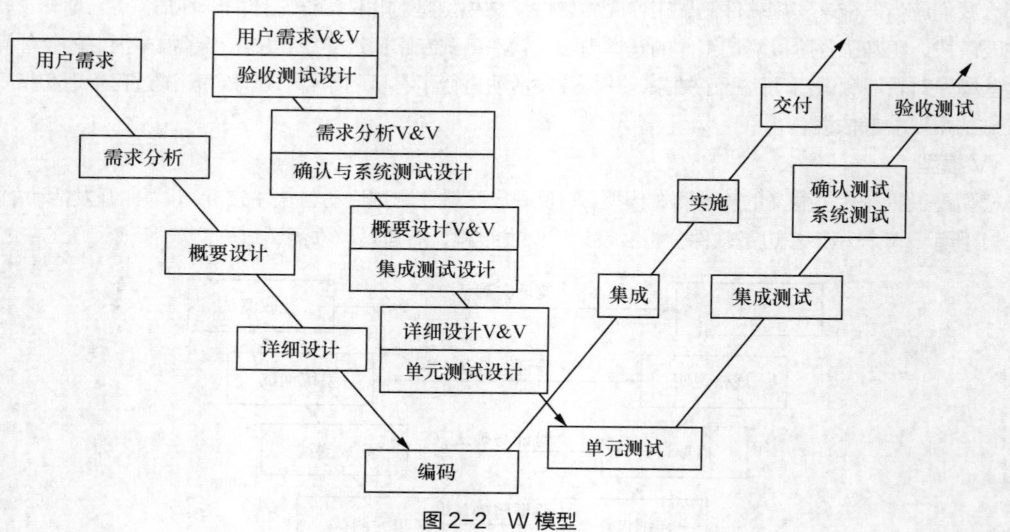

图 2-2 W 模型

W 模型强调：软件质量验证、确认，以及软件测试伴随整个软件开发周期，质量控制的对象不仅仅是程序代码，也包括软件需求、软件设计等；并且，在软件需求分析、软件设计阶段需要为后续的软件测试工作做准备，也就是说，软件质量验证、确认，以及软件测试是与软件开发同步进行的。

这种同步体现在以下几个方面。

（1）在做用户需求时，应对用户需求进行验证和确认，同时为验收测试做准备，编写验收测试用例等。

（2）在对系统做规格说明时，应对规格说明进行验证和确认，并同时为系统测试做准备，根据对系统的规格要求，编写系统测试用例等。

（3）在做概要设计时应对概要设计书进行验证和确认，并同时为集成测试做准备，根据概要设计中的模块关系图、模块接口规格、数据传输方式编写集成测试用例等。

（4）在做详细设计时应对详细设计书进行验证和确认，并同时为单元测试做准备，编写单元测试用例等。

W 模型的优点体现在以下几个方面。

（1）软件质量保证与测试的对象不仅仅是程序，还包括软件需求和软件设计等，只有对每一个环节都有质量控制和检查，才能提高软件质量，保证软件质量不能仅仅依靠在最后阶段来测试程序代码是否正确。

（2）软件质量验证、确认，软件测试活动与软件开发同步进行，这样有利于尽早的发现问题解决问题，防止问题传导到后续阶段，从而能降低软件开发的总成本。越早发现问题，解决问题的成本就会越小。

（3）尽早开展软件测试的相关工作，测试设计等一部分软件测试工作提前，以缩短软件项目的总工期。例如，需求分析阶段就可以及早进行验收测试设计，提前做好验收测试准备，这将减少测试工作所产生的时延，加快项目进度。

W 模型也存在局限性，它不支持迭代的开发模型，当前软件项目开发模式复杂多变，有时并不能完全以 W 模型来作为指导，但参考借鉴是完全可以的。

2.1.2 软件测试的过程

我们从 V 模型和 W 模型可以看出，在整个软件项目过程中，软件测试的过程可分为单元测试、集成测试，系统测试和验收测试四个主要阶段，如图 2-3 所示。

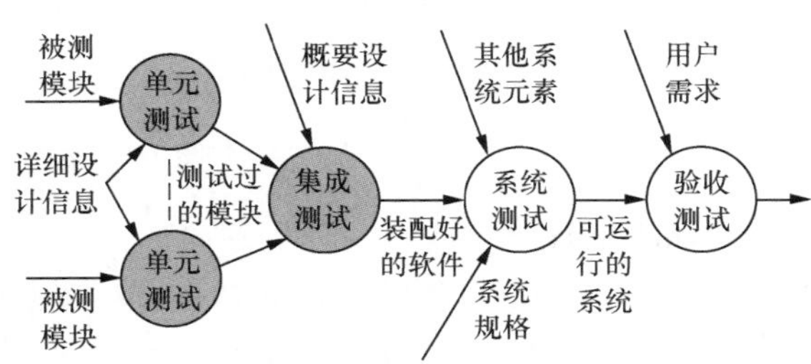

图 2-3 软件测试的过程

这四个主要阶段分别对应软件项目中的不同活动，依据不同的测试标准。

单元测试是针对每个程序单元的测试，以确保每个程序模块能正常工作为目标。各个软件单元的粒度划分可能有所不同，比如有具体到模块的测试，也有具体到类、函数的测试等。单元测试对应的是代码开发，测试依据是详细设计。

集成测试是按照设计要求对已经通过单元测试的模块进行组装后再进行的测试。目的是检验与软件设计相关的程序结构问题。实践表明，有的模块虽然能够单独正常工作，但并不能保证多个模块组装起来也能正常工作。一些局部反映不出来的问题，在全局上很可能暴露出来。集成测试对应的是程序模块集成，测试依据是概要设计。

系统测试是在把软件系统搭建起来后，检验软件产品能否与系统的其他部分（如硬件、操作系统、数据库等）协调工作，是否满足软件规格说明书中的功能、性能等各方面要求。系统测试对应的是系统集成和实施，测试依据是系统规格说明。

验收测试是从用户的角度对软件产品进行检验和测试，看是否符合用户的需求。验收测试对应的是软件验收和交付，测试依据是用户需求。根据软件的用户情况，验收测试大致可以分成两类，针对具有大量用户的通用软件，可以采用α测试+β测试的形式。α测试是由模拟用户在开发环境下完成的测试，β测试是由用户在真实环境下完成的测试。只有特定用户的专用软件，可以采用用户正式验收测试的形式。

软件测试各个阶段测试对象和测试依据如表 2-2 所示。

表 2-2 各个阶段的测试对象和测试依据

测试阶段	针对的软件项目活动	被测试对象	测试依据
单元测试	编码	程序模块	详细设计
集成测试	模块集成	组装好的多个程序模块	概要设计
系统测试	系统集成和实施	软件系统（包括软件及其运行环境）	软件规格说明
验收测试	验收和交付	可运行的软件系统	软件需求、合同要求，以及其他用户要求

软件测试中，还经常会提到回归测试。回归测试是指，在对软件进行修改之后，重新对其进行测试，以确认修改是正确的，没有引入新的错误，并且不会导致其他未修改的部分产生错误。

需要注意的是，回归测试并不是软件测试工作中排在验收测试之后的第五个测试阶段。在软件开发的各个阶段都有可能会对软件进行修改，都需要进行回归测试。

2.1.3 软件测试的生命周期

和软件开发项目类似，一个软件测试任务或一个软件测试项目，也有它的生命周期。软件测试的生命周期可以分为测试需求分析、测试计划、测试设计、测试开发、测试执行、测试总结和报告六个环节，如图 2-4 所示。

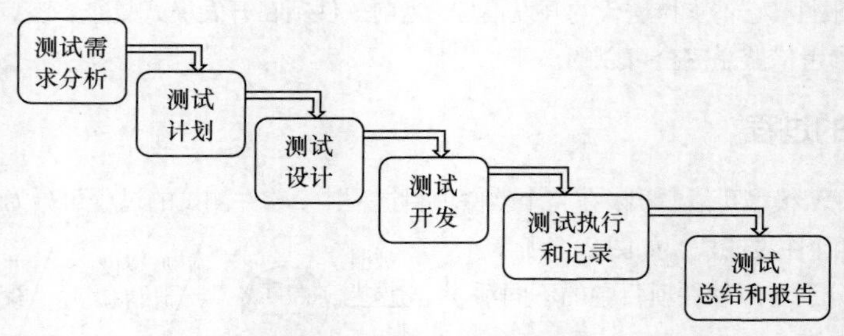

图 2-4　软件测试的生命周期

1. 测试需求分析

测试需求就是要测试哪些内容。测试需求分析就是要明确需要完成的测试任务、要测试内容和要达到的测试要求。测试需求越详细和精准，表明对所测软件的了解越深，对所要进行的任务内容就越清晰，就更有把握保证测试的质量与进度。一般来讲，测试需求可以由软件文档获取，如软件规格说明书中明确了软件具有某项功能，那么就需要测试这项功能是否实现。除有功能测试需求外，还可以有非功能测试需求，如性能测试需求、安全测试需求等。

2. 测试计划

测试计划就是事先对所要进行的测试工作所做的安排和描述，其内容包括测试项目的背景、测试目标、测试范围和内容、测试方式、资源配置、人员分工、进度安排，以及与测试有关的风险等方面。制订软件测试计划可以从以下几方面促进测试工作的开展。

（1）使软件测试工作有章可循，按部就班，测试工作会进行更加顺利。

（2）使软件测试工作的管理有据可依，更易于检查和督促。

（3）能促进测试项目参与人员彼此的沟通和交流，更好地实现分工与合作。

（4）能对照测试计划发现测试工作中的问题和不足，及时调整资源投入、人员安排等。

3. 测试设计

测试设计就是要合理运用软件测试的原则、策略和方法技术，设计测试方案和测试用例等，做到在尽可能降低测试成本的同时，尽可能多地发现软件中的问题和缺陷。测试设计要兼顾测试的充分性和节约成本原则，综合运用多种测试策略、方法、技术，设计合理的测试方案和测试用例，用尽可能少的测试数据对软件尽可能充分的进行测试，发现尽可能多的软件问题和缺陷，减少测试工作量，降低测试成本，提高测试效率。

4. 测试开发

测试开发主要指开发测试脚本，有时也包括自动生成测试数据等。软件测试需要重复执行软件，以便发现软件中的问题，测试开发的重要工作就是录制或者编写用于自动执行测试过程的代码，一般称为测试脚本。例如，以下为在自动化测试工具（Rational Functional Tester，RFT）中录制的一段测试脚本。

```
…
startApp("ClassicsJavaA");            // 启动应用软件 ClassicsJavaA
tree2().click(atPath("Composers->Bach->Violin Concertos"));
     // 在显示的目录树中依次选择 Composers、Bach、Violin Concertos
…
placeAnOrder().inputKeys("{Num3}{Num4} {Num1}{Num2}{Num3}{Num4}");
                                      // 输入数字 “341234”
确定().click();                        // 单击“确定”按钮
classicsJava(ANY,MAY_EXIT).close(); // 关闭应用软件 ClassicsJavaA
```

以上脚本中给出了注释，通过注释不难理解各行代码的作用。

有时在需要大量测试数据的情况下，也可以编写程序或者通过其他工具来自动生成一些测试数据，这可以称为测试数据开发。

5. 测试执行

测试执行就是具体执行软件测试的过程，包括运行被测试程序、输入测试数据、记录测试结果等。目前，很多情况下，可以通过运行测试脚本等来自动化地执行测试过程。测试执行时，应记录测试的过程和结果。一般自动化测试工具都会自动记录测试的过程和结果，并以测试执行日志的形式给出反馈。以下为 RFT 中一次测试执行后得到的日志。

```
2018年12月8日 下午04时31分50秒 脚本开始 [OrderBachViolin]
line_number = 1
script_iter_count = 0
script_name = OrderBachViolin
script_id = OrderBachViolin.java

2018年12月8日 下午04时31分50秒 启动应用程序 [ClassicsJavaA]
name = ClassicsJavaA
line_number = 28
script_name = OrderBachViolin
startapp_type = JAVA
startapp_executable = ClassicsJavaA.jar
startapp_working_directory = C:\Program Files\IBM\SDP\FunctionalTester\FTSamples
startapp_arguments =

2018年12月8日 下午04时31分53秒 验证点 [RememberPassword_text] 通过。
vp_type = object_data
name = RememberPassword_text
script_name = OrderBachViolin
line_number = 36
script_id = OrderBachViolin.java
baseline = resources\OrderBachViolin.RememberPassword_text.base.rftvp
expected = OrderBachViolin.0000.RememberPassword_text.exp.rftvp
查看结果

失败 2018年12月8日 下午04时31分56秒 验证点 [OrderTotalAmount] 失败。
vp_type = object_data
name = OrderTotalAmount
script_name = OrderBachViolin
line_number = 47
script_id = OrderBachViolin.java
baseline = resources\OrderBachViolin.OrderTotalAmount.base.rftvp
expected = OrderBachViolin.0000.OrderTotalAmount.exp.rftvp
actual = OrderBachViolin.0001.0000.OrderTotalAmount.act.rftvp
查看结果

失败 2018年12月8日 下午04时31分57秒 脚本结束 [OrderBachViolin]
script_name = OrderBachViolin
script_id = OrderBachViolin.java
```

这一测试日志表明，测试中有两个验证点，一个通过，一个不通过，整个测试不通过。

6. 测试总结和报告

测试总结和报告就是在测试执行完毕之后，统计分析测试结果、报告缺陷、评估软件质量等。图 2-5 所示为测试统计图表和报告示例。

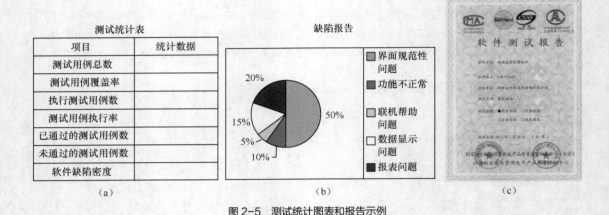

测试统计表

项目	统计数据
测试用例总数	
测试用例覆盖率	
执行测试用例数	
测试用例执行率	
已通过的测试用例数	
未通过的测试用例数	
软件缺陷密度	

（a）

缺陷报告

20%
50%
15%
5%
10%
界面规范性问题
功能不正常
联机帮助问题
数据显示问题
报表问题

（b）

软件测试报告

（c）

图 2-5　测试统计图表和报告示例

2.2　软件测试的方法和技术

软件测试的方法和技术有很多。从是否需要执行程序的角度来区分，软件测试可以分为静态测试与动态测试；从是否需要知道程序内部结构来区分，可以分为黑盒测试和白盒测试；从测试过程的执行者来区分，可以分为手工测试与自动化测试。

2.2.1　静态测试与动态测试

判断一个测试属于动态测试还是静态测试，其标准是是否需要运行被测试的程序。静态测试是指无须执行被测程序，而是手工或者借助专用的软件测试工具来检查、评审软件文档或程序，度量程序静态复杂度，检查软件是否符合编程标准，寻找程序中的问题和不足，降低错误出现的概率。动态测试方法是指通过运行被测程序，输入测试数据，检查运行结果与预期结果是否相符来检验被测程序功能是否正确，以及性能、安全性等是否符合要求。

静态测试与动态测试如图 2-6 所示。

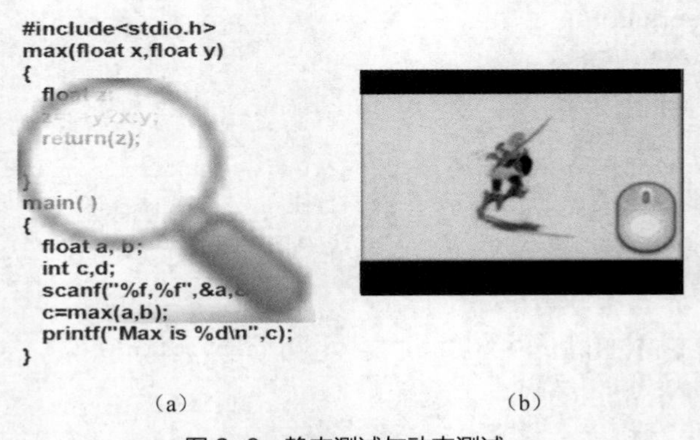

（a）　（b）

图 2-6　静态测试与动态测试

针对源程序的静态测试包括代码检查、静态结构分析、代码质量度量等。它可以由手工进行，充分发挥人的逻辑思维优势，也可以借助软件工具来自动进行。代码检查应在动态测试之前进行，在检查前，应准备好需求描述文档、程序设计文档、源代码清单、代码编码标准和代码缺陷检查表等。代码检查包括代码走查、桌面检查、代码审查等，主要检查代码与设计的一致性、代码对标准的遵循、代码可读性、代码逻辑表达的正确性、代码结构的合理性等，代码检查可以找出程序中违背程序编写标准、不符合编程风格的地方，发现程序中的不安全、不明确、不可移植等问题。代码检查项目包括变量检查、命名和类型审查、程序逻辑审查和程序结构检查等。

动态测试过程由以下三个阶段组成。

（1）设计和构造测试用例。

（2）执行被测试的程序并输入测试数据。

（3）分析程序的输出结果。

在软件测试中，我们把用来测试程序的输入数据、相应的预期结果等称为测试用例。测试用例是对一项具体的测试任务的描述，完整的测试用例除包括输入数据及预期结果外，还应包括测试目标、测试环境、测试步骤、测试脚本等（见图2-7），而且应形成测试用例文档。

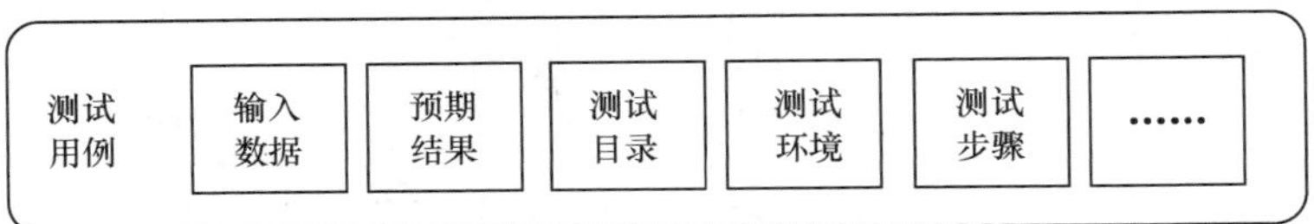

图2-7　测试用例

测试用例应该详细给出完成该项测试任务、执行该次测试过程所需的所有信息。设计测试用例和执行测试用例的可能不是同一个人。对照测试用例文档，应当能让一个没有参加测试设计、对被测软件可能并不熟悉的人员，能顺利完成相应测试执行任务。

静态测试和动态测试各有其优缺点，如表2-3所示。

表2-3　静态测试和动态测试各自的优缺点

测试方法	优点	缺点
静态测试	（1）发现缺陷早，能降低返工成本； （2）发现缺陷概率高； （3）发现的是缺陷本身，便于修改缺陷； （4）有代码覆盖的针对性	（1）耗费时间长； （2）对测试员技术能力要求较高，需要知识和经验积累； （3）准备工作多
动态测试	（1）较为简单易行； （2）能测试性能等非功能性特性	（1）发现缺陷迟； （2）发现缺陷概率低； （3）发现的只是缺陷的外部表现，而不是缺陷本身，后续还需要去定位缺陷的具体位置； （4）没有代码覆盖的针对性

开发者对自己开发的程序代码进行检查，这是静态测试；开发者执行代码，给定输入数据，看程序能否正常运行并给出预期的结果，这是动态测试。说静态测试和动态测试，软件开发者都会需要用到。

2.2.2　黑盒测试和白盒测试

黑盒测试又称功能测试、数据驱动测试或基于规格说明的测试，是一种从用户角度出发的测试。被测程序被看作一个黑盒子，不考虑程序的内部结构和特性，测试者只知道该程序输入和输出之间的关系（或程序的功能），依靠能够反映这一关系和程序功能的需求规格说明书确定测试用例，然后执行程序，检查输出结果是否正确性。

例如，有一个程序，它的功能是求一个数的两倍，如果对它做黑盒测试，那么我们并不需要知道程序内部是使用加法 y 等于 x 加 x，还是用乘法 y 等于 2 乘以 x，或是任何其他方法来实现求一个数的两倍；而只需要输入 2 看结果是否等于 4，或输入 3 看结果是否等于 6，以此检查程序运行结果是否正确即可，如图 2-8 所示。

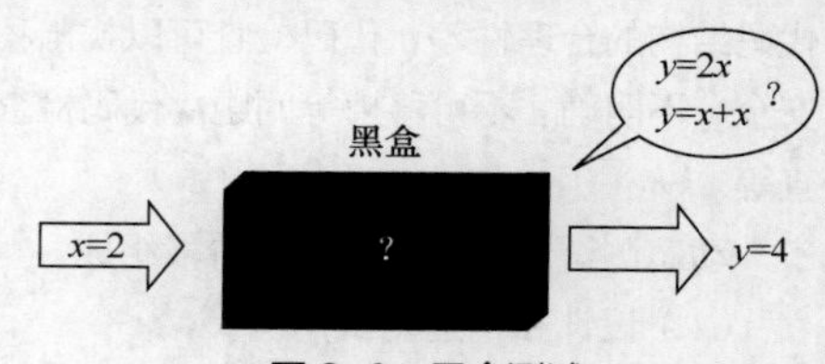

图 2-8　黑盒测试

白盒测试又称结构测试、逻辑驱动测试或基于程序的测试。它把程序看成是一个可以透视的盒子，能看清楚盒子内部的结构以及是如何运作的。白盒测试依赖于对程序内部结构的分析，针对特定条件或要求设计测试用例，对软件的逻辑路径进行测试，如图 2-9 所示。

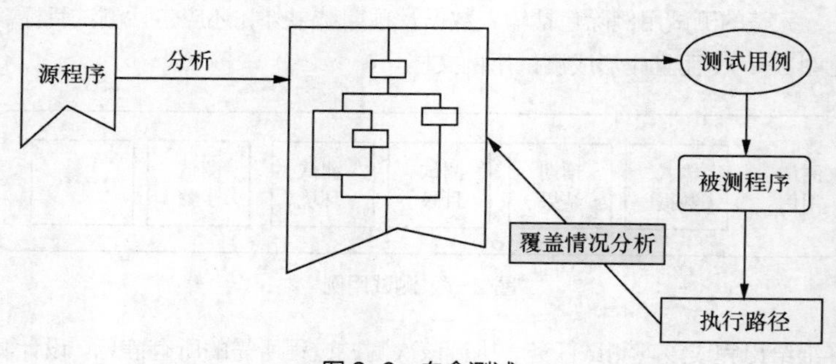

图 2-9　白盒测试

白盒测试可以在程序的不同位置检验“程序的状态”，以判定其实际情况是否和预期的状态相一致。

白盒测试要求对程序的结构特性做到一定程度的覆盖，或者说是“基于覆盖的测试”，覆盖程度越高，则测试工作做得越彻底，但测试成本也会越高。白盒测试是开发者最主要的测试方法，也是在软件测试工作上体现开发者优势的地方。

黑盒测试、白盒测试、动态测试、静态测试之间的关系如图 2-10 所示。

黑盒测试——>动态测试

白盒测试 { 静态测试、动态测试　　**动态测试 { 白盒测试、黑盒测试**

静态测试——>白盒测试

图 2-10　黑盒测试、白盒测试、动态测试、静态测试之间的关系

黑盒测试一定都是动态测试，因为黑盒测试都需要运行被测试程序。白盒测试，既有静态测试，如代码检查、静态结构分析等；也有动态测试，如逻辑覆盖测试等。动态测试，有可能是黑盒测试，如根据软件规格说明书进行功能测试；也有可能是白盒测试，如针对源程序做逻辑覆盖测试。静态测试只可能是白盒测试，因为黑盒测试一定都是动态测试，都需要运行被测试程序。

需要注意的是，动态白盒测试和动态黑盒测试都需要设计测试用例，但它们各自设计测试用例的依据是不一样的，动态白盒测试设计测试用例的依据是程序的逻辑结构，而动态黑盒测试设计测试用例的依据是程序规格说明。

灰盒测试可以看成是白盒测试与黑盒测试相结合的一种应用方法，它既关注在给定输入数据情况下的输出结果，同时也关注程序运行的内部状态，但这种关注不象白盒测试那样详细和完整，只是通过一些表征性的现象、事件、标志来判断程序内部的运行状态是什么样的。灰盒测试只需要部分程序代码信息。对程序进行反编译，可以获取部分代码信息，针对这部分代码信息，很难完全采用白盒测试方法。这时，可以结合一些黑盒测试方法来完成完整的测试。在做黑盒测试时，有时候输出是正确的，但内部其实已经出错了，这样的情况很多。如果完全都采用白盒测试，效率会很低，因此需要采取黑盒测试和白盒测试相结合的这样一种方法。灰盒测试主要应用于集成测试、安全测试等情形。

2.2.3 手工测试与自动化测试

手工测试是指由测试人员手工执行测试过程，记录测试结果，并检查测试结果是否与预期一致。手工测试有很多弊端，当测试任务很重，需要执行非常多的测试数据时，手工测试是难以满足实际需要的，于是自动化测试应运而生。自动化测试是把以人为驱动的测试行为转化为机器执行的一种过程，通过开发和使用软件分析和测试工具、测试脚本等来实现软件分析和测试过程的自动化。自动化测试具有良好的可操作性、可重复性和高效率等特点。

以自动化黑盒测试为例，某软件总共需要执行 5 万组测试数据，每次手工输入测试数据需要 30s，每组测试数据实际执行需要 1s，记录和对比执行结果需要 30s，手工完成这一测试任务总共需要(30+1+30)×50000≈847.2h。而如果采用自动化测试，每组测试数据实际执行所需时间还是 1s，但每次自动化输入测试数据只需要 0.1s，记录和对比执行结果也只需要 0.1s，自动化完成这一测试任务总共需要(0.1+1+0.1)×50000≈16.7h。

总的来说，随着技术和工具的发展，软件测试工作当中，自动化的程度会越来越高，在测试中要尽可能通过使用自动化测试工具来提高测试工作效率，但并不是所有测试工作都可以自动化地完成，也不是所有情况自动化测试都能适用。

2.2.4 软件测试的基本策略

软件测试的基本策略如下。

（1）为提高软件质量，缩短软件项目总的工期，软件测试应当和软件开发同步进行。

（2）应对软件需求、软件设计等进行验证和确认。

（3）一个软件项目中，测试工作可分为单元测试、集成测试，系统测试和验收测试四个阶段分步实施。

（4）综合运用多种软件测试方法和技术。针对不同的软件，应合理选用不同的软件测试方法和技术。

（5）应运用自动化测试技术，采用软件测试工具，提高软件测试的效率。

（6）一项软件测试任务，它的生命周期包括测试需求分析、测试计划、测试设计、测试开发、测试执行、测试总结和报告六大环节，软件测试项目可以按照这样的环节来组织实施。

（7）测试代码可采取先静态后动态的组合方式，先进行静态结构分析、代码检查，再进行覆盖测试等。

（8）逻辑覆盖测试是白盒测试的重点，一般可使用基本路径覆盖标准；对软件的重点模块，应使用多种覆盖标准测试代码。

（9）在不同的测试阶段，测试的侧重点不同。①在单元测试阶段，以代码检查、逻辑覆盖为主；②在集成测试阶段，重点测试模块连接是否正确、功能和业务能否完成；③在系统测试阶段，除测试完整的功能外，还要测试性能、安全性等其他特性；④验收测试阶段，侧重于验证软件是否符合用户需求。

习 题

一、选择题

1. 软件测试技术可以分为静态测试和动态测试，下列说法中错误的是（　　）。

   A. 静态测试是指不运行程序，通过检查和阅读等手段来发现程序中的错误

   B. 动态测试是指实际运行程序，通过运行的结果来发现程序中的错误

   C. 动态测试包括黑盒测试和白盒测试

   D. 白盒测试是静态测试，黑盒测试是动态测试

2. 划分软件测试属于白盒测试还是黑盒测试的依据是（　　）。

A. 是否执行程序代码　　B. 是否能看到软件设计文档

C. 是否能看到被测源程序　　D. 运行结果是否确定

3.（　　）把黑盒测试和白盒测试的界限打乱了。

A. 灰盒测试　　B. 动态测试　　C. 静态测试　　D. 失败测试

4. 在软件测试用例设计的方法中，最常用的方法是黑盒测试和白盒测试，其中不属于白盒测试所关注的是（　　）。

A. 程序结构　　B. 软件外部功能　　C. 程序正确性　　D. 程序内部逻辑

5. 下列不属于黑盒测试的优点的是（　　）。

A. 不需要源代码　　B. 测试简单易行

C. 可以对代码进行有针对性的测试　　D. 可以发现软件功能上的问题

二、填空题

1. 动态测试的两个基本要素是________、________。

2. 软件测试的 W 模型由两个 V 字组成，分别代表________和________过程。

3. 按照是否需要知道被测试程序的内部结构，测试方法可以分为________和________。

三、判断题

1. 黑盒测试的测试用例是根据程序内部逻辑设计的。（　　）

2. 软件测试是有效的发现软件缺陷的手段。（　　）

3. 集成测试计划在需求分析阶段末提交。（　　）

四、解答题

1. 试对比分析软件测试的 V 模型和 W 模型。

2. 试分析黑盒测试、白盒测试、静态测试、动态测试之间的关系。

3. 试对比分析黑盒测试、白盒测试各自的优缺点。

4. 你认为应如何对一个软件实施测试。

5. 试结合你所参与过的软件项目，阐述软件测试工作的一般过程。

6. 试分析动态白盒测试与黑盒测试的区别。

PART03

第3章

黑盒测试

3.1 黑盒测试简介

由于黑盒测试可以不用考虑程序内部结构和实现细节，只关注软件的执行结果和外部特性，所以针对软件整体的测试（如系统测试、验收测试）一般都采用黑盒测试。墨盒测试的特点和用途如图 3-1 所示。

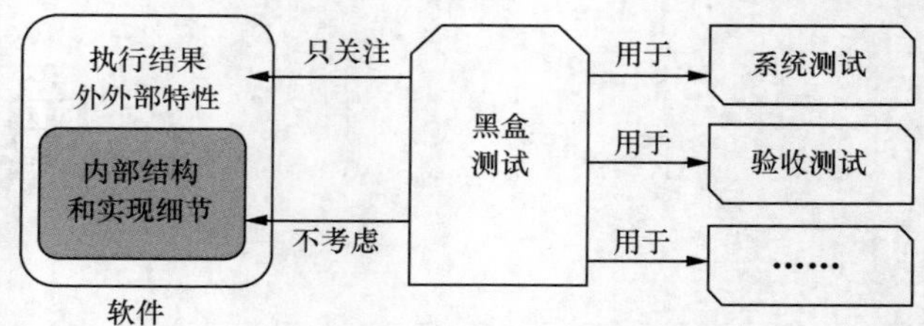

图 3-1 黑盒测试的特点和用途

设计黑盒测试用例可以和软件需求分析、软件设计同时进行，这样可以缩短整个软件项目所需的时间。例如，在对软件做需求分析时，就可以为验收测试做准备，编写验收测试所需的黑盒测试用例；在对系统做规格说明时，就可以为系统测试做准备，编写系统测试所需的黑盒测试用例等。

对软件进行黑盒测试的主要依据是软件规格说明书，因此，在进行黑盒测试之前应确保软件规格说明书是经过评审的，其质量达到了既定的要求。如果没有规格说明书的话，可以采用探索式测试。

黑盒测试思想不仅可以用于测试软件的功能，也可用于测试软件的非功能特性，如性能、安全性等。

黑盒测试用例设计方法主要有等价类划分、边界值、错误推测、因果图、判定表驱动、正交实验设计、场景法等。在面对实际的软件测试任务时，如果仅仅采用一种黑盒测试用例设计方法，我们是无法获得理想的测试用例集、高质量地解决复杂软件测试问题的。比较实用的方法是，综合运用多种设计技术来设计测试用例，取长补短，只有这样才能有效提高测试的效率和测试覆盖率。这就需要我们认真掌握这些方法的原理，积累一定的软件测试经验，才能有效地提高软件测试水平。

黑盒测试主要可以发现以下类型的错误。

（1）输入和输出错误。例如，某程序的用户注册界面上有一个文本框用于输入用户的昵称，但测试执行程序时发现，用户输入的昵称长度最多只能是 10 个字符，如果大于 10，则无法输入，但程序规格说明中并没有限制用户的昵称长度必须小于等于 10，这就是一种输入错误。

（2）初始化或终止性错误。例如，对某程序进行黑盒测试，执行程序后发现，程序始终处于运行之中，但不再对用户的键盘鼠标操作做出响应，没有提示，也不能关闭或者退出。这就是终止性错误，一般情况是程序存在死循环，不能终止。

（3）功能遗漏或者不正确。例如，某程序的规格说明书中要求，该程序可以根据给定的多个成绩计算平均成绩，并且成绩可以是百分制，也可以是五级计分制，但执行该程序，对其进行黑盒测试时发现，该程序只能对百分制的成绩计算平均成绩，而不能对五级计分制的成绩计算平均成绩，这就是该程序功能不正确，存在遗漏。

（4）界面错误。例如，对某成绩管理系统进行黑盒测试，执行后主界面显示“欢迎进入网上商城”，这是程序界面上有提示信息错误。

（5）性能不符合要求。例如，某网上售票系统的规格说明书要求该系统能满足 10000 个客户端同时在线买票，但对其进行黑盒测试时发现，模拟 2000 个客户端同时在线买票该系统就已经瘫痪了，这说明该系统性能不符合要求。

（6）数据库或其他外部数据结构访问错误。例如，某销售管理系统有一个后台数据库，对销售管理系统进行黑盒测试时发现，每当需要访问数据库时系统就会报错，这是数据库访问错误。错误的原因可能是连接字符串中的参数不正确。

（7）安全性问题。例如，某成绩管理系统，对其进行黑盒测试时发现，用某个学生账号登录系统后，可以查询到其他同学的成绩信息，并且可以修改。这样的系统就存在安全性问题，可能会导致信息泄露和篡改。

3.2 等价类划分测试法

从理论上来讲，黑盒测试只有对一个程序穷举所有可能的输入进行测试，才能发现程序中所有的错误，不仅要测试所有合法的输入，而且要对那些不合法但有可能出现的输入进行测试。前面章节在讲软件测试的技术原则时已经说过，穷举测试是不可能的，所以必须要提高测试的针对性，既要测试各种可能的情况，提高测试的完备性，又要避免重复，降低冗余，节约测试成本。等价类划分测试就是这样一种黑盒测试方法。

3.2.1 等价类划分

什么是等价类划分？我们先来看一个例子，某学校要做校服，校服工厂拿过来样品请同学们试穿看是否合身，那么需不需要每个同学都去试穿呢？如果学校学生很多，每个人都去试穿是一件很费时费力的事情，我们很容易想到一种简便的方法，那就是把学生按照身材分成不同的组（见图 3-2），同一组只需要去 1 个人试一下就可以了，如果这个同学合身，那么同组其他同学由于身材跟他基本一样，所以也会合身。这就是等价类划分的思想。

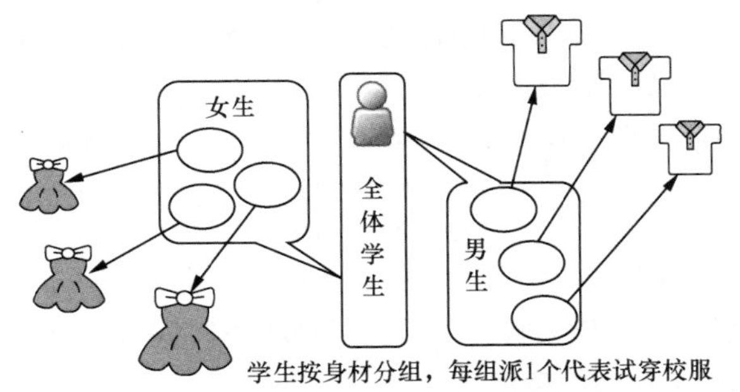

图 3-2 等价类划分示例

对于某一个等价关系而言，某个元素相应的等价类是指与其等价的所有元素的集合。简单地说，等价类是数据集的某个子集。等价类中的各个元素具有某种相同的特性。例如，按照奇偶性，整数可以分为奇数和偶数两个等价类。

$$\text{奇偶性}\begin{cases}0,2,4,\cdots\text{都等价，都是偶数，它们构成偶数等价类}\\1,3,5,\cdots\text{都等价，都是奇数，它们构成奇数等价类}\end{cases}$$

在进行等价类划分时需要注意的是，各个等价类之间不应存在相同的元素，所有等价类的并集应当是被划分集合的全集。等价类划分如图 3-3 所示。

从软件测试的角度来说，由于等价类中的各个元素具有相同的特性，所以对于发现或者揭露程序中的缺陷来说，它们的作用是等价的，或者说效果是相同的，于是等价类划分法合理地假定：对于某个等价类而言，只测试其中的某个代表数据，就等于对这一等价类中所有数据的测试。

等价类划分用于软件测试，就是把所有可能的输入数据划分成若干个等价类，然后从每一个等价类中选取 1 个或者少量数据做代表，作为测试数据来测试程序，如图 3-4 所示。

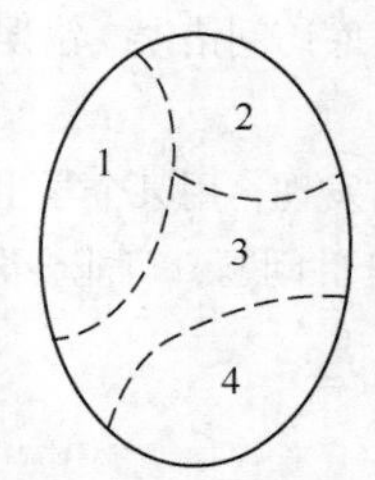

图 3-3　等价类划分

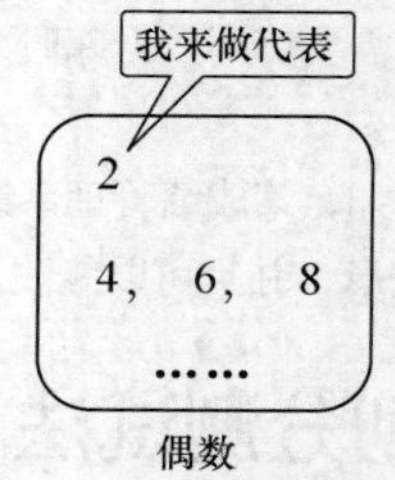

图 3-4　选取等价类中的某个代表的示例

通过等价类划分，我们把可能无限的输入变成有限的等价类，然后从中选出代表作为测试用例，以期达到在测试工作尽可能完备的同时又尽可能避免测试冗余、降低测试成本、提高测试有效性的目的。等价类划分是最基本和最常用的黑盒测试方法。

等价类划分测试通常针对输入数据而进行，即依据软件规格说明，将输入数据按照处理方式的不同，划分为不同的等价类，再从等价类中选出代表作为测试用例，这样既能测试各种可能的输入类型，也能避免冗余测试。但有时，等价类划分测试也可以对输出数据或者中间过程数据等进行应用实施，这主要针对那些输出或者中间过程处理较为复杂的情况。

等价类可以分为有效等价类和无效等价类，有效等价类是指对于程序规格说明来说，合理的、有意义的输入数据构成的集合。利用它，可以检验程序是否实现了规格说明预先规定的功能和性能等特性。而无效等价类是指对于程序规格说明来说，不合理的、无意义的输入数据构成的集合。利用它，可以检验程序能否正确应对异常的输入，而不至于产生不希望出现的后果。设计测试用例时，要同时考虑这两种等价类，因为软件不仅要能接收并处理合理的数据，也要能经受意外的考验，在遇到不合理的、无意义的数据输入时，能妥善处理，而不至于无法应对，出现意外的结果，只有通过这样的测试，才能确保软件具有更高的可靠性。

下面来看一个最简单的等价类划分的示例。

符号函数输入 x，输出 y，如果 $x>0$，则 $y=1$；如果 $x=0$，则 $y=0$；如果 $x<0$ 则 $y=-1$。

$$\begin{cases} x>0 \rightarrow y=1 \\ x=0 \rightarrow y=0 \\ x<0 \rightarrow y=-1 \end{cases}$$

我们不难对 x 划分等价类，x 的有效等价类有三类，分别是 $x>0$、$x=0$ 和 $x<0$。而 x 的无效等价类可以归为一类，即所有不能和 0 进行大小比较的数据。

在符号函数这一示例中，对 x 的有效等价类是按照区间来划分的，而对不同的数据类型及处理规则，划分等价类的方式是不一样的，常见的划分方式有按区间划分、按数值划分、按集合划分、按限制条件或限制规则划分、按处理方式划分等。

例如，对个人所得税的计算软件进行测试时，可以按照个人所得税等级计算标准。把输入数据“全年应纳税所得额”按区间进行等价类划分，如表 3-1 所示。

表 3-1　“全年应纳税所得额”按区间进行等价类划分

等价类编号	全年应纳税所得额	税率（%）	速算扣除数
1	不超过 36000 元的	3	0
2	超过 36000 元不超过 144000 元的部分	10	2520
3	超过 144000 元不超过 300000 元的部分	20	16920
4	超过 300000 元不超过 420000 元的部分	25	31920
5	超过 420000 元不超过 660000 元的部分	30	52920

续表

等价类编号	全年应纳税所得额	税率（%）	速算扣除数
6	超过 660000 元不超过 960000 元的部分	35	85920
7	超过 960000 元的部分	45	181920

对五级计分制成绩转换百分制成绩的程序进行测试时，输入数据“五级计分制成绩”可以按照转换的处理方式进行等价类划分，如表 3-2 所示。

表 3-2　“五级计分制成绩”按照转换的处理方式进行等价类划分

等价类编号	五级计分制成绩	转换的处理方式
1	优秀	转换成 90 分
2	良好	转换成 80 分
3	中等	转换成 70 分
4	及格	转换成 60 分
5	不及格	转换成 40 分

到目前为止，还没有高质量划分等价类的标准方法，针对软件不同的规格说明可能使用不同的等价类划分方法，不同的等价类划分得到的测试用例的质量不同。在划分等价类时，可以参考下面的建议。

（1）如果输入条件规定了取值的范围，那么可以确定一个有效等价类和两个无效等价类。例如，程序输入条件为大于等于 0 小于等于 100 的整数 x，则有效等价类为 $0 \leqslant x \leqslant 100$，两个无效等价类为 $x<0$ 和 $x>100$。

（2）如果输入条件规定了一个输入值的集合，那么可以确定一个有效等价类和一个无效等价类。例如，某程序规定了输入数据职称的有效取值来自集合 R =｛助教、讲师、副教授、教授、其他、无｝，则有效等价类为职称属于 R，无效等价类为职称不属于 R。

（3）如果输入条件规定了输入值必须满足某种要求，那么可以确定一个有效等价类和一个无效等价类。例如，某程序规定输入数据 x 的取值条件为数字符号，则有效等价类为 x 是数字符号，无效等价类为 x 含有非数字符号。

（4）在输入条件是一个布尔量的情况下，可以确定一个有效等价类和一个无效等价类。例如，某程序规定其有效输入为布尔真值，则有效等价类为布尔真值 true，无效等价类为布尔假值 false。

（5）如果规定了输入数据为一组值（假定 n 个），并且程序要对每一组输入值分别进行处理，那么可以确定 n 个有效等价类和一个无效等价类。例如，某程序输入 x 取值于一组值{优秀,良好,中等,及格,不及格}，且程序中会对这 5 个值分别进行处理，则有效等价类有 5 个，分别为 x=“优秀”、x=“良好”、x=“中等”、x=“及格”、x=“不及格”，无效等价类为 x 不属于集合{优秀,良好,中等,及格,不及格}。

（6）如果规定输入数据必须符合某些规则，那么可以确定一个有效等价类（符合规则）和若干个分别从不同角度违反规则的无效等价类。例如，某种信息加密代码由三部分组成，这三部分的名称和内容如下。

加密类型码：空白或 3 位数字。

前缀码：非“0”或“1”开头的 3 位数。

后缀码：4 位数字。

假定被测试的程序能接受一切符合上述规定的信息加密代码，拒绝所有不符合规定的信息加密代码，我们用等价类划分法分析可得，它所有的等价类包括 4 个有效等价类和 11 个无效等价类，如表 3-3 所示。

表 3-3　　有效等价类和无效等价类划分示例

组成部分	有效等价类	无效等价类
加密类型码	（1）空白 （2）3 位数字	（1）有非数字字符 （2）少于 3 位数字 （3）多于 3 位数字
前缀码	（3）从 200 到 999 之间的 3 位数字	（4）有非数字字符 （5）起始位为“0” （6）起始位为“1” （7）少于 3 位数字 （8）多于 3 位数字
后缀码	（4）4 位数字	（9）有非数字字符 （10）少于 4 位数字 （11）多于 4 位数字

（7）在初步划分等价类之后，如果发现某一等价类中的各元素在程序中的处理有区别，则应再将该等价类进一步划分为更小的等价类。

3.2.2　等价类划分测试

用等价类划分的方法来设计测试用例的步骤如下。

第一步，划分等价类，包括有效等价类和无效等价类，建立等价类表，并为每一个等价类规定一个唯一的编号。

第二步，设计一个新的测试用例，使其尽可能多地覆盖尚未覆盖的有效等价类；重复这一步骤，直到所有的有效等价类都被覆盖为止。

第三步，设计一个新的测试用例，使其仅覆盖一个无效等价类，重复这一步骤，直到所有的无效等价类都被覆盖为止。

下面以测试符号函数为例说明上述步骤。

第一步，建立等价类表，如表 3-4 所示。

表 3-4　　建立等价类表

输入数据	有效等价类	无效等价类	编号
x	x<0		Y1
x	x=0		Y2
x	x>0		Y3
x		不能和 0 比较大小的输入	N1

第二步，设计测试用例覆盖所有的有效等价类，如表 3-5 所示。

表 3-5　　设计测试用例覆盖所有的有效等价类

测试用例编号	覆盖的有效等价类	测试数据	预期结果
T1	Y1	x=−4	y=−1
T2	Y2	x=0	y=0
T3	Y3	x=8	y=1

第三步，输入数据 x 的无效等价类可以归为一类，即所有不能和 0 进行大小比较的数据，所以只需要设计一个测试用例覆盖它即可，见表 3-6。

表 3-6　　设计测试用例覆盖无效等价类

测试用例编号	覆盖的有效等价类	测试数据	预期结果
T1	N1	x= “GOOD”	提示输入数据错误

为什么设计一个测试用例可覆盖多个有效等价类，而一般只能覆盖一个无效等价类呢？假设有一个成绩输入软件，输入的成绩由平时成绩 cj1 和期末成绩 cj2 两部分组成，cj1、cj2 的无效等价类都是两个，小于 0 和大于 100。

程序员在编写程序时，用两条语句来应对可能的无效输入，代码应为：

```
if （cj1<0 or cj1>100）    return“平时成绩超出 0～100 范围！”
if （cj2<0 or cj2>100）    return“期末成绩超出 0～100 范围！”
```

但程序员在敲代码时出现了疏忽，把 cj2>100，写成了 cj2>1000，代码变为：

```
if （cj1<0 or cj1>100）    return“平时成绩超出 0～100 范围！”
if （cj2<0 or cj2>1000）   return“期末成绩超出 0～100 范围！”
```

现在我们设计一个测试用例 cj1 = −10，cj2 = 800，覆盖了两个无效等价类，分别是 cj1 的小于 0 无效等价类和 cj2 的大于 100 无效等价类。

输入这一测试数据，程序在执行完第一行对 cj1 进行有效性检验之后，就提示“平时成绩超出 0～100 范围！”并退出执行返回了，根本没有继续执行第二行代码。这样第二行的错误就发现不了，而我们很可能还错误的认为程序顺利通过了针对 cj2 的大于 100 无效等价类的测试。如果一次只覆盖一个无效等价类，如 cj1 = 70，cj2 = 800，就可以发现第二行代码中的错误。

所以说一个测试用例可覆盖多个有效等价类，而一般只能覆盖一个无效等价类，除非是一次覆盖一个无效等价类已经做完了，专门再来对多个变量做无效等价类的组合覆盖。

3.2.3　等价类的组合

如果有多个输入条件，并且各个条件之间存在关联，那么仅仅覆盖所有的等价类还不够，还需要考虑等价类之间的组合。组合可分为完全组合和部分组合两种，如果输入条件比较多，并且每个输入条件的等价类也比较多，那么总的完全组合数将非常大，此时可以采用部分组合。

1. 弱一般等价类

设计若干测试用例，每个测试用例应尽可能多地覆盖尚未覆盖的被测变量的有效等价类，并且每个被测变量的有效等价类至少应出现一次。

测试用例个数=各个被测变量中的最大有效等价类个数

2. 强一般等价类

设计若干测试用例，使其覆盖所有被测变量有效等价类的组合。

测试用例个数=各个被测变量有效等价类数的乘积

3. 弱健壮等价类

设计若干测试用例，每个测试用例应尽可能多地覆盖尚未覆盖的有效等价类，对无效等价类，每个测试用例只考虑一个被测变量的无效等价类。

测试用例个数=各个被测变量中的最大有效等价类个数+∑各个被测变量的无效等价类数

4. 强健壮等价类

设计若干测试用例，使其覆盖所有被测变量的有效等价类和无效等价类的组合。

测试用例个数=各个被测变量的等价类总数的乘积

各个被测变量的等价类总数=有效等价类数+无效等价类数。

等价类组合中的弱和强、一般和健壮，其含义如下。

（1）弱：至少覆盖一次即可。

（2）强：覆盖组合。

（3）一般：只覆盖有效等价类。

（4）健壮：覆盖有效和无效等价类。

下面我们来看一个具体示例。函数 $y=f(x_1,x_2)$ 输入变量的取值范围分别为：$x_1\in[a,d]$，$x_2\in[e,g]$，根据函数的规格说明划分得到相应的等价类。

x_1：有效等价类 $[a,b)$ $[b,c)$ $[c,d]$；无效等价类（$-\infty,a)$，$(d,+\infty)$

x_2：有效等价类 $[e,f]$ $[f,g]$；无效等价类（$-\infty,e)$，$(g,+\infty)$

对函数 y 采用等价类划分进行测试时，弱一般等价类测试用例、强一般等价类测试用例、弱健壮等价类测试用例、强健壮等价类测试用例分别如图 3-5（a）～图 3-5（d）所示。

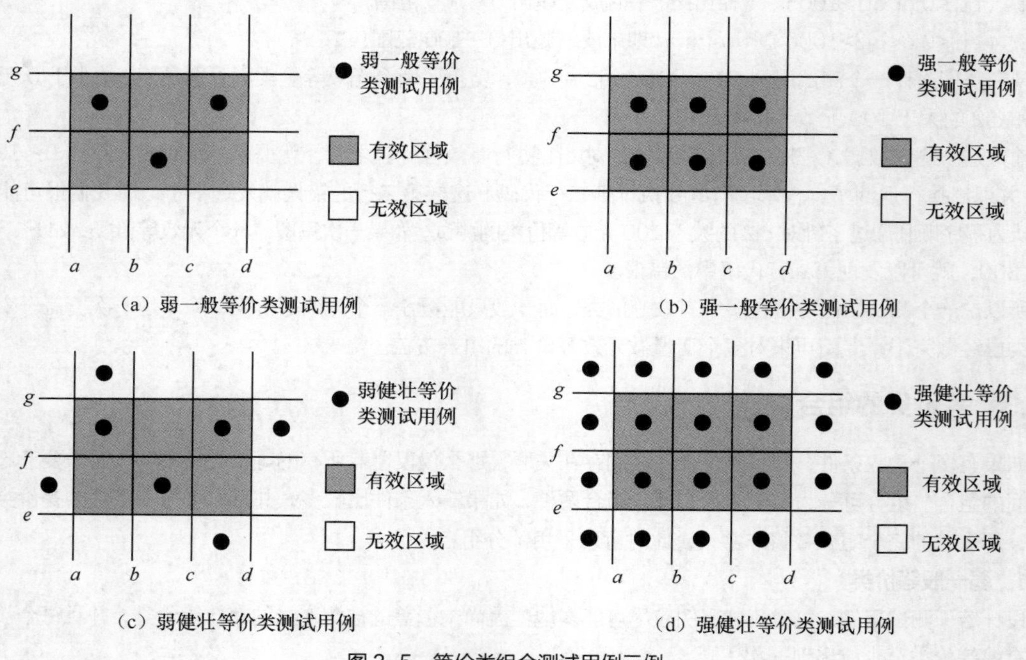

图 3-5　等价类组合测试用例示例

3.3　边界值测试法

人们从长期的测试工作经验得知，大量的错误往往发生在输入和输出数据范围的边界上，如图 3-6 所示。

图 3-6　错误往往发生在输入和输出数据范围的边界上

如果针对各种边界情况设计测试用例，往往可以发现更多的错误。边界值测试法就是对输入或输出数据的边界值进行测试的一种黑盒测试方法。边界值测试法可以和等价类划分法结合起来使用，在划分等价类的基础之上，选取输入等价类、输出等价类的边界数据来进行测试。边界值测试法与等价类划分法的区别是，边界值测试法不是从等价类中随便挑一个作为代表，而是把等价类的边界作为测试条件。

3.3.1 边界值

使用边界值测试法设计测试用例，首先应确定等价类的边界，然后选取正好等于、略大于、略小于边界的值作为测试数据。

需要注意的是，边界值不仅可以是数据取值的边界，还可以是数据的个数、文件的个数、记录的条数等。通常情况下，软件测试可能针对的边界有多种类型，如数字、字符、位置、质量、大小、速度、方位、尺寸、空间等。相应地，边界值对应的情况可能是最大/最小、首位/末位、上/下、最快/最慢、最高/最低、最短/最长、空/满等情况，如下所列。

（1）数据取值范围的最大值、最小值。

（2）屏幕上光标在最左上、最右下位置。

（3）报表的第一行、最后一行。

（4）数组元素的第一个、最后一个。

（5）循环一次、循环最大次。

（6）数据表中的第一条记录、最后一条记录。

（7）字符串的第一个符号、最后一个符号。

除边界端点外，还应考虑略大于和略小于边界端点的情况，如下所示。

（1）第一个/最后一个，第一个-1/最后一个+1。

（2）开始/结束，开始-1/结束+1。

（3）空的/满的，比空的少点/比满的多些。

（4）最短的/最长的，稍微短点/稍微长点。

（5）最慢的/最快的，稍微慢点/稍微快点。

（6）最早的/最晚的，稍微早点/稍微晚点。

（7）最大的/最小的，最大的+1/最小的-1。

（8）最高的/最低的，最高的+1/最低的-1。

在实际应用中，对于一个取值范围来说，选取边界值个数主要有四点法和六点法两种。4 点法是指选取取值范围的两个端点，以及每个端点内侧各一个点。六点法是指选取取值范围的两个端点，以及每个端点内外两侧各一个点。如图 3-7 所示。

四点法再结合等价类中的正常值，就是五点法。六点法再结合等价类中的正常值，就是七点法。如图 3-8 所示。

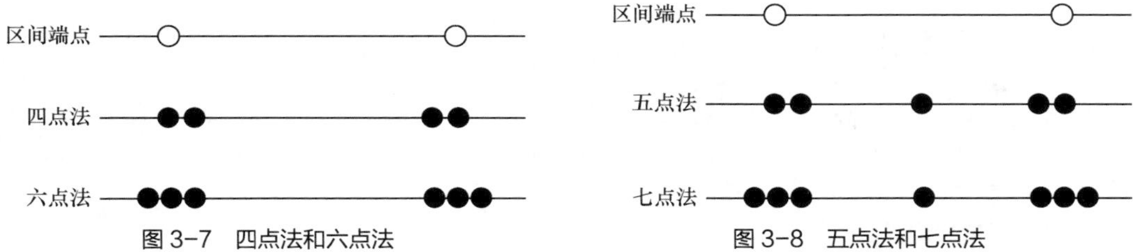

图 3-7 四点法和六点法

图 3-8 五点法和七点法

在多数情况下，边界值可以从软件的规格说明或常识中得到。但某些边界值并没有直接呈现在软件的规格说明当中，很容易被忽视，这也是边界值测试中需要关注的边界条件，这些被称为内部边界值条件或子边界值条件。

内部边界值条件主要有以下几种。

（1）数值的边界值检验。计算机是基于二进制进行工作的，因此，软件的任何数值运算都有一定的范围限制。

（2）字符的边界值检验。在计算机软件中，字符也是很重要的表示元素，其中 ASCII 和 Unicode 是常见的编码方式。

（3）误差的边界值检验。有些计算过程存在误差，需要检验误差是否会超过可以接受的范围。

3.3.2 边界值测试用例设计

用边界值设计测试用例的原则如下。

（1）如果输入条件规定了值的范围，则应选取刚好等于、略大于、略小于范围端点的值作为测试输入数据。

例如，如果程序规格说明中规定："质量在 10kg 至 50kg 范围内的邮件，其邮费计算公式为……"。作为测试用例，我们应取 10 及 50，还应取 9.99、10.01、49.99 及 50.01 等。

（2）如果输入条件规定了值的个数，则用最大个数、最小个数和比最大个数、最小个数多 1 个、少 1 个的数作为测试数据。例如，一个输入文件应包括 1 ~ 255 个记录，则测试用例可取 1 和 255，还应取 0、2、254、256 等。

（3）根据程序规格说明的每个输出条件，使用原则（1）。例如，某程序规格说明规定该程序的计算结果应在[0,100]之间，那么可以设计测试用例，使得预期的计算结果为 0、略大于 0、略小于 100 及 100。

（4）根据程序规格说明的每个输出条件，使用原则（2）。如某程序一次可输出最多 5 个文件，那么可以设计测试用例，使得预期的输出分别为 0、1、4、5 个文件。

（5）如果程序规格说明给出的输入域或输出域是有序集合（如有序表、顺序文件等），则应选取集合中的第一个和最后一个元素作为测试用例。

（6）如果程序中使用了一个内部数据结构，则应当选择这个内部数据结构边界上的值作为测试用例。

（7）分析程序规格说明，找出其他可能的边界条件。

3.3.3 边界值的组合

如果有多个变量，这些变量边界值的组合可分为多种情况。

1. 一般边界值

仅考虑单个变量在有效取值区间上的边界值，包括最小值、略高于最小值、略低于最大值和最大值。如果被测变量个数为 n，则总的边界值有 $4n$ 个。设计测试用例时每次只覆盖一个变量的边界值，其他变量应当用正常值，所以可以为每个变量再选取一个正常值，这样的话边界值和等价类划分相结合，总的测试用例个数为 $4n+1$ 个。

例如，程序 F 有两个输入变量 $x_1(a\leqslant x_1\leqslant d)$和 $x_2(e\leqslant x_2\leqslant g)$，则针对（$x_1, x_2$）的一般边界值测试用例形式如下。

```
{ <nom ,min>, <nom,min+>, <nom ,nom>,
  <nom ,max>, <nom,max->, <min ,nom>,
  <min+,nom>, <max,nom >, <max-,nom> }
```

其中，nom 表示正常值，min 表示最小值，max 表示最大值，min+表示略大于最小值，max−表示略小于最大值。总的测试用例个数为 $4n+1=4\times2+1=9$。

2. 一般最坏情况边界值

将多个变量在有效区间上的边界值的组合情况纳入测试范围，用各个变量的最小值、略高于最小值、正常值、略低于最大值和最大值的完全组合作为测试用例集。如果被测变量个数为 n，则总的测试用例个数为 5^n。

3. 健壮边界值

同时考虑单个变量在有效区间和无效区间上的边界值，除选取最小值、略高于最小值、正常值、略低于最大值和最大值作为边界值外，还要选取略超过最大值及略小于最小值的值。如果被测变量个数为 n，则测试用例个数为 $6n+1$。

4. 健壮最坏情况边界值

同时考虑多个变量在有效区间和无效区间上的边界值的组合情况，用各个变量的略小于最小值、最小值、略高于最小值、正常值、略低于最大值、最大值和略超过最大值这些边界值进行完全组合。如果被测变量个数为 n，则测试用例个数为 7^n。

函数 $y=f(x_1,x_2)$ 输入变量的取值范围分别为：$x_1\in[a,d]$，$x_2\in[e,g]$，则其一般边界值有 9 组，如图 3-9 所示。一般最坏情况边界值有 25 组，如图 3-10 所示。

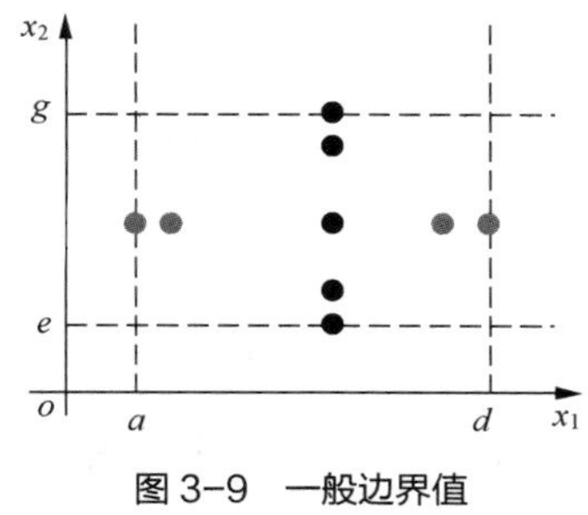

图 3-9　一般边界值

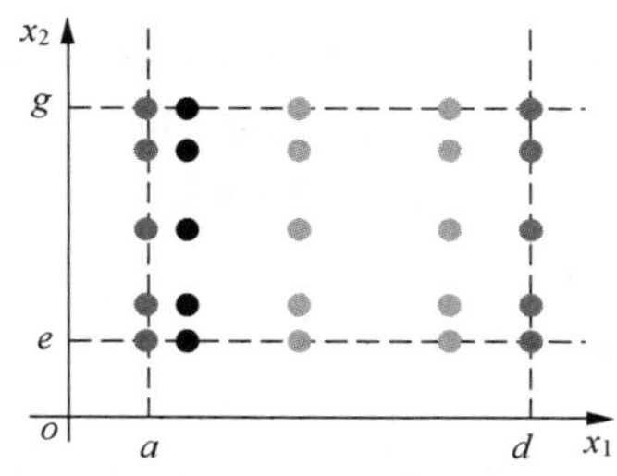

图 3-10　一般最坏情况边界值

健壮边界值有 13 组，如图 3-11 所示。

健壮最坏情况边界值有 49 组，如图 3-12 所示。

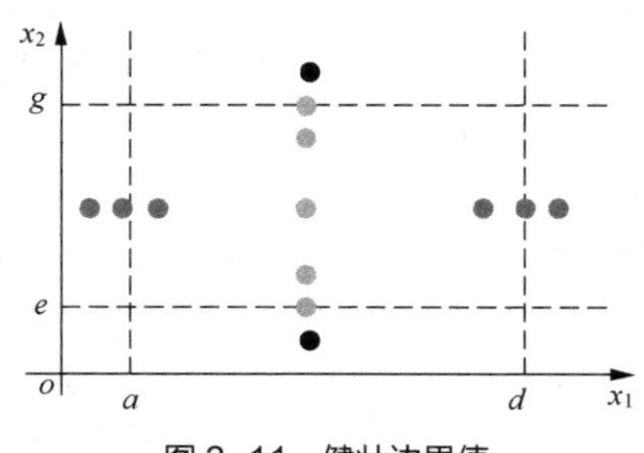

图 3-11　健壮边界值

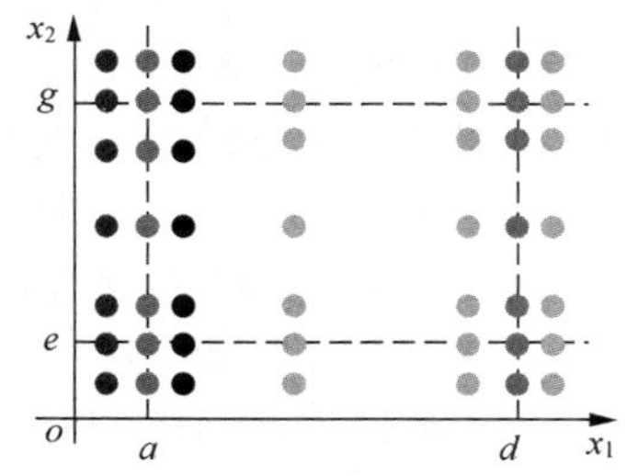

图 3-12　健壮最坏情况边界值

多变量同时取边界值看上去测试更彻底更完善，但花费的代价确实不小。例如，当 n=3 时，实现健壮边界值覆盖的测试用例个数为 $6n+1=6\times3+1=19$，而实现健壮最坏情况边界值覆盖的测试用例个数为 $7^n=7^3=343$，后者约为前者的 18 倍。当各个变量之间相对独立时，仅考虑使用一个变量取边界值，另外一个变量取正常值就可以了。这样既可以达到应有的测试效果，又可以节约大量的测试成本。

3.4　错误推测法

3.4.1　错误推测法简介

基于经验、问题分析和直觉推测程序中可能存在的各种错误，有针对性地设计测试用例对程序进行测试，就是错误推测法，如图 3-13 所示。

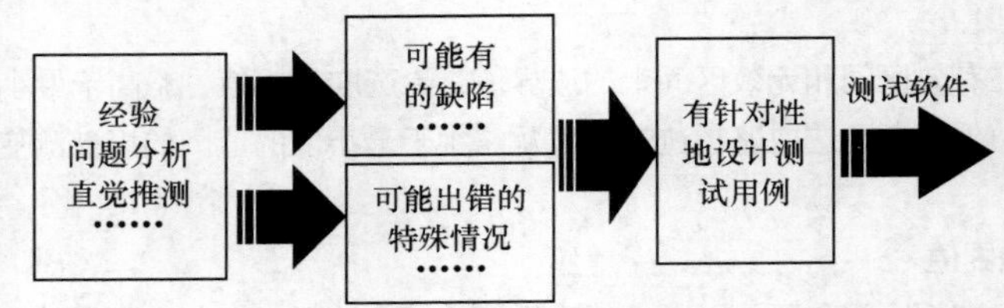

图 3-13　错误推测法

错误推测法的基本想法是，列举出程序中可能有的缺陷，或程序执行时可能出错的特殊情况，根据它们选择或者设计测试用例，然后有针对性的对程序进行测试。例如，软件中常见的缺陷如下。

（1）对输入数据没有限制和校验。

（2）对单次数据查询的结果集大小没有约束。

（3）网站页面执行出错时会将服务器的调试信息显示在页面上。

程序执行时容易发生错误的情况如下。

（1）对空数据表执行删除记录操作。

（2）重复删除记录。

（3）添加两条相同的记录。

（4）采用空字符串进行登录。

针对这些常见的软件缺陷和程序执行时容易发生错误的情况，设计测试用例，来对程序进行测试，这样就有可能发现软件中的问题。

运用错误推测法来对软件进行测试，需要测试人员具有一定的经验积累，通过经验积累可以知道哪些是软件中的常见缺陷，哪些是程序执行时容易出错的地方，然后有针对性地进行测试。

例如，测试人员通过自己的测试实践积累，对软件的缺陷分布情况进行系统的分析，包括功能缺陷、数据缺陷、接口缺陷和界面缺陷等，结合学习借鉴别人的测试心得和经验，总结出软件常见缺陷表、程序常见错误表等。后面他再对类似软件进行测试时，就可以根据这些表中的项目来设计测试用例。

错误推测法设计的测试用例对软件缺陷的命中率较高，但要很好地运用错误推测法，除了需要经验积累之外，还需要测试人员熟悉被测软件的用户需求、业务流程、软件特点等，并具有良好的问题分析能力和洞察力，尤其是遇到原来没有测试过的软件类型时，由于没有太多的经验可以借鉴，就需要测试人员充分发挥自己的能力和水平，包括创新性思维，只有这样，才能推测出软件哪些地方可能会不符合用户需求，可能会出错等。错误推测法无法保证测试的覆盖率，通常不宜单独应用，而是作为对其他测试方法的一种补充。

3.4.2　登录测试错误推测法应用

对于登录功能，采用错误推测法，通常应对以下情况有针对性地进行测试。

（1）采用空字符串进行登录。

（2）采用空格字符串进行登录。

（3）输入的登录名和密码前后存在空格是否能够正常登录。

（4）登录时输入 SQL 代码进行注入式攻击，会不会被拦截。

（5）输入的密码是否加密显示。

（6）密码能否复制和粘贴。

（7）用户在注销之后是否能够马上再次登录。

（8）是否允许同一账号在不同的客户端重复登录。

（9）用户名和密码是否区分大小写。

（10）是否明确提示用户名错误或者明确提示密码错误。

（11）是否能够较为容易地对账号和密码进行暴力破解。

3.4.3 数据表操作测试错误推测法应用及示例

现在各种信息系统应用非常广泛，信息系统后端一般都是数据库和数据表，对于数据表操作，采用错误推测法，应对以下情况有针对性地进行测试。

（1）对空数据表执行删除记录操作。

（2）重复删除记录。

（3）添加两条相同的记录。

（4）无条件查询能否执行。

（5）查询的关键字之间是否可用连接符，是否能输入 SQL 代码。

（6）输入正确的查询条件，并在前面加上空格，看查询是否能正确地执行。

（7）是否支持模糊查询，对模糊查询有没有限制。

（8）数据操作出错后的提示会不会泄露敏感信息。

来看一个跟具体软件有关的错误推测法应用示例。有一款销售管理软件，它有进货、销售、退货、统计报表等业务功能，以下情况容易出错，需要有针对性地进行测试。

（1）系统各种角色和用户（如总经理、各部门经理、营业员等），他们的权限分配是否合理恰当，既要赋予他们完成工作应当具有的系统操作权限，又要避免权限过大，可能访问职责之外的数据，以及进行职责之外的操作。

（2）顾客退回的货物，有没有回到库存，能否再次销售。

（3）顾客退货后，该笔交易是不是仍然统计在当日的交易报表中。

（4）系统意外崩溃（如断电）后，能否恢复到正确的状态。

（5）同一账号能否同时在多个客户端重复登录和操作。

（6）系统是否有统一的时钟。若无，如何确定各个终端交易的时间；若有，能否保证统一无误。

（7）系统是否允许边营业边盘点，若允许，盘点时对交易的影响是否严重。

（8）系统每天的数据增量有多大，过多久数据会超过现有的存储容量。

（9）商品信息变更时，数据库中相关联的数据能否保持一致性。

3.5 判定表驱动法

等价类划分法和边界值测试法都是着重考虑输入条件，但没有考虑输入条件的各种组合。虽然各种输入条件可能出错的情况已经测试到了，但多个输入条件组合起来可能出错的情况却被忽视了。判定表驱动法重点就是针对输入条件的各种组合情况进行测试。

3.5.1 判定表

判定表也叫决策表，是一种逻辑分析和表达工具，用于分析和表达多个输入条件在不同的取值组合下，会分别执行哪些不同的操作。

例如，有一个“阅读指南”，它会对读者提三个问题，读者对每一个问题只需要简单地回答是或否，“阅读指南”就会根据读者的回答，给出阅读建议。三个问题，每个问题有两种答案，那么不同的答案组合共有 2×2×2=8

个，为分析和表达这 8 种条件组合情况和相应的阅读建议，可以采用表 3-7 所示的表格。

表 3-7　阅读指南

你觉得累吗？	Y	Y	Y	Y	N	N	N	N
你对书中的内容感兴趣吗？	Y	Y	N	N	Y	Y	N	N
书中的内容使你糊涂吗？	Y	N	Y	N	Y	N	Y	N
回到本章开始重读	√				√			
继续读下去		√				√		
跳过本章到下一章							√	√
不读了，休息一下			√	√				

这样的表格就是判定表。在程序设计发展的初期，判定表就已被当作编写程序的辅助工具了。判定表可以把多个条件的组合情况以及复杂的逻辑关系表达得既条理清楚又具体明确，并能将复杂的问题进行分解，列举各种可能的情况，然后给出应当执行的操作，做到既简洁明了又避免遗漏。

在程序规格说明中，如果不同操作的具体实施依赖于多个逻辑条件的不同组合，那么就可以考虑使用判定表来进行分析和表达。如图 3-14 所示，判定表由条件桩、动作桩、条件项、动作项四部分组成。

（1）条件桩：列出问题的所有条件，通常认为条件的次序无关紧要。

（2）动作桩：列出所有可能的操作，通常这些操作的排列顺序没有约束。

（3）条件项：列出各个条件的具体取值。

（4）动作项：列出在各个条件的具体取值下，应该采取的具体的动作。

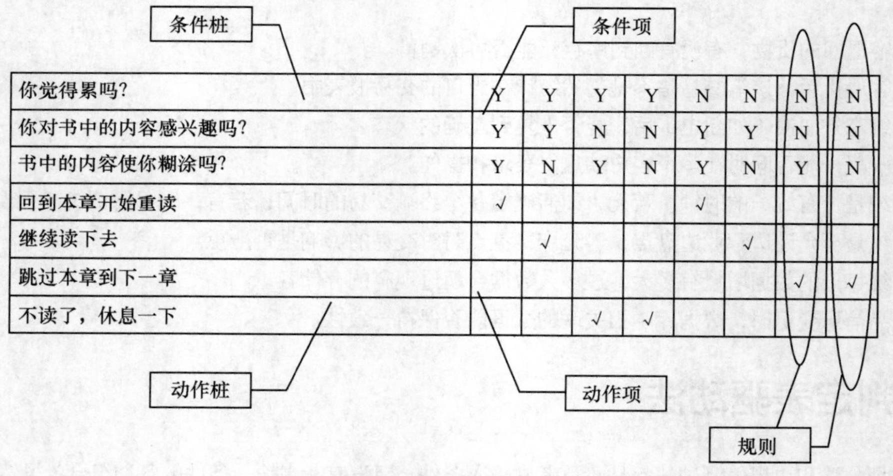

图 3-14　判定表组成

判定表中的每一列称为一条规则。也就是说，一个特定的条件取值组合及其相应要执行的动作称为一条规则。一条规则包含了具体的条件项和动作项，定义了在什么条件下发生动作。显然，判定表中列出了多少组不同的条件取值组合，就会有多少条规则。

从处理逻辑上说，判定表可以把复杂的程序处理逻辑分解为多条处理规则，以便于对程序进行分析和理解，并可以进行相应的程序编写。

根据条件取值的个数，判定表可以分为有限项判定表和扩展项判定表。有限项判定表是指每个条件只有两个取值，如 Y/N、T/F、1/0。扩展项判定表是指条件项的取值大于 2 个，可以是很多个。

3.5.2 判定表的建立

判定表的建立步骤如下。

（1）确定规则的条数。假设有 N 个条件，第 i 个条件有 M_i 种取值，则规则总的数量为 $\prod_{i=1}^{N} M_i$ 。

例如，某程序有 3 个输入条件，条件 1 有 2 种取值，条件 2 有 4 种取值，条件 3 有 6 种取值，则总共有 2×4×6=48 条规则。

（2）列出所有的条件桩和动作桩。

（3）填入条件的不同取值组合。

（4）填入具体动作，得到初始判定表。

（5）化简，合并一些具有相同动作的相似规则。

化简就是将规则合并。如果有两条或多条规则具有相同的动作，并且它们的条件项很相似，则可以考虑把这些规则合并为 1 条规则，从而使判定表得到简化。

下面这种化简较为常见。例如，某有限项判定表有三个条件，其中有两条规则的两个条件取值相同，第三个条件取值不同，但不管这个条件取什么值动作都一样。这说明第三个条件在另外两个条件取当前值的前提下对结果不产生影响，或者说在另外两个条件取当前值的前提下结果与第三个条件无关。此时可以把这两条规则合并成一条规则，无关的条件其取值可用横线填充，如图 3-15 所示。

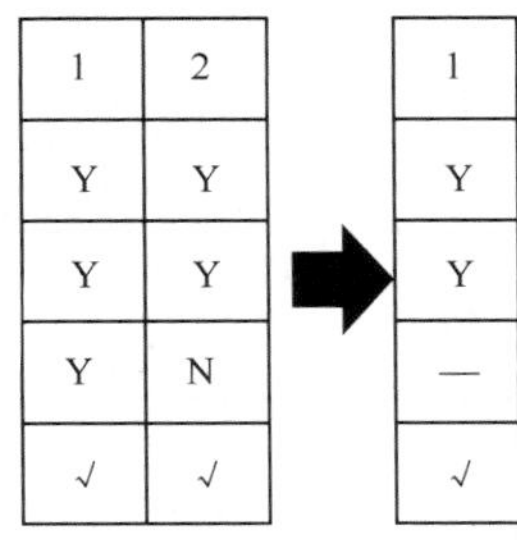

图 3-15 化简

得到判定表后，对我们的软件测试有什么用呢？实际上，判定表中每一条规则就是程序的一种处理逻辑，为每一条规则设计一个测试用例，来对程序进行测试，就相当于测试了程序的各种处理逻辑。为每一条规则设计测试用例时，条件项构成了测试用例的输入，相应的动作项则是预期的输出结果。

3.5.3 判定表驱动测试示例

某程序规格说明的要求为："……对功率大于 50 马力并且维修记录不全，或者已运行 10 年以上的机器，给予优先维修处理……"。假定"维修记录不全"和"优先维修处理"均已有严格的定义，下面按照 5 个步骤来建立判定表。

（1）确定规则的条数。这里有 3 个条件，每个条件有两个取值，故应有 2×2×2=8 条规则。

（2）列出所有的条件桩和动作桩。

条件桩有三项：功率大于 50 马力、维修记录不全、已运行 10 年以上。

动作桩有两项：给于优先处理、做其他处理。

（3）填入条件项。条件项共有 8 种不同的组合，把它们填入表中。

（4）填入动作项，得到初始判定表。根据程序规格说明的要求，把每种条件组合应执行的操作填入表中相应的位置，这样便得到表 3-8 所示的初始判定表。

表 3-8 初始判定表

序号		1	2	3	4	5	6	7	8
条件	功率大于 50 马力吗	Y	Y	Y	Y	N	N	N	N
	维修记录不全吗	Y	Y	N	N	Y	Y	N	N
	运行超过 10 年吗	Y	N	Y	N	Y	N	Y	N
动作	进行优先处理	√	√	√		√		√	
	作其他处理				√		√		√

（5）化简。合并相似规则后得到最终的判定表，如表 3-9 所示。

表 3-9　合并相似规则后的判定表

序号		1	2	3	4	5
条件	功率大于 50 马力吗	Y	Y	Y	N	N
	维修记录不全吗	Y	N	N	—	—
	运行超过 10 年吗	—	Y	N	Y	N
动作	进行优先处理	√	√		√	
	作其他处理			√		√

接下来，根据最终判定表的 5 条规则，设计 5 个测试用例，如表 3-10 所示。

表 3-10　根据判定表设计测试用例

序号		1	2	3	4	5
条件	功率大于 50 马力吗	Y	Y	Y	Y	N
	维修记录不全吗	Y	N	N	—	—
	运行超过 10 年吗	—	Y	N	Y	N
动作	进行优先处理	√	√		√	
	作其他处理			√		√
测试用例	输入数据	功率 80 维修记录不全	功率 80 维修记录全运行 12 年	功率 80 维修记录全运行 5 年	功率 40 运行 12 年	功率 40 运行 5 年
	预期结果	进行优先处理	进行优先处理	作其他处理	进行优先处理	作其他处理

判定表是一种简洁明了的多条件逻辑分析和表达的工具，当然，也不是任何时候都适合使用判定表驱动法来设计测试用例，适合使用判定表驱动法的条件如下。

（1）程序规格说明以判定表形式给出，或很容易转换成判定表。

（2）条件的排列顺序不会也不影响执行哪些操作。

（3）规则的排列顺序不会也不影响执行哪些操作。

（4）每当某一规则的条件已经满足，并确定要执行的操作后，不必检验别的规则。

（5）如果某一规则得到满足要执行多个操作，这些操作的执行顺序无关紧要。

3.6　因果图法

程序可以理解为按照某种规则把输入转换为输出。对于程序而言，输入条件是因，程序输出或程序状态的改变是果，如图 3-16 所示。有什么样的原因就会有什么样的结果，有什么样的输入就会有什么样的输出。

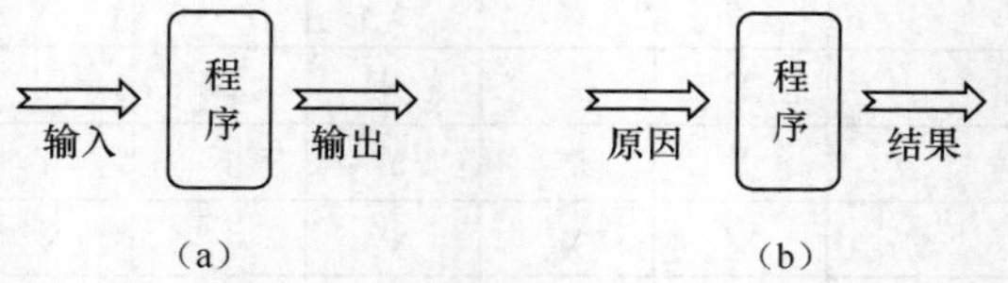

图 3-16　输入是因，输出是果

因果图是一种将多个原因和不同结果之间的对应关系用图来表达的工具。因果图的优点是，可以用图解的形式，直观地表达输入条件的组合、约束关系和输出结果之间的因果关系，因果图一般和判定表结合起来使用。

因果图法是指，从用自然语言描述的程序规格说明中找出因和果，用因果图来表达它们的逻辑关系，然后根据因果图写出判定表，再用判定表来设计测试用例的方法，如图 3-17 所示。

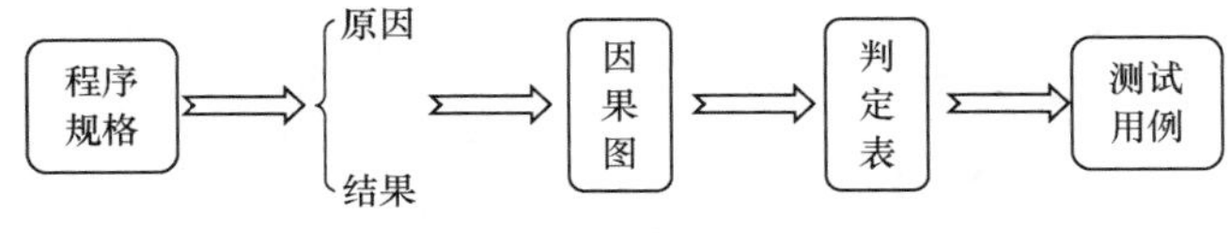

图 3-17 因果图法

如果由程序规格说明可以较为容易的得出判定表，那就不必画因果图，而是可以直接利用判定表驱动法来设计测试用例了。在较为复杂的问题中，因果图法常常是十分有效的。例如，在输入条件比较多的情况下，直接使用判定表可能会产生过多的条件组合，从而导致判定表的列数太多，过于复杂。实际上，这些条件之间可能会存在约束条件，所以很多条件的组合是无效的，也就是说，它们在判定表中也完全是多余的。此时，可先画出因果图，下一步根据因果图画出判定表时，我们可以有意识地排除掉这些无效的条件组合，从而会使判定表的列数大幅度减少。

3.6.1 因果图介绍

在因果图中，通常用 C_i 表示原因，置于图的左部；E_i 表示结果，置于图的右部。C_i 和 E_i 均可取值 0 或 1，0 表示某状态不出现，1 表示某状态出现。原因和结果之间以直线连接。

1. 关系

因果图用 4 种符号分别表示程序规格说明中的四种因果关系，如图 3-18 所示。

（1）恒等：若原因出现，则结果出现；若原因不出现，则结果也不出现。

（2）非（～）：若原因出现，则结果不出现；若原因不出现，则结果出现。

（3）或（∨）：若几个原因中有一个出现，则结果出现；若几个原因都不出现，则结果不出现。

（4）与（∧）：若几个原因都出现，结果才出现；若其中有一个原因不出现，则结果不出现。

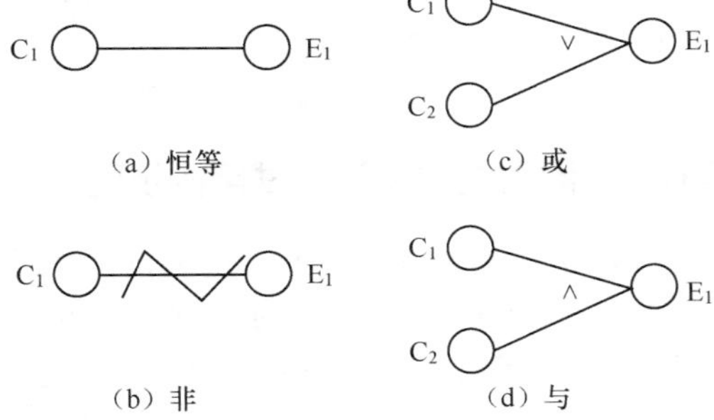

图 3-18 四种因果关系

2. 约束

各个输入条件相互之间还可能存在某种关系，称为约束。例如，某些输入条件不可能同时出现，输出状态之间也往往存在约束。在因果图中，用特定的符号标明这些约束。

输入条件的约束有以下四类。

（1）E 约束（互斥）：表示不同时为 1，即 *a*、*b*、*c* 中至多只有一个 1；

（2）I 约束（包含）：表示至少有一个 1，即 *a*、*b*、*c* 中不同时为 0；

（3）O 约束（唯一）：表示 *a*、*b*、*c* 中有且仅有一个 1；

（4）R 约束（要求）：表示若 a=1，则 *b* 必须为 1。即不可能 a=1 且 b=0；

输出的约束只有 M 约束（屏蔽）：若结果 *a* 是 1，则结果 *b* 强制为 0。

五类约束如图 3-19 所示。

对于规模比较大的程序来说，由于输入条件的组合数太大，所以很难整体上使用一个因果图，此时可以把它划分为若干部分，然后分别对每个部分画出因果图。

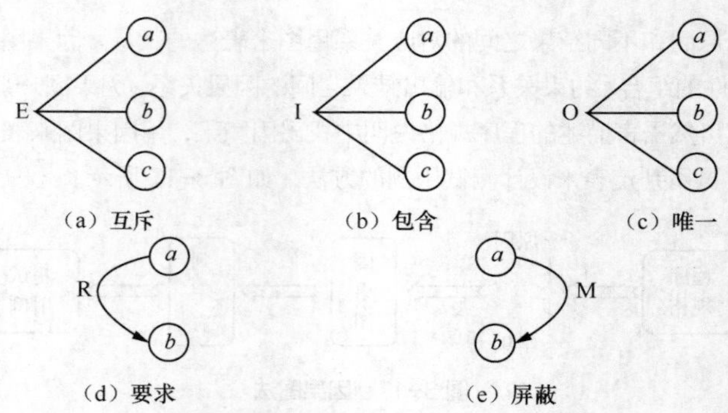

（a）互斥　（b）包含　（c）唯一

（d）要求　（e）屏蔽

图 3-19　五类约束

3.6.2　因果图法设计测试用例的步骤

因果图法设计测试用例的步骤如下。

（1）分析软件规格说明描述中，哪些是原因，原因即输入条件或输入条件的等价类；哪些是结果，结果即操作和输出。给每个原因和结果赋予一个标识符。

需要注意的是原因和结果都需要原子化，例如“职称是工程师的男职工基本工资加 100，奖金加 50”。这一软件规格说明描述中，原因有两个：职称=工程师，性别=男；结果也是两个：基本工资=基本工资+100，奖金=奖金+50。

（2）分析软件规格说明描述中的语义，找出原因与结果之间、原因与原因之间的关系，并根据这些关系，画出因果图。

（3）标明约束条件。由于某种限制，有些原因与原因之间、原因与结果之间的组合情况不可能出现，为表明这些特殊情况，应在因果图上使用标准的符号来标记约束条件。

（4）把因果图转换为判定表。

（5）根据判定表设计测试用例。

3.6.3　因果图法设计测试用例示例

设有一个处理单价为 5 角钱的饮料自动售货机软件，其规格说明如下。

若投入 5 角钱或 1 元钱的硬币，按下〖橙汁〗或〖啤酒〗的按钮，则相应的饮料就送出来。若售货机没有零钱找，则一个显示〖零钱找完〗的红灯亮，这时再投入 1 元硬币并按下按钮后，饮料送不出来且 1 元硬币也退出来；若有零钱找，则显示〖零钱找完〗的红灯灭，在送出饮料的同时退还 5 角硬币。

用因果图法为此软件设计测试用例的过程如下。

（1）分析这一自动售货机软件的规格说明，列出原因和结果。

原因：

① 售货机有零钱找。

② 投入 1 元硬币。

③ 投入 5 角硬币。

④ 按下橙汁按钮。

⑤ 按下啤酒按钮。

结果：

㉑ 售货机“零钱找完”灯亮。

㉒ 退还 1 元硬币。

㉓ 退还 5 角硬币。

㉔ 送出橙汁饮料。

㉕ 送出啤酒饮料。

（2）画因果图。原因在左，结果在右，根据软件规格说明把原因和结果连接起来。在因果图中还可以引入一些中间节点，表示处理的中间状态。本例的中间结点如下。

⑪ 投入 1 元硬币且按下饮料按钮。

⑫ 已按下按钮（橙汁或啤酒）。

⑬ 应当找 5 角零钱并且售货机有零钱找。

⑭ 钱已付清。

（3）在因果图中加上约束条件，得到完整的因果图，如图 3-20 所示。

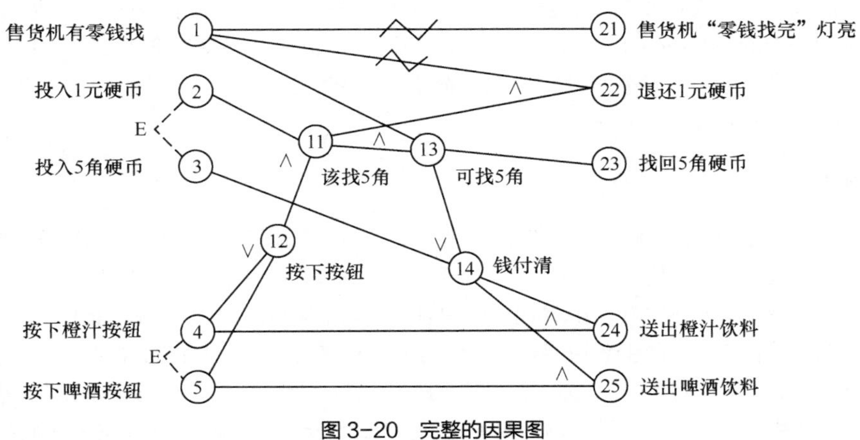

图 3-20　完整的因果图

（4）根据因果图转得到的判定表如表 3-11 所示。

表 3-11　根据因果图得到的判定表

序号		1	2	3	4	5	6	7	8	9	10	1	2	3	4	5	6	7	8	9	20	1	2	3	4	5	6	7	8	9	30	1	2
条件	①	1	1	1	1	1	1	1	1	1	1	1	1	1	1	1	1	0	0	0	0	0	0	0	0	0	0	0	0	0	0	0	0
	②	1	1	1	1	1	1	1	1	0	0	0	0	0	0	0	0	1	1	1	1	1	1	1	1	0	0	0	0	0	0	0	0
	③	1	1	1	1	0	0	0	0	1	1	1	1	0	0	0	0	1	1	1	1	0	0	0	0	1	1	1	1	0	0	0	0
	④	1	1	0	0	1	1	0	0	1	1	0	0	1	1	0	0	1	1	0	0	1	1	0	0	1	1	0	0	1	1	0	0
	⑤	1	0	1	0	1	0	1	0	1	0	1	0	1	0	1	0	1	0	1	0	1	0	1	0	1	0	1	0	1	0	1	0
中间结果	⑪						1	1	0		0	0	0		0	0	0						1	1	0		0	0	0		0	0	0
	⑫						1	1	0		1	1	0		1	1	0						1	1	0		1	1	0		1	1	0
	⑬						1	1	0		0	0	0		0	0	0						0	0	0		0	0	0		0	0	0
	⑭						1	1	0		1	1	1		0	0	0						0	0	0		1	1	1		0	0	0
结果	㉑						0	0	0		0	0	0		0	0	0						1	1	1		1	1	1		1	1	1
	㉒						0	0	0		0	0	0		0	0	0						1	1	0		0	0	0		0	0	0
	㉓						1	1	0		0	0	0		0	0	0						0	0	0		0	0	0		0	0	0
	㉔						1	0	0		1	0	0		0	0	0						0	0	0		1	0	0		0	0	0
	㉕						0	1	0		0	1	0		0	0	0						0	0	0		0	1	0		0	0	0
测试用例							Y	Y	Y		Y	Y	Y		Y	Y							Y	Y	Y		Y	Y	Y		Y	Y	

在表 3-11 中，阴影部分表示因违反约束条件，即不可能出现的情况，可删除。

（5）根据判定表设计测试用例。

3.7 场景法

前面几节介绍的黑盒测试方法，主要是针对单个功能点，不涉及多个操作步骤的连续执行和多个功能点的组合，无法对涉及用户操作的动态执行过程进行测试覆盖。对于复杂的软件系统，不仅要对单个功能点做测试，更重要的是，需要从全局把握整个系统的业务流程，确保在有多个功能点交叉，存在复杂约束的情况下，测试可以充分覆盖程序执行的各种情况。

场景法是通过运用场景来对系统的功能点或业务流程进行覆盖，从而提高测试效果的一种测试用例设计方法。提出这种测试思想的是 Rational 公司，在 RUP2000 中文版当中有对场景法详尽的解释和应用实例。这种在软件设计方面的思想，被引入到软件测试中，可以描绘出事件触发时的情景，有利于测试设计者设计测试用例，同时使测试用例更容易理解和执行。

3.7.1 事件流

现在的软件几乎都是用事件来触发控制流程的。例如，申请一个项目，需先提交审批单据，再由部门经理审批，审核通过后由总经理来最终审批，如果部门经理审核不通过，就直接退回，如图 3-21 所示。

多个事件的依次触发形成事件流，场景法中把事件流分为基本流和备用流，基本流指程序每个步骤都“正常”运作时所经过的执行路径，它是程序执行最简单的路径，程序只有一个基本流；备选流是程序执行可能经过也可能不经过的路径，可以有多个，是基本流之外可选的或备选的情况，一般对应的是异常的事件流程。如图 3-22 所示，图中用黑色的直线表示基本流，用不同颜色的弧线表示备选流。一个备选流可能从基本流开始，在某个特定条件下执行，然后重新加入基本流中（如备选流 1 和备选 3）；也可能起源于另一个备选流（如备选流 2），或者终止用例而不再重新加入到某个流（如备选流 2 和备选 4）。

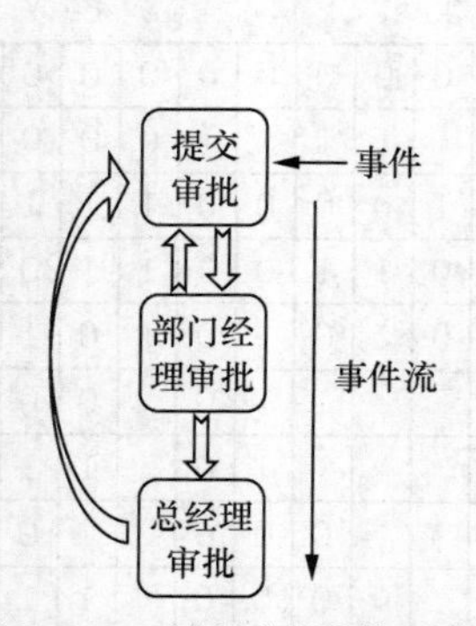

图 3-21 用事件来触发控制流程

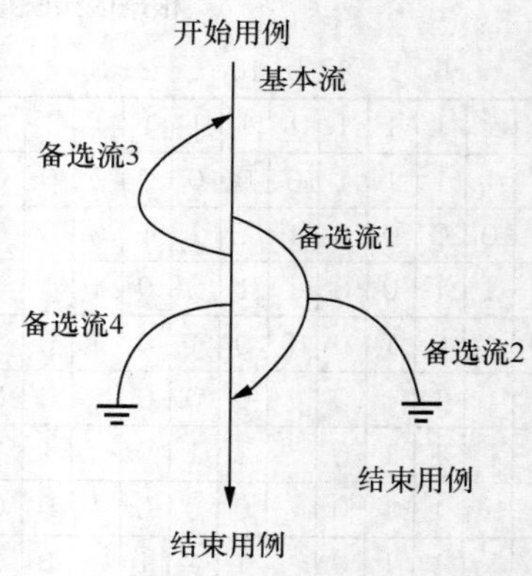

图 3-22 基本流和备选流

3.7.2 场景法设计测试用例的步骤

从基本流开始，通过描述经过的路径可以确定某一个场景，场景是事件流的一个实例，它对应用户执行软件的一个操作序列，如图 3-23 所示。场景法要求通过遍历基本流和所有的备用流来完成整个场景。

场景主要包括四种主要的类型：正常的用例场景、备选的用例场景、异常的用例场景、假定推测的场景。场景法要求根据软件规格说明书中的用例所包含的事件流信息，设计场景覆盖所有的事件流，并设计相应的测试用例，使每个场景至少发生一次，如图 3-24 所示。

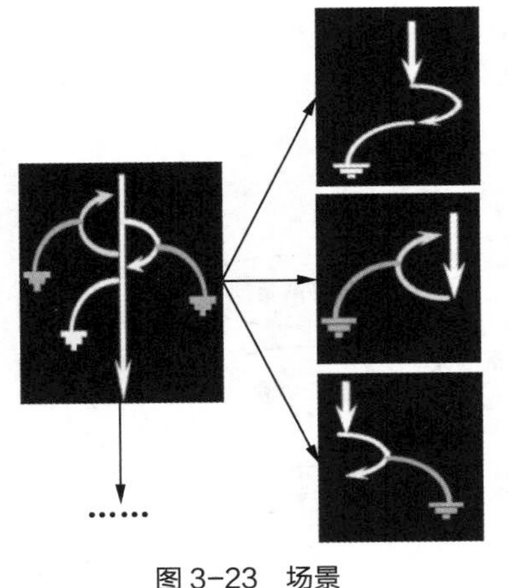
图 3-23　场景

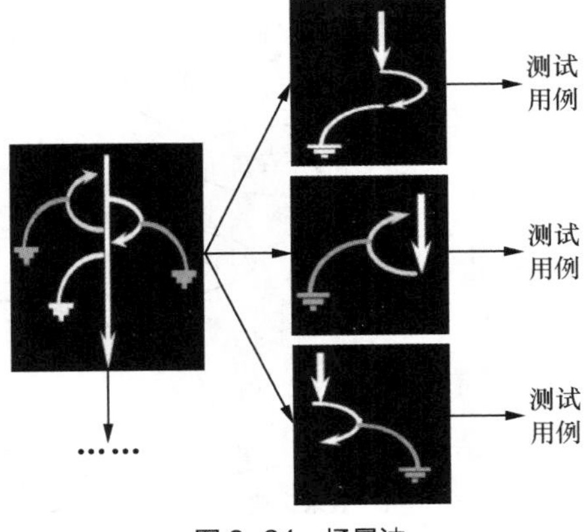

图 3-24　场景法

采用场景法设计测试用例的步骤如下。

（1）根据软件规格说明，描述程序的基本流及各项备选流。

（2）根据基本流和各项备选流生成不同的场景。

（3）对每一个场景设计生成相应的测试用例。

（4）对生成的所有测试用例重新复审，去掉多余的测试用例，测试用例确定后，对每一个测试用例确定测试数据值。

针对图 3-22 为某程序的事件流图，采用场景法，可以设计 8 个场景来覆盖基本流和各项备选流。

场景 1：基本流。

场景 2：基本流、备选流 1。

场景 3：基本流、备选流 1、备选流 2。

场景 4：基本流、备选流 3。

场景 5：基本流、备选流 3、备选流 1。

场景 6：基本流、备选流 3、备选流 1、备选流 2。

场景 7：基本流、备选流 4。

场景 8：基本流、备选流 3、备选流 4。

注：场景 5、场景 6 和场景 8 只考虑了备选流 3 循环执行一次的情况。

除上述 8 个场景外，还可以构建更多的场景，场景的构建实际上等同于业务执行路径的构建，被选流越多，则执行路径越多，场景越多；有时，同样的备选流按照不同的顺序执行，可能形成不同的业务流程和执行结果。由此带来的问题是当被选流数量很多时，将导致场景爆炸。

选取典型场景满足测试的完备性和无冗余性要求的基本原则如下。

（1）最少场景数等于基本流和备选流的总数。

（2）有且唯一有一个场景仅包含基本流。

（3）对于某个备选流来说，至少应有一个场景覆盖它，并且在该场景中，应尽量避免覆盖其他的备选流。

3.7.3　场景法应用示例

有一个在线购物网站，用户成功登录到系统后，先选购商品，然后在线支付购买，支付成功后生成订单，完成购物。对这样一个系统，采用场景法设计测试用例过程如下。

（1）根据说明，画出程序的基本流及各项备选流，如图 3-25 所示。

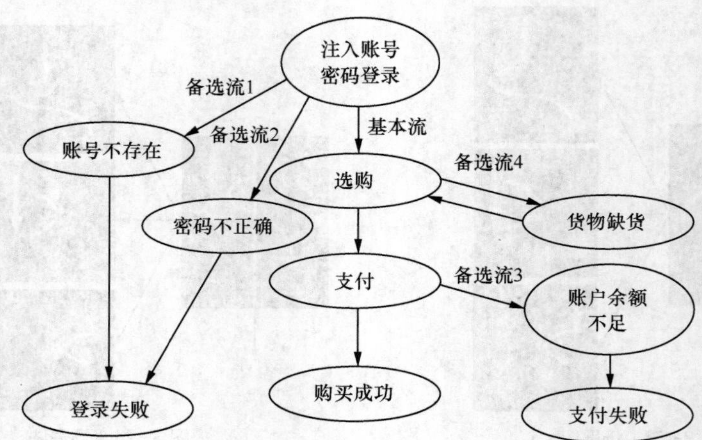

图 3-25　程序的基本流及各项备选流

（2）根据基本流和各项备选流生成不同的场景。

场景 1：基本流。

场景 2：基本流，备选流 1。

场景 3：基本流，备选流 2。

场景 4：基本流，备选流 3。

场景 5：基本流，备选流 4。

（3）对每一个场景生成相应的测试用例。假如存在一个合法账号用户名为 abc，密码为 123，账户余额为 200。针对每个场景，设计的测试用例如表 3-12 所示。

表 3-12　　针对每个场景设计的测试用例

用例 id	场景/条件	账号	密码	操作	预期结果
1	成功购物	abc	123	登录系统，选购一个有库存、价值为 50 的货物	支付成功，生成订单
2	账号不存在	aaa（假设此账号不存在）	123	登录系统	登录失败
3	密码错误	abc	345	登录系统	登录失败
4	货物缺货	abc	123	登录系统，选购一个无库存、价值为 50 的货物	提示货物无库存，需重新选购
5	余额不足	abc	123	登录系统，选购一个有库存、价值为 500 的货物	提示余额不足，购买失败

3.8　正交实验法

3.8.1　正交实验法应用背景

当利用因果图来设计测试用例时，输入条件与输出结果之间的因果关系有时很难从软件需求规格说明中得出，或者很多时候因果关系非常复杂，以致根据因果图得到的测试用例数目多得惊人，给软件测试带来沉重的负担。为了合理地降低测试的成本，提高测试的效率，可利用正交实验法来进行测试用例的设计。

假设有一个网络应用系统，共有 100 个功能点，现在需要测试用户在不同的软件环境下打开它时，这些功能点能否正常实现。由于该软件的用户可能分布十分广泛，所以软件执行时的软件环境可能是各种各样的，具体情况如下。

（1）操作系统：Windows 2003 Server、Windows 7、Windows 10、Linux、Solaris 9、Solaris 10、Mac OS 9、Mac OS X 等。

（2）浏览器：IE、FireFox、遨游、QQ 浏览器、360 浏览器、猎豹浏览器、苹果等。

（3）语言：简体中文、繁体中文、英文、日文、德文等。

经测算，可能的执行环境要素及其不同版本的数量为：操作系统 15 种、浏览器 20 种、语言 8 种。如果要在上述执行环境要素完全组合的情况下，对所有功能点进行测试，测试工作量将很大，总的测试任务数为 $15 \times 20 \times 8 \times 100 = 240000$。

要把所有这些情况都测试一遍，工作任务量太大。为了解决这种因可能的条件组合太多，难以进行全面测试的问题，可以采用正交实验法。正交实验法，又称为正交设计实验法，或正交设计试验法。其应用背景为：（1）有多个因素的取值变化会影响某个事件的结果，现需要通过实验来验证这种影响；（2）影响因素个数比较多，并且每一个因素又有多种取值，实验量非常大；（3）不能对每一组可能的数据都进行实验。

3.8.2 正交实验法简介

正交实验法是从大量的（实验）数据中挑选适量的，有代表性的，合理地安排实验的一种科学实验设计方法。它根据正交性从全部实验中挑选出部分有代表性的数据进行实验，这些有代表性的数据具备“均匀分散，齐整可比”的特点。它是一种高效率、快速、经济的实验设计方法。

实验工作者在长期的工作中总结出一套办法，创造出正交表。按照正交表来安排实验，既能使实验分布得很均匀，又能减少实验次数，而且计算分析简单，能够清晰地阐明实验条件与结果之间的关系。利用正交表来安排实验及分析实验结果，这种方法称为正交实验法。

正交实验法中，把有可能影响实验结果的条件称为因子，把条件取值可能的个数称为因子的水平（或状态）。

正交表是一整套规则的设计表格，用 L 作为正交表的代号，n 为需要实验的次数，c 为列数（影响结果的因素的个数），t 为水平数（因素可能取值的个数）。正交表的构造需要用到组合数学和概率学知识，现在广泛使用的 $L_n(t^c)$ 类型的正交表构造思想比较成熟，$L_4(2^3)$、$L_8(4^1 \times 2^4)$ 如图 3-26 所示。

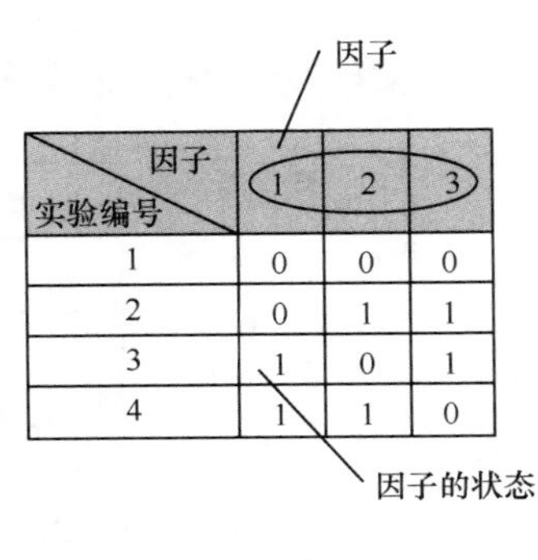

实验编号 \ 因子	1	2	3
1	0	0	0
2	0	1	1
3	1	0	1
4	1	1	0

（a）$L_4(2^3)$

实验编号 \ 因子	1	2	3	4	5
1	0	0	0	0	0
2	0	1	1	1	1
3	1	0	0	1	1
4	1	1	1	0	0
5	2	0	1	0	1
6	2	1	0	1	0
7	3	0	1	1	0
8	3	1	0	0	1

（b）$L_8(4^1 \times 2^4)$

图 3-26 $L_n(t^c)$ 类型正交表

$L_8(4^1 \times 2^4)$ 表示在有 1 个 4 水平的因子，4 个 2 水平的因子的情况下，需要的实验次数为 8。如果有 5 个输入条件，条件 1 有 4 种取值可能，条件 2、3、4、5 各有 2 种取值可能，则需要测试的次数为 8。如果不用正交表，而是对所有可能的情况都进行测试，则总共需要测试 4×2×2×2×2=64 次。正交表在有效地、合理地减少实验次数上的作用是明显的。

正交表可分为统一水平数正交表和混合水平数正交表，统一水平数正交表是指表中各个因子的水平数是一样的，混合水平数正交表是指表中的各个因子数的水平数不相同。

3.8.3 正交实验法应用步骤和原则

应用正交实验法时，被测对象的条件因素看成是正交表的因子，各条件因素的取值个数看成是因子的水平数。先根据被测软件规格说明书找出影响其功能实现的操作对象和外部因素，把它们当作因子；然后把各个因子的不同取值当作状态，明确各个因子的水平数；接下来选择合适的正交表；最后利用正交表进行各因子的状态组合，构造有效的测试输入数据集。具体步骤如下。

（1）明确有哪些因素（变量）。

（2）每个因素有哪几个水平（变量的取值）。

（3）选择一个合适的正交表。

（4）把变量的值映射到表中。

（5）把每一行的各因素水平的组合作为一个测试数据。

（6）可以再补充一些其他测试数据。

已经公开发布了很多正交表，可以从因特网、数理统计书籍、相关软件等渠道获得规范的正交表。在选择合适的正交表时，需要考虑因素（变量）的个数、因素水平（变量的取值）的个数和正交表的行数。在有多个正交表符合需要的情况下，应取行数最少的一个。如果因素数（变量）、水平数（变量值）都相符，那么直接套用符合需要的正交表即可；如果因子数和水平数与正交表不吻合，可以遵循以下原则。

（1）正交表的列数不能小于因子数。

（2）正交表的水平数不能小于因子的最大状态数。

（3）正交表的行数取最小值。

以上原则可以概括为最小包含，即要找出大于等于所需因子数和因子状态数、行数最小的正交表。

3.8.4 正交实验法应用示例

1. 用户信息输入测试

有一个软件的用户信息输入界面如图 3-27 所示，窗口中要测试的信息输入控件有 3 个，姓名、昵称、手机号码，也就是要考虑的因素有三个；而每个因素的状态有两个，填与不填。

选择正交表时分析如下。

（1）表中的因素数大于等于 3。

（2）表中至少有 3 个因素数的水平数大于等于 2。

（3）行数取最少的一个。

通过查找正交表，能找到因素数、水平数都符合的正交表，结果为：$L_4(2^3)$。变量映射如图 3-28 所示。

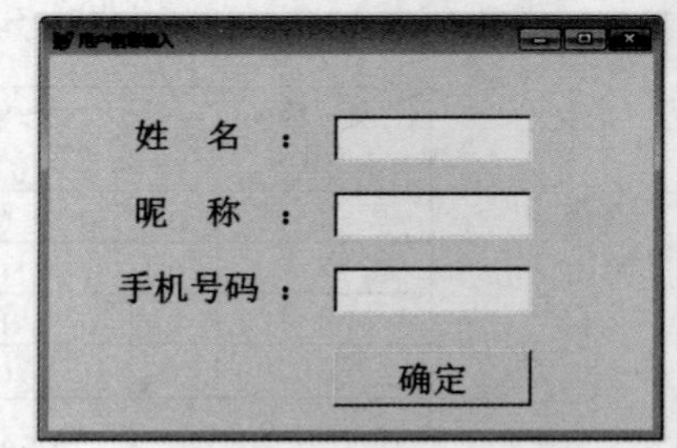

图 3-27　用户信息输入界面

根据正交表设计的测试用例如下。

（1）填写姓名、填写昵称、填写手机号。

（2）填写姓名、不填昵称、不填手机号。

（3）不填姓名、填写昵称、不填手机号。

（4）不填姓名、不填昵称、填写手机号。

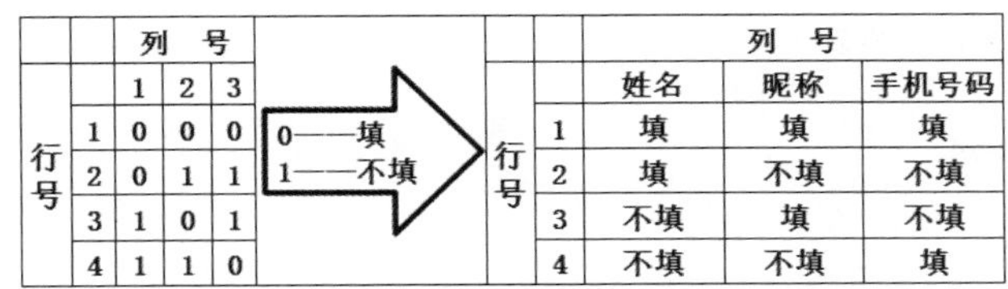

图 3-28　变量映射

可以再增补一个测试用例。

（5）不填姓名、不填昵称、不填手机号。

从测试用例数可以看出，如果按 3 个因素每个因素两个水平数来考虑的话，所有组合全部测试一次需要 8 个测试用例，而采用正交实验法并增补特殊情况的测试用例只需要 5 个，这样就减少了测试用例数量，实现了用较小的测试用例集合达到较好的测试效果。

2. 参数配置测试

某系统有 5 个独立的参数配置变量（A、B、C、D、E），变量 A 和 B 都有两种取值（A_1、A_2）和（B_1、B_2）。变量 C 和 D 都有三个可能的取值（C_1、C_2、C_3 和 D_1、D_2、D_3）变量 E 有六个可能的取值（E_1、E_2、E_3、E_4、E_5、E_6）。现要求测试系统在不同参数配置下的执行情况。

如果测试所有可能的参数配置，则需要测试 $2\times2\times3\times3\times6=216$ 次。为合理减少测试的次数，可以采用正交实验法。在选择正交表时，要求满足以下条件。

（1）因子数大于等于 5。

（2）水平数应满足以下要求。

① 有 2 个因子的水平数大于等于 2。

② 有 2 个因子的水平数大于等于 3。

③ 有 1 个因子的水平数大于等于 6。

满足上面条件的正交表有两个：$L_{49}(7^8)$ 和 $L_{18}(3^6 6^1)$，按照行数少的原则，应选取 $L_{18}(3^6 6^1)$。选定 $L_{18}(3^6 6^1)$ 后，由于实际变量只有 5 个，而这个正交表有 7 个因子列，所以应把正交表中多余的列删去，如图 3-29 所示。注意不能删除水平数为 6 的第七列。

因子 实验编号	1	2	3	4	5	6	7
1	0	0	0	0	0	0	0
2	0	0	1	1	2	2	1
3	0	1	0	2	2	1	2
4	0	1	2	0	1	2	3
5	0	2	1	2	1	0	4
6	0	2	2	1	0	1	5
7	1	0	1	2	1	2	5
8	1	0	2	0	2	1	4
9	1	1	1	1	1	1	0
10	1	1	0	2	0	0	1
11	1	2	1	1	2	0	3
12	1	2	0	0	0	2	2
13	2	0	1	2	0	1	3
14	2	0	2	1	1	0	2
15	2	1	0	1	0	2	4
16	2	1	1	0	2	0	5
17	2	2	0	0	1	1	1
18	2	2	2	2	2	2	0

⇨

因子 实验编号	1	2	3	4			7
1	0	0	0	0			0
2	0	0	1	1			1
3	0	1	0	2			2
4	0	1	2	0			3
5	0	2	1	2			4
6	0	2	2	1			5
7	1	0	1	2			5
8	1	0	2	0			4
9	1	1	1	1			0
10	1	1	0	2			1
11	1	2	1	1			3
12	1	2	0	0			2
13	2	0	1	2			3
14	2	0	2	1			2
15	2	1	0	1			4
16	2	1	1	0			5
17	2	2	0	0			1
18	2	2	2	2			0

图 3-29　删除多余因子列

然后进行变量映射，具体过程如下。

A：0->A_1，1->A_2。

B：0->B_1，1->B_2。

C：0->C_1，1->C_2，2->C_3。

D：0->D_1，1->D_2，2->D_3。

E：0->E_1，1->E_2，2->E_3，3->E_4，4->E_5，5->E_6。

当有的变量的取值个数也小于这一正交表因子的状态数时，需要把没有的取值，均匀的替换成有的取值，如图 3-30 所示。

因子 实验编号	1	2	3	4			7
1	0	0	0	0			0
2	0	0	1	1			1
3	0	1	0	2			2
4	0	1	2	0			3
5	0	2	1	2			4
6	0	2	2	1			5
7	1	0	1	2			5
8	1	0	2	0			4
9	1	1	1	1			0
10	1	1	0	2			1
11	1	2	1	1			3
12	1	2	0	0			2
13	2	0	1	2			3
14	2	0	2	1			2
15	2	1	0	1			4
16	2	1	1	0			5
17	2	2	0	0			1
18	2	2	2	2			0

因子 实验编号	1	2	3	4			7
1	A1	B1	C1	D1			E1
2	A1	B1	C2	D2			E2
3	A1	B2	C1	D3			E3
4	A1	B2	C3	D1			E4
5	A1	B1	C2	D3			E5
6	A1	B2	C3	D2			E6
7	A2	B1	C2	D3			E6
8	A2	B1	C3	D1			E5
9	A2	B2	C2	D2			E1
10	A2	B2	C1	D3			E2
11	A2	B1	C2	D2			E4
12	A2	B2	C1	D1			E3
13	A1	B1	C2	D3			E4
14	A2	B1	C3	D2			E3
15	A1	B2	C1	D2			E5
16	A2	B2	C2	D1			E6
17	A1	B1	C1	D1			E2
18	A2	B2	C3	D3			E1

图 3-30　把没有的取值进行均匀替换

习题

一、选择题

1. 凭经验或直觉推测可能的错误，列出程序中可能有的错误和容易发生错误的特殊情况，选择测试用例的测试方法叫（　　）。

   A. 等价类划分　　B. 边界值测试　　C. 错误推测　　D. 逻辑覆盖

2. 黑盒测试技术中不包括（　　）。

   A. 等价类划分　　B. 边界值测试　　C. 错误推测　　D. 逻辑覆盖

3. 黑盒测试技术，使用最广的用例设计技术是（　　）。

   A. 等价类划分　　B. 边界值测试　　C. 错误推测　　D. 逻辑覆盖

4. 在某大学学籍管理信息系统中，假设学生年龄的输入范围为 16～40，则根据黑盒测试中的等价类划分技术，下面划分正确的是（　　）。

   A. 可划分为 2 个有效等价类，2 个无效等价类

   B. 可划分为 1 个有效等价类，2 个无效等价类

C. 可划分为2个有效等价类，1个无效等价类

D. 可划分为1个有效等价类，1个无效等价类

5. 有一组测试用例使得被测程序的每一个分支至少被执行一次，它满足的覆盖标准是（　　）。

A. 语句覆盖　　B. 判定覆盖　　C. 条件覆盖　　D. 路径覆盖

6. 在确定黑盒测试策略时，优先选用的方法是（　　）。

A. 边界值测试法　　B. 等价类划分　　C. 错误推断　　D. 决策表

7.（　　）方法根据输出对输入的依赖关系设计测试用例。

A. 路径测试　　B. 等价类　　C. 因果图　　D. 归纳测试

8. 对于参数配置类的软件，要用（　　）选择较少的组合方式达到最佳效果。

A. 等价类划分　　B. 因果图　　C. 正交实验法　　D. 场景法

9. 对于业务流清晰的系统可以利用（　　）贯穿整个测试用例设计过程并在用例中综合使用各种测试方法。

A. 等价类划分　　B. 因果图　　C. 正交实验法　　D. 场景法

10. 下列不属于黑盒测试方法的是（　　）。

A. 等价类划分　　B. 因果图　　C. 边界值测试　　D. 变异测试

11. 用边界值测试法，假定 $1<X<100$，那么整数 X 在测试中应取的边界值不包括（　　）。

A. $X=1$，$X=100$　　B. $X=0$，$X=101$　　C. $X=2$，$X=99$　　D. $X=3$，$X=98$

二、填空题

1. 等价类划分有两种不同的情况________和________。

2. 如果有多个输入条件，并且各个条件之间存在关联，那么仅仅只是覆盖所有的等价类还不够，还需要考虑等价类之间的________。

3. 各个被测变量的等价类总数等于其________加上________。

三、判断题

1. 一个测试用例可覆盖多个有效等价类和无效等价类。（　　）

2. 不同的等价类划分得到的测试用例的质量不同。（　　）

3. 强健壮等价类测试中，测试用例个数为：各个被测变量的等价类总数的和。（　　）

四、解答题

1. 某种信息加密代码由三部分组成，这三部分的名称和内容如下。

（1）加密类型码：空白或三位数字；

（2）前缀码：非“0”或“1”开头的三位数；

（3）后缀码：四位数字。

假定被测试的程序能接受一切符合上述规定的信息加密代码，拒绝所有不符合规定的信息加密代码，试用等价类划分法，分析它所有的等价类，并设计测试用例。

2. 某“银行网站系统”登录界面如下图所示，试采用错误推测法，举出10种常见问题或错误，并设计10个测试用例。

3. 有一个在线购物网站系统，主要功能包括登录、商品选购、在线支付完成购物等。用户在使用这些功能时可能会出现各种情况，如账号不存在、密码错误、账户余额不足等。设目前该系统中仅有一个账号abc；密码为123；账户余额200；仅有商品A，售价均为50元，库存为15，商品B售价为50元，库存为0。

试采用场景法：

（1）分析画出事件流图，标注基本流和备选流。

（2）分析生成测试场景。

（3）对每一个场景设计相应的测试用例。

4. 有一个“学生信息输入”界面如下图，输入项有 3 个：姓名、学号、性别，输入项状态有两个：填与不填。请采用正交实验法对其进行测试用例设计。

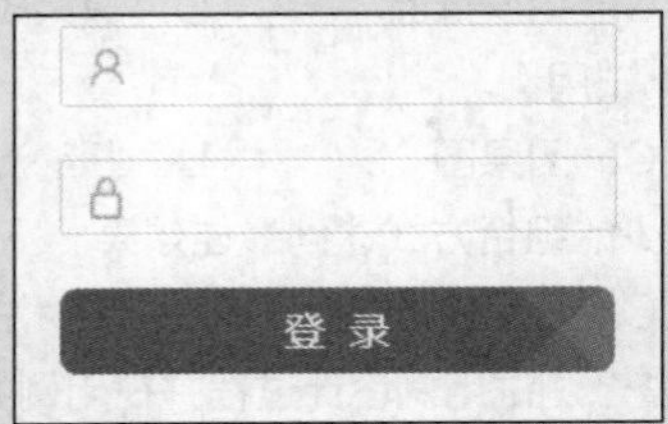

题图 3-1

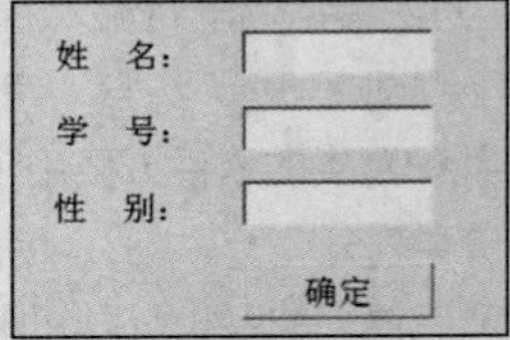

题图 3-2

（1）请选择一个合适的正交表。

（2）根据选定的正交表进行变量映射。

（3）写出测试用例。

5. 某软件需求规格说明中包含如下要求：第一列字符必须是 A 或 B，第二列字符必须是一个数字，在此情况下进行文件修改。但是，如果第一列字符不正确，则输出信息 L；如果第二列字符不是数字，则给出信息 M。请采用因果图进行分析，并绘制出该软件需求规格说明对应的因果图。

6. 某程序功能为输出某个输入日期明天的日期。例如，输入 2020 年 2 月 2 日，则该程序的输出为 2020 年 2 月 3 日。该程序有三个输入变量 year、month、day，分别表示输入日期的年、月、日。

（1）请根据程序规格说明，分别为输入变量 year、month、day 划分有效等价类。

（2）分析程序规格说明，并结合以上等价类划分的情况，给出程序所有可能采取的操作。

（3）根据（1）和（2），画出简化后的决策表，并为每条规则设计测试用例。

PART04

第4章

白盒测试

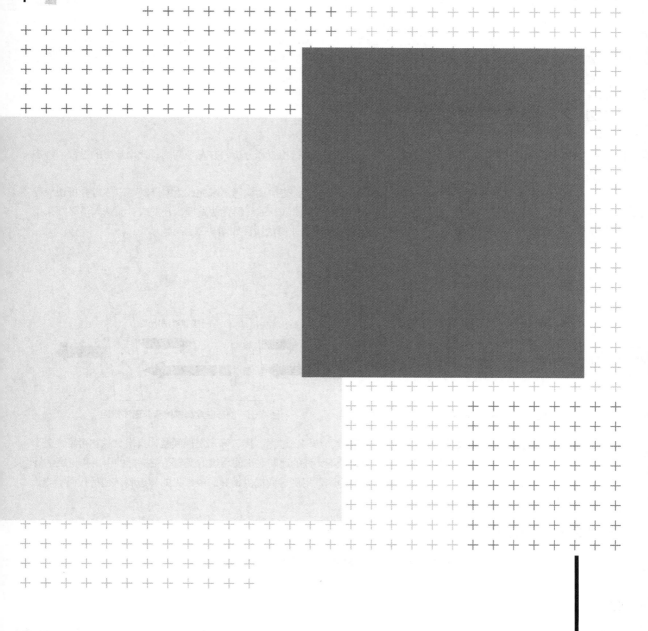

4.1 白盒测试简介

白盒测试是一种软件测试方法，其测试对象是程序代码，它要求已知程序内部的逻辑结构和工作过程，然后检查验证每种内部操作是否符合设计规格，以及所有内部成分是否符合标准和要求。

白盒测试把被测软件看成是透明的盒子，其内部是可视的。测试人员需要清楚盒子内部的结构以及程序流程是如何执行的。白盒测试对软件及其执行过程做细致的检查，对软件的执行过程进行覆盖测试，检查程序中的每条通路是否符合预定要求、能否正确工作，并可通过在程序不同位置设立检查点来检查程序的状态，以确定实际运行状态与预期状态是否一致。

白盒测试既有静态方法也有动态方法，如图 4-1 所示。

静态方法
- 代码检查
- 静态结构分析
- 静态质量度量
- ……

动态方法
- 逻辑覆盖
- 基本路径覆盖
- 符号测试
- 程序变异测试
- ……

图 4-1　白盒测试方法

代码检查、静态结构分析、静态质量度量等都是静态白盒测试方法。通过静态白盒测试，要尽可能检查发现代码中的问题和缺陷，让代码达到正确性、高效性、清晰性、规范性、一致性等要求。

动态白盒测试是指先针对程序的内部逻辑结构设计测试用例，然后运行程序，输入测试用例，检验程序执行过程及最终结果是否符合预期要求，并查找问题和缺陷的过程。逻辑覆盖、基本路径覆盖、程序变异测试等都是动态白盒测试方法。

4.2 静态白盒测试

静态白盒测试是指在不执行软件的情况下，对软件进行检查和分析，并发现问题，找出缺陷的过程。静态白盒测试如图 4-2 所示。

对程序最基本的检查是找出源代码的语法错误，这类检查可由编译器来完成。编译器可以逐行分析检验程序的语法，找出错误并报告。此外，有许多非语法方面的错误，编译器无法发现，开发或者测试人员必须采用人工或自动化的方法进行检查、分析。静态白盒测试检查非语法错误如图 4-3 所示。

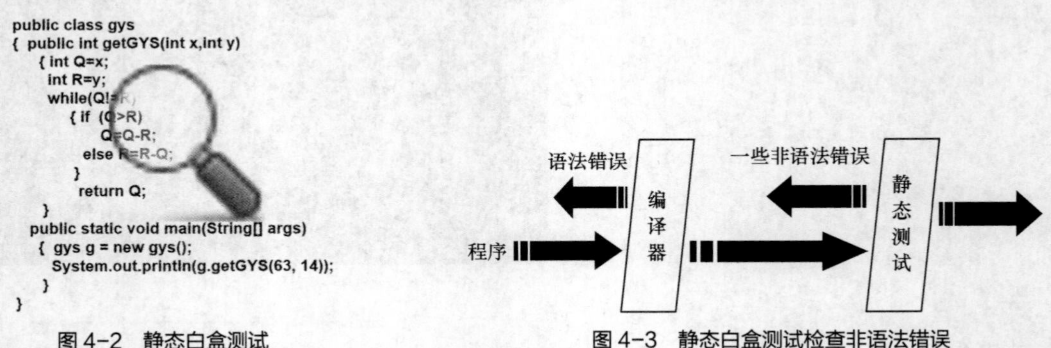
public class gys
{ public int getGYS(int x,int y)
{ int Q=x;
int R=y;
while(Q!=R)
{ if (Q>R)
Q=Q-R;
else R=R-Q;
}
return Q;
}
public static void main(String[] args)
{ gys g = new gys();
System.out.println(g.getGYS(63, 14));
}
}
语法错误
编译器
程序
一些非语法错误
静态测试

图 4-2　静态白盒测试

图 4-3　静态白盒测试检查非语法错误

程序静态测试通过检查或分析程序代码的逻辑、结构、过程、接口等来发现问题，找出欠缺和可疑之处，如不匹配的参数、不适当的循环嵌套和分支嵌套、不允许的递归、未使用过的变量、空指针的引用和可疑的计算等。静态测试的结果可用于进一步的查错，并为测试用例选取提供指导。最常见的静态测试包括代码检查、静态结构分析、静态质量度量等。

4.2.1 代码检查

代码检查法主要是通过桌面检查、代码审查和代码走查方式，对以下内容进行检查。

（1）代码和设计的一致性。

（2）代码的可读性，以及代码对软件设计标准、编码规范等的遵循情况。

（3）代码逻辑表达的正确性。

（4）代码结构的合理性。

（5）程序中是否存在不安全、不明确和模糊的部分。

（6）编程风格方面的问题等。

表 4-1 所示为常见的代码检查项目。

表 4-1 常见的代码检查项目

代码检查项目	检查结果
所有设计要求是否都已实现?	
代码编制是否遵照编码规范?	
所有的代码是否风格保持一致?	
所有的注释是否清楚和正确?	
可能出错的地方是否都有异常处理代码?	
每一功能目的是否都有注释?	
代码注释量是否达到了规定值?	
所有变量的命名是否依照规则?	
循环嵌套是否优化到最少?	
……	

代码检查一旦发现错误，通常能在代码中对其进行精确定位，这与动态测试只能发现错误的外部征兆不同，因而可以降低修正错误的成本。另外，在代码检查过程中，有时可以发现成批的错误，典型的如分散在多处的同一类错误，而动态测试通常只能一个一个的测试和报错。代码检查的方式有三种：桌面检查、代码审查、代码走查。

1. 桌面检查

桌面检查可以说是最早的一种代码检查方法，一般是由程序员对自己的代码进行检查，通过阅读程序，对照错误列表，检查是否存在常见的问题；对代码进行分析，以检验程序中是否有错误等。

总体而言，桌面检查的效率相当低的，原因如下。

首先，桌面检查随意性较大，除非有严格的管理和技术规范来约束；否则，检查哪些内容，如何检查，检查到哪种程度，基本上取决于程序员个人。

其次，自己一般不太容易发现自己程序中的问题。因此在实践中，可以采用交叉桌面检查的方法，即两个程序员相互交换各自的程序来做检查，而不是自己检查自己的程序。但是即使这样，其效果仍然逊色于代码审查和代码走查。因为代码检查和代码走查以小组的形式进行，所以小组成员之间存在着互相监督和促进。

2. 代码审查

代码审查是由若干程序员和测试员组成一个审查小组，通过阅读、讨论、评价和审议的方式对程序进行静态分析的过程。代码审查分两步。第一步，小组负责人提前把设计规格说明书、控制流程图、程序文本及有关要求、规范等分发给小组成员，作为审查的依据。小组成员在充分阅读这些材料后，进入审查的第二步，召开程序审查会。通过会议和集体讨论、评价和审议，以集体的智慧和不同的角度，找出程序中的问题，提出修改意见和建议。

代码审查是软件开发中常用的手段。与其他测试手段相比，它更容易发现与架构及时序等较难发现的相关问题，还可以帮助团队成员提高编程技能、统一编程风格等。代码审查有相关的辅助工具可以选择使用。

3. 代码走查

走查是让人充当计算机，把数据代入程序，模拟代码的执行，看程序能否正常执行下去，执行过程和状态是否正确，能否最终得出符合预期的结果。

代码走查与代码审查有类似的地方，都是以小组为单位进行。代码走查重在模拟程序的执行，它需要推演每个测试用例的执行过程和结果，把测试数据沿程序的运行逻辑走一遍，过程和中间状态记录在纸张或白板上以供监视检查。

与代码审查基本相同，代码走查过程也分为两步。第一步，把材料先发给走查小组每个成员，让他们认真研究程序，然后组织代码走查会议。但开会的过程与代码审查不同，不是简单地读程序和对照错误检查表进行检查，而是让与会者充当“计算机”，由测试人员为被测程序准备一批有代表性的测试用例，提交给走查小组；走查小组开会，一起把测试用例代入程序，模拟代码的执行、分析检查程序的执行过程和结果。

4.2.2 静态结构分析

一个软件通常由多个部分组成，总是存在着一定的组织结构，各个部分也总是存在一定关联。在静态结构分析中，通常通过使用测试工具，分析程序代码的控制逻辑、数据结构、模块接口、调用关系等，生成控制流图、调用关系图、模块组织结构图、引用表、等价表、常量表等各种图表，清晰地呈现软件的组织结构和内在联系，使程序便于被宏观把握和微观分析。

借助这些这些图表，可以进行控制流分析、数据据流分析、接口分析、表达式分析等，可以发现程序中的问题或者不合理的地方，然后通过进一步检查，就可以确认软件中是否存在缺陷或错误。

静态结构分析通常采用以下一些方法进行程序的静态分析。

（1）通过生成各种表，有利于测试人员对源程序进行静态分析。

① 标号交叉引用表。

② 变量交叉引用表。

③ 子程序（宏、函数）引用表。

④ 等价表。

⑤ 常数表。

（2）通过分析各种关系图、控制流图，检查程序是否有问题。

① 控制流图：由许多结点和连接结点的边组成的图形，其中每个结点代表一条或多条语句，边表示控制流向，可以直观地反映函数的内部结构。

② 函数调用关系图：列出所有函数，用连线表示调用关系，通过应用程序各函数之间的调用关系展示系统的结构。

③ 文件或页面调用关系图。

④ 模块结构图。

（3）其他常见错误分析。分析程序中是否有某类问题、错误或“危险”的结构。

① 数据类型和单位分析。

② 引用分析。

③ 表达式分析。

④ 接口分析。

4.2.3 程序流程分析

程序要能够正常执行，不留问题隐患，在流程上会有一些基本要求。下面我们分别从控制流和数据流的角度来对程序做流程上的分析。

1. 控制流分析

从控制流的角度来说，程序不应存在以下问题。

（1）转向并不存在的标号。如果转向并不存在的标号，程序执行就会意外中止。

（2）有无用的语句标号。无用的语句标号类似于有定义而未使用的变量，没有任何实际作用，却需要对其进行管理并占用资源。

（3）有从程序入口无法到达的语句。有从程序入口无法到达的语句，意味着这些语句根本就不会被执行，其对应的功能也无法被调用。

（4）不能到达停机语句的语句，如死循环。

2. 数据流分析

数据流分析就是对程序中数据的定义、使用及其之间的依赖关系等进行分析的过程。某一语句执行时能改变变量 *V* 的值，则称 *V* 是被该语句定义的。某一语句的执行应用了内存变量 *V* 的值，则称变量被语句引用。示例如下。

（1）语句 X:=Y+Z，定义了变量 *X*，引用了 *Y* 和 *Z*。

（2）语句 if Y>Z then…，引用了变量 *Y* 和 *Z*。

（3）语句 READ，*X* 引用了变量 *X*。

（4）语句 WRITE，*X* 定义了变量 *X*。

早期的数据流分析主要集中于变量定义 / 引用错误或异常，包括如下三方面。

（1）变量被定义，但从来没有使用（引用）。

（2）所使用的变量没有被定义。

（3）变量在使用之前被定义多次。

对于这些问题来说，仅仅依靠简单的语法分析或语义分析是难以检测出来的，需要借助一些专门的数据流分析工具来进行分析检测。这些工具可以提供一些警告信息（如“所定义的变量未被使用”等），帮助开发人员发现错误。

图 4-4 所示为一个程序的控制流图。表 4-2 所示为控制流图中各个节点的数据操作列表，分为变量定义和变量引用。

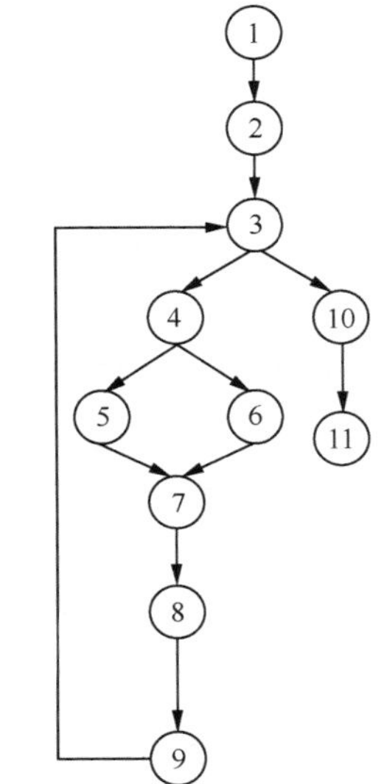

图 4-4 一个程序的控制流图

表 4-2 控制流图中各个节点的数据操作列表

节点	被定义变量	被引用变量
1	*X*, *Y*, *Z*	
2	*X*	*W*, *X*
3		*X*, *Y*
4		*Y*, *Z*
5	*Y*	*V*, *Y*
6	*Z*	*V*, *Z*
7	*V*	*X*
8	*W*	*Y*
9	*Z*	*V*
10	*Z*	*Z*
11		*Z*

下面来做一个简单的数据流分析，如图 4-5 所示。

节点	被定义变量	被引用变量
1	X, Y, Z	
2	X	W, X
3		X, Y
4		Y, Z
5	Y	V, Y
6	Z	V, Z
7	V	X
8	W	Y
9	Z	V
10	Z	Z
11		Z

使用前没有定义过

第一次执行循环时没有定义过

两次定义之间没有引用

定义后没有使用过

图 4-5 数据流分析

通过数据流分析，我们可以发现以下问题。

（1）2 号节点引用了变量 *W*，但在此之前 *W* 没有定义。

（2）5 号、6 号节点引用了变量 *V*，但第一次循环执行到 5 号、6 号节点时，变量 *V* 尚未定义。

（3）8 号节点定义了变量 *W*，但之后程序没有引用变量 *W*。

（4）6 号节点、9 号节点都定义了变量 *Z*，但两次定义之间并没有引用变量 *Z*。

一般来说，情况 1 和 2 属于错误，引用未经定义的变量可能会让程序执行出错；情况 3 是一种疏漏，定义了变量但并没有引用，那么这种定义操作就没有实际意义；情况 4 是一种异常，这种异常有时可能是程序员疏漏所致，需要予以修正，但有时也可能是程序逻辑的实际需要。

程序的控制流分析和数据流分析，除有的编译器就带有相关分析功能外，很多都可以采用辅助工具来完成。

4.2.4 编程规范

当前软件行业发展十分迅速，软件的规模也越来越大。很多时候需要很多人参与到同一个项目中，共同完成规模庞大、结构复杂的软件项目。在这种情况下，如何统一程序风格、规范代码编写、遵循相同的规则，让不同的程序员开发的代码能够合成一个整体、容易阅读和理解，并保证达到一定的质量，就成为一个巨大的挑战。

编程是软件开发过程中的重要环节，它是指在用计算机解决某个具体问题时使用某种程序设计语言（如 Java、C++）来编写程序代码，从而得到期望结果的过程。在编码过程中，如果大家事先制定并严格遵循统一的编程规范或者规则，则可以提高代码的可读性和可理解性，尽可能避开软件编码过程中容易出现的错误和疏漏，最终达到统一代码风格、降低协同成本、提升软件产品质量的效果。

编程规范或者规则分为多种情况。（1）有的是推荐遵循或建议参考的，有的则是要求必须遵守的；（2）有的只是某一个软件开发组织自行制定和使用的，有的则是在一定范围内普遍认同并遵循的；（3）有的是和某一种编程语言相关的，有的则是与具体的编程语言无相关的；（4）有的由手工来进行检查和确认，有的则可以通过工具软件来进行分析和度量；（5）有的是为了统一代码风格、便于代码阅读和理解，有的则是为了防止编码错误和疏漏、提升软件产品质量。

1. 常见编程规范

鉴于编程规范与编码规则的重要性，部分大型软件开发公司相继提出并开放了属于自己的编程标准。例如，Google 公司针对多种语言（包括 Java、C++、Object-C 等）提出了相应的编码规范；阿里巴巴公司也提出了中英文版本的面向 Java 程序的开发手册，同时还提供了 Java 开发规约插件，以帮助研发人员自动检测自己代码中违规的部分。这些文档在软件的不同维度（如测试、安全、网络、结构、数据库、异常处理以及一般编码等）上，以及不同复杂程度（简单的如变量的命名格式，复杂的如数据库操作等）上，定义了统一的编程规范和规则。下面分类列举一些常见的编程规范和规则。

（1）代码编排。

① 关键词和操作符之间应加适当的空格。

② 相对独立的程序块与块之间应加空行。

③ 较长的语句、表达式等要分成多行书写，划分出的新行要进行适应的缩进，使排版整齐，语句可读。

④ 长表达式应在低优先级操作符处划分新行，操作符放在新行之首。

⑤ 循环、判断等语句中若有较长的表达式或语句，则要进行相应的划分。

⑥ 若函数或过程中的参数较长，则要进行适当的划分。

⑦ 一行只写一条语句，不允许把多个短语句写在一行中。

⑧ 函数或过程的开始、类的定义、结构的定义，以及循环、判断等语句结构中的代码都要采用缩进风格。

⑨ C/C++语言等是用大括号“{”和“}”界定一段程序块的，编写程序块时“{”和“}”应各独占一行并且位于同一列。

（2）注释。

① 注释要简单、清楚、明了，含义准确，防止二义性。

② 在必要的地方注释，注释量要适中。

③ 修改代码同时修改相应的注释，以保证注释与代码的一致性。

④ 注释就近原则，即保持注释与其对应的代码相邻，并且应放在上方或者与代码同行，不可放在下面。

⑤ 全局变量要有较详细的注释，包括其功能、取值范围、哪些函数或过程存取它，以及存取时注意事项等说明。

⑥ 在每个源文件的头部要有必要的注释信息，包括文件名、版本号、作者、生成日期、模块功能描述（如功能、主要算法、内部各部分之间的关系、该文件与其他文件关系等），以及主要函数或过程清单及本文件历史修改记录等。

⑦ 在每个函数或过程的前面要有必要的注释信息，包括函数或过程名称，功能描述，输入、输出及返回值说明，调用关系及被调用关系说明等。

（3）命名。

① 命名应有统一的规则。

② 避免使用不易理解的名称。

③ 较短的单词可通过去掉“元音”形成缩写。

④ 较长的单词可取单词的头几个字符形成缩写。

⑤ 需要包含多个单词的命名可采用下划线来进行分段。

（4）可读性。

① 顾名思义，争取看到名称即可大致知道其所代表的意思。

② 使用括号以避免二义性，并可提高可读性。

③ 一般不使用过于晦涩难懂的算法，而采用较为容易理解的算法。

④ 不使用难懂的技巧性很高的语句。

⑤ 源程序中关系较为紧密的代码应尽可能相邻。

（5）变量。

① 去掉没必要的公共变量。

② 构造仅有一个模块或函数可以修改、创建，而其余有关模块或函数只访问的公共变量，防止多个不同模块或函数都可以修改、创建同一公共变量的现象。

③ 仔细定义并明确公共变量的含义、作用、取值范围及公共变量间的关系。

④ 明确公共变量与操作此公共变量的函数或过程的关系，如访问、修改及创建等。

⑤ 当向公共变量传递数据时，要十分小心，防止不合理赋值或越界等现象发生。

⑥ 防止局部变量与公共变量同名。

⑦ 仔细设计结构中元素的布局与排列顺序，使结构容易理解、节省占用空间，并减少引起误用现象。

⑧ 结构的设计要尽量考虑向前兼容和以后的版本升级，并为某些未来可能的应用保留余地（如预留一些空间等）。

⑨ 注意具体的编程语言及编译器处理不同数据类型的原则及有关细节。

⑩ 严禁使用未经初始化的变量，声明变量的同时应对变量进行初始化。

⑪ 编程时，要注意数据类型的强制转换。

（6）函数、过程。

① 单个函数的规模尽量限制在 200 行以内。

② 一个函数最好仅完成一个功能。

③ 为简单但常用功能编写函数。

④ 尽量不要编写依赖于其他函数内部实现的函数。

⑤ 尽量减少函数的参数，降低函数调用时出错的概率。

⑥ 用注释详细说明每个参数的作用、取值范围及参数间的关系。

⑦ 应检查函数所有参数输入的有效性。

⑧ 应检查函数所有非参数输入的有效性，如数据文件、公共变量等。

⑨ 函数名应准确描述函数的功能。

⑩ 函数的返回值要清楚明了，尤其是出错返回值的意义要准确。

⑪ 明确函数功能，代码应能精确（而不是近似）地实现函数功能。

⑫ 减少函数本身或函数间的递归调用。

⑬ 编写可重入函数时，若使用全局变量，则应通过关中断、信号量（P、V 操作）等手段对其加以保护。

（7）代码可测性。

① 采用漏斗形设计，公共逻辑归一化。

② 降低模块耦合度。

③ 面向接口编程，使用函数接口将外部依赖隔离。

④ 在编写代码之前，应预先设计好程序调试与测试的方法和手段，并设计好各种调测手段及相应测试代码，如测试脚本、输出语句等。

（8）程序效率。

① 编程时要经常注意代码的效率，尤其是需要反复执行、并发执行的代码。

② 在保证软件系统的正确性、稳定性、可读性及可测性的前提下，应提高代码效率，但不能一味地追求代码效率，影响软件的正确性、稳定性、可读性及可测性。

③ 要仔细地构造或直接用汇编语言编写调用频繁或性能要求极高的函数。

④ 通过对系统数据结构划分与组织的改进，以及对程序算法的优化来提高效率。

⑤ 在多重循环中，应将最忙的循环放在最内层。

⑥ 尽量减少循环嵌套层次。

⑦ 尽量用乘法或其他方法代替除法，特别是浮点运算中的除法。

（9）其他。

① 只引用属于自己的存贮空间。

② 防止引用已经释放的内存空间。

③ 过程/函数中分配的内存，在过程/函数退出之前要释放。

④ 过程/函数中申请的（为打开文件而使用的）文件句柄，在过程/函数退出前要关闭。

⑤ 防止内存操作越界。

⑥ 时刻注意表达式是否会上溢、下溢。

⑦ 认真处理程序所能遇到的各种出错情况。

⑧ 系统运行之初，要对加载到系统中的数据进行一致性检查。

⑨ 严禁随意更改其他模块或系统的有关设置和配置。

⑩ 不能随意改变与其他模块的接口。

⑪ 充分了解系统的接口之后，再使用系统提供的功能。

⑫ 要时刻注意容易产生混淆的操作符及操作符的优先级。

⑬ 不使用与硬件或操作系统关系很大的语句，而使用标准语句。

⑭ 除非必要，不要使用不熟悉的第三方工具包与控件。使用第三方提供的软件开发工具包或控件时，要充分了解应用接口、使用环境及注意事项，并且不能完全相信其正确性。

⑮ 编写代码时要注意随时保存，并定期备份，防止由于断电、硬盘损坏等原因造成代码丢失。

⑯ 使用工具软件（如 Visual Source Safe）对代码版本进行管理和维护。

2. 测试脚本编写参考规范

编写测试脚本，也是一种程序开发。在编写测试脚本时，同样有一些规范可供参考，以提高测试脚本的可阅读性、可理解性、可维护性和可扩展性，进而保证软件测试的正确性、高效性等。

（1）命名格式。测试类文件可以命名为类名+Test；测试用例可以命名为 test+方法名。其中，方法名的首字母大写。命名不规范会导致严重影响测试用例的可读性，也不利于后期分析。

（2）分支覆盖。单元测试尽可能的覆盖所有分支。仅仅考虑语句覆盖会忽视没有包含可执行语句的程序分支。

（3）测试粒度。对于单元测试来说，要保证测试粒度足够小，有助于精确定位问题。单测粒度至多是类级别，一般是方法级别。只有当测试粒度小时，才能在出错时尽快定位出错位置。

（4）注解标签。推荐使用诸如@Test、@Before 进行注解，不建议使用诸如@org.junit.Test、@org.junit.Before 方式进行注解。显式调用 org.junit 没有意义。

（5）文件存放位置。单元测试代码应放在单独的工程目录下，如 src/test/java，而不应放在 src 或其他目录下。单独存放，既便于管理，又可以避免混乱。

（6）测试用例独立性。测试用例应当避免相互调用，同时也应与运行顺序无关。在不同配置下，测试用例的运行顺序是不同的，若存在测试顺序依赖，会导致需要耗费额外的精力用于环境配置。

（7）测试用例可重复性。在每次运行时，测试用例的运行结果应当是不变的，不会受到外界环境的影响。在设计时，应当借助 Mock 等技术减轻测试用例对外部环境的依赖，防止测试用例在持续集成环境中不可用。

（8）测试用例全自动运行。单元测试应该是全自动运行，并且非交互式的。测试框架通常是定期运行的，运行过程必须完全自动化才有意义。输出结果需要人工检查的测试不是一个好的单元测试。

4.2.5 静态测试扫描工具

当前存在大量静态测试（静态分析）工具，包括开源和非开源的工具。本节简要介绍四种常用的开源静态测试工具：Checkstyle、FindBugs、PMD、P3C。表 4-3 列出了这些工具的分析对象和应用技术。

表 4-3　　常用的静态测试工具

工具名称	分析对象	应用技术
Checkstyle	Java 源文件	缺陷模式匹配
FindBugs	字节码	缺陷模式匹配、数据流分析
PMD	Java 源代码	缺陷模式匹配
P3C	Java 源代码	缺陷模式匹配

Checkstyle 是 SourceForge 的开源项目，通过对代码编码格式、命名约定、Javadoc、类设计等方面进行代码规范和风格的检查，从而有效约束开发人员更好地遵循代码编写规范。Checkstyle 提供了支持大多数常见 IDE 的插件，本节主要使用 Eclipse 中的 Checkstyle 插件。Checkstyle 对代码进行编码风格检查，并将检查结果显示在 Problems 视图中。开发人员可在 Problems 视图中查看错误或警告详细信息。此外，Checkstyle 支持用户根据需求自定义代码评审规范，用户可以在已有检查规范（如命名约定、Javadoc、块、类设计等方面）的基础上添加或删除自定义检查规范，Checkstyle 具体页面如图 4-6 所示。

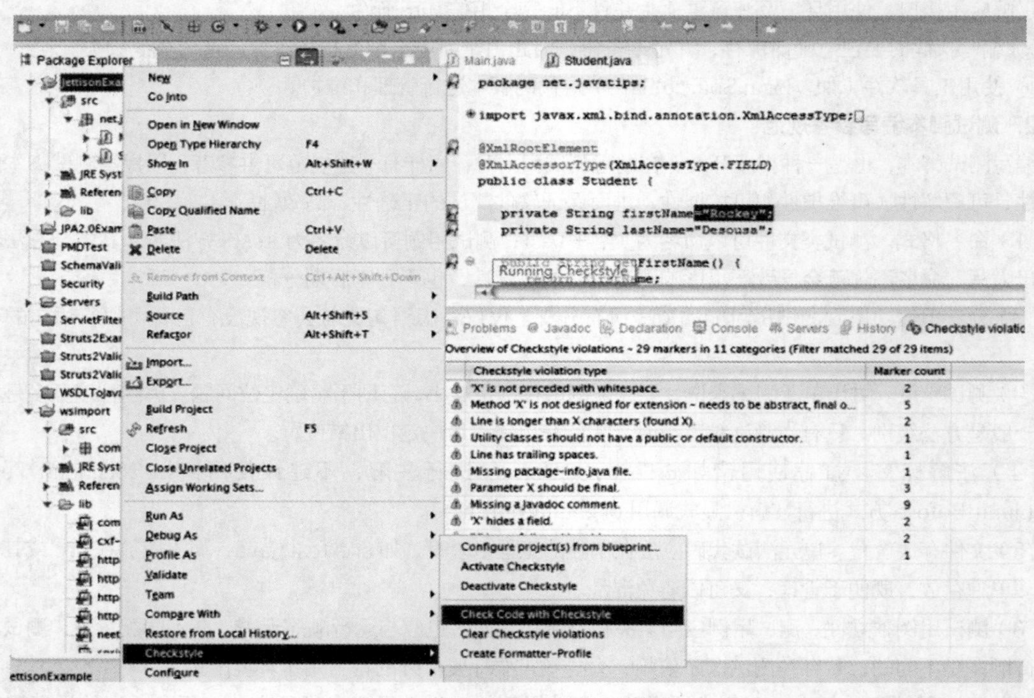

图 4-6　Checkstyle 具体页面展示

FindBugs 是由马里兰大学提供的一款开源 Java 静态代码分析工具。FindBugs 通过检查类文件或 JAR 文件，将字节码与一组缺陷模式进行对比，从而发现代码缺陷，完成静态代码分析。FindBugs 既提供可视化 UI 界面，同时也可以作为 Eclipse 插件使用。安装成功后，会在 Eclipse 中增加 FindBugsperspective。用户可以对指定 Java 类或 JAR 文件运行 FindBugs。此时，FindBugs 会遍历指定文件，进行静态代码分析，并将代码分析结果显示在 FindBugsperspective 的 bugsexplorer 中。此外，FindBugs 还为用户提供定制 BugPattern 的功能。用户可以根据需求自定义 FindBugs 的代码评审条件。FindBugs 运行结果页面展示如图 4-7 所示。

Properties　Servers　Console　Progress　SVN 资源库　Bug Explorer　Bug Reviews　Bug Info

ConfigLoader.java: 57 → Bug定位

Navigation

Possible null pointer dereference of in in com.onstepr.common.config.ConfigLoader.loadConfig() on exception path
Dereferenced at ConfigLoader.java:[line 57]
Value loaded from in
Null value at ConfigLoader.java:[line 41] → Bug引发定位
Known null at ConfigLoader.java:[line 43]

Bug: Possible null pointer dereference of in in com.onstepr.common.config.ConfigLoader.loadConfig() on exception path

Bug解释

A reference value which is null on some exception control path is dereferenced here. This may lead to a NullPointerException
FindBugs currently does not prune infeasible exception paths, this may be a false warning.

Also note that FindBugs considers the default case of a switch statement to be an exception path, since the default case is often infea

Rank: Troubling (11), **confidence**: Normal
Pattern: NP_NULL_ON_SOME_PATH_EXCEPTION　Bug等级，类别
Type: NP, **Category**: CORRECTNESS (Correctness)

XML output:　Bug XML输出

```
<BugInstance type="NP_NULL_ON_SOME_PATH_EXCEPTION" priority="2" rank="11" abbrev="NP" category="COR
  <Class classname="com.onstepr.common.config.ConfigLoader">
```

图 4-7　FindBugs 运行结果页面展示

PMD 是由 DARPA 在 SourceForge 上发布的开源 Java 代码静态分析工具。PMD 通过其内置的编码规则对 Java 代码进行静态检查，主要包括对潜在的 Bug、未使用的代码、重复的代码、循环体创建新对象等问题的检验。PMD 提供了和多种 JavaIDE 的集成，如 Eclipse、IDEA、NetBean 等。PMD 同样也支持开发人员对代码评审规范进行自定义配置。PMD 在其结果页中，会将检测出的问题按照严重程度依次列出。PMD 结果页面展示如图 4-8 所示。

Violations Overview

Element	# Violations	# Violations/...	# Violations/...	Project
net.mooctest	252	1241.4	14.00	JCLO
JCLO.java	252	1241.4	14.00	JCLO
IfElseStmtsMustUseBraces	9	44.3	0.50	JCLO
MethodArgumentCouldBeFinal	20	98.5	1.11	JCLO
AvoidInstantiatingObjectsInLoc	1	4.9	0.06	JCLO
ShortClassName	1	4.9	0.06	JCLO
CommentRequired	6	29.6	0.33	JCLO
ConfusingTernary	3	14.8	0.17	JCLO
PositionLiteralsFirstInCaseInser	2	9.9	0.11	JCLO
UselessParentheses	15	73.9	0.83	JCLO
BeanMembersShouldSerialize	5	24.6	0.28	JCLO
OnlyOneReturn	15	73.9	0.83	JCLO
UseVarargs	3	14.8	0.17	JCLO
DoNotCallSystemExit	1	4.9	0.06	JCLO

图 4-8　PMD 结果页面展示

P3C 是阿里巴巴 P3C 项目组研发的 Java 开发规约插件，适用于 IDEA、Eclipse 等开发环境。P3C 是世界知名的反潜机，专门对付水下潜水艇，以此命名寓意是扫描出所有潜在的代码隐患。这个项目组是阿里巴巴开发爱好者自发组织形成的虚拟项目组，把《阿里巴巴 Java 开发规约》强制条目转化成自动化插件，并实现部分自动编程。《阿里巴巴 Java 开发手册》是阿里巴巴集团技术团队的集体智慧结晶和经验总结，以 Java 开发者为中心视角。P3C 在扫描代码后，将不符合规约的代码按 Blocker/Critical/Major 三个等级显示。P3C 规约提示如图 4-9 所示。

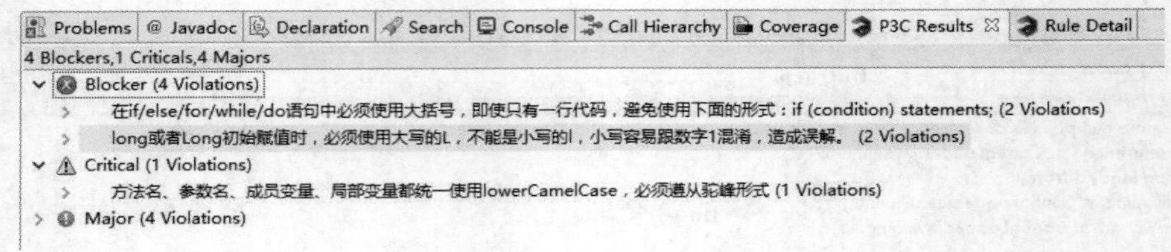

图 4-9　P3C 规约提示

4.2.6　静态测试扫描工具安装与使用

为便于推广使用，一般程序静态分析工具都提供对主流 IDE（如 Eclipse）的插件支持。下面以 Java 开发常用的 Eclipse 为例，介绍 Checkstyle、FindBugs、PMD、P3C 这四种程序静态分析工具的安装方法，并以如下程序 Test 作为被测试对象，对这些工具在默认配置下的缺陷检测能力进行评估。

```
import java.io.*;
public class Test {
    public boolean copy(InputStream is, OutputStream os) throws IOException {
        int count = 0;
        byte[] buffer = new byte[1024];
        while ((count = is.read(buffer)) >= 0) // Fault f1: 缺少is的空指针判断
            os.write(buffer, 0, count);        // Fault f2: 缺少os的空指针判断
        return true;                           // Fault f3: 未关闭I/O流
    }
    public void copy(String[] a, String[] b, String ending) {
        int index;
        String temp = null;
        System.out.println(temp.length());     // Fault f4: 空指针错误
        int length = a.length;                 // Fault f5: 变量length未被引用
        for (index = 0; index < a.length; index++) {
            if (true) {                        // Fault f6: 冗余的if语句
                if (temp == ending)            // Fault f7: 对象比较方法错误
                    break;
                b[index] = temp;               // Fault f8: 缺少下标越界检查
}   }   }
    public void readFile(File file) {
        InputStream is = null;
        OutputStream os = null;
        try {
            is = new BufferedInputStream(new FileInputStream(file));
            os = new ByteArrayOutputStream();
            copy(is, os);                      // Fault f9: 返回值未被引用
            is.close();
            os.close();
        } catch (IOException e) {
            e.printStackTrace();               // Fault f10: 可能使I/O流未关闭
        } finally {                            // Fault f11: 块Finally为空
}   }   }
```

以上 Test 程序包含了空指针引用、数组越界、I/O 未关闭、变量/语句冗余等常见类型缺陷。根据检测结果，可以对工具的缺陷检测能力有一个直观的了解。

1. Checkstyle 的安装与使用

Checkstyle 插件可通过 Eclipse 官方市场进行安装。启动 Eclipse 后，选择 Help–Eclipse Marketplace，在搜索框中以“Checkstyle”作为关键字进行搜索，搜索结果如图 4-10 所示。此时，选择官方提供的最新版本安装即可。

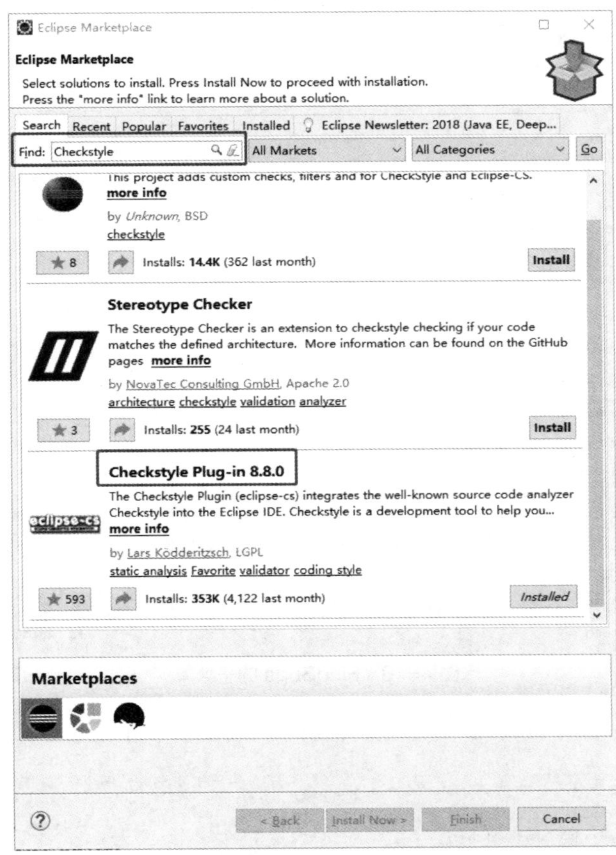

图 4-10　Checkstyle 插件安装

安装完成后，右击 Java 项目可在菜单中看到 Checkstyle 的子菜单，如图 4-11 所示。

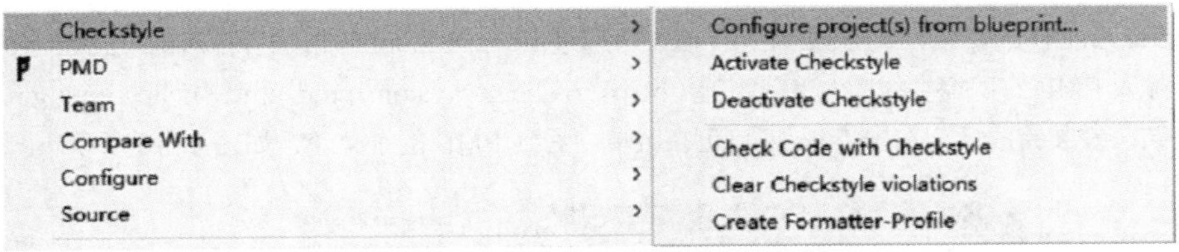

Checkstyle　　Configure project(s) from blueprint...
PMD　　Activate Checkstyle
Team　　Deactivate Checkstyle
Compare With　　Check Code with Checkstyle
Configure　　Clear Checkstyle violations
Source　　Create Formatter-Profile

图 4-11　Checkstyle 的子菜单

图 4-12 给出了 Checkstyle 对 Test 程序的静态分析结果。可以看到，Checkstyle 并未检测到任何类型缺陷。

2. FindBugs 的安装与使用

FindBugs 插件可通过 Eclipse Install 方式进行安装。启动 Eclipse 后，选择 Help–Install New Software，在 Add Repository–Location 中输入 FindBugs 官网提供的插件下载网址（http://findbugs.cs.umd.edu/eclipse）即可

下载安装。安装完成后，右击 Java 项目可在菜单中看到 FindBugs 的子菜单，如图 4-13 所示。

```java
Testjava
import java.io.*;

public class Test {

  public boolean copy(InputStream is, OutputStream os) throws IOException {
    int count = 0;
    // 缺少空指针判断
    byte[] buffer = new byte[1024];
    while ((count = is.read(buffer)) >= 0) {
      os.write(buffer, 0, count);
    }
    // 未关闭I/O流
    return true;
  }

  public void copy(String[] a, String[] b, String ending) {
    int index;
    String temp = null;
    // 空指针错误
    System.out.println(temp.length());
    // 未使用变量
    int length = a.length;
    for (index = 0; index < a.length; index++) {
      // 多余的if语句
      if (true) {
        // 对象比较应使用equals
        if (temp == ending) {
          break;
        }
        // 缺少数组下标越界检查
        b[index] = temp;
      }
    }
  }

  public void readFile(File file) {
    InputStream is = null;
    OutputStream os = null;
    try {
      is = new BufferedInputStream(new FileInputStream(file));
      os = new ByteArrayOutputStream();
      // 未使用方法返回值
      copy(is, os);
      is.close();
      os.close();
    } catch (IOException e) {
      // 可能造成I/O流未关闭
      e.printStackTrace();
```

图 4-12　Checkstyle 的静态分析结果

图 4-13　FindBugs 的子菜单

图 4-14 给出了 FindBugs 对 Test 程序的静态分析结果。可以看到，FindBugs 有效检测到了空指针错误 f4。

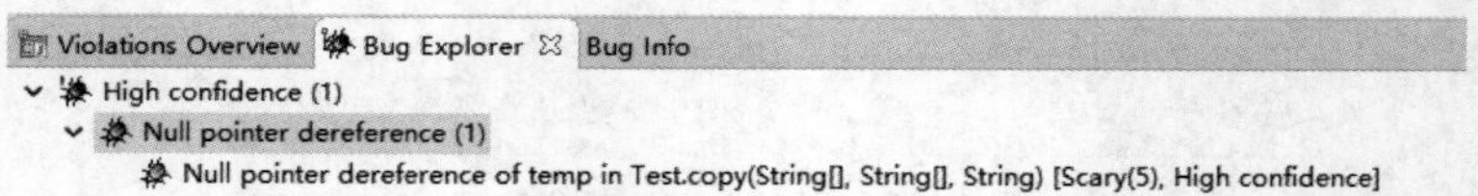

图 4-14　FindBugs 的静态分析结果

3. PMD 的安装与使用

与 FindBugs 插件的安装方式类似，PMD 插件可通过 Eclipse Install 方式进行安装。在 Add Repository-Location 中输入 PMD 官网提供的插件下载网址（https://dl.bintray.com/pmd/pmd- eclipse-plugin/updates）即可下载安装。安装完成后，右击 Java 项目可在菜单中看到 PMD 的子菜单，如图 4-15 所示。

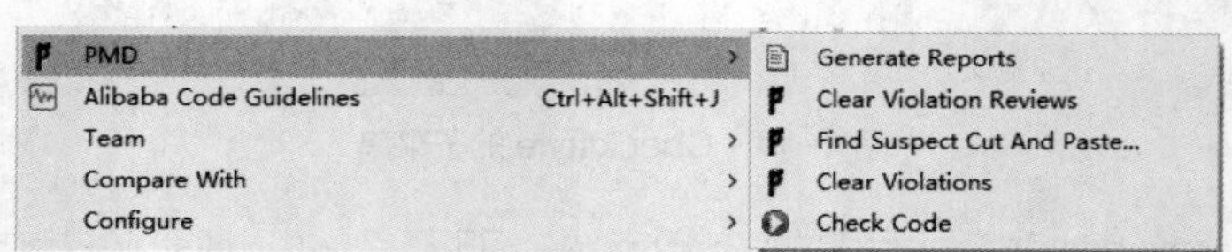

图 4-15　PMD 的菜单

图 4-16 给出了 PMD 对 Test 程序的静态分析结果。可以看到，PMD 有效检测到了 f5 变量名 length 未使用、f6 的 if 语句冗余、f7 的对象比较方法错误、f11 的 finally 块为空。

Element	# Violations	# Violations/...	# Violations/...	Project
Test.java	33	1178.6	11.00	Test
LawOfDemeter	1	35.7	0.33	Test
MethodArgumentCouldBeFinal	5	178.6	1.67	Test
ShortClassName	1	35.7	0.33	Test
CommentRequired	4	142.9	1.33	Test
AtLeastOneConstructor	1	35.7	0.33	Test
UnconditionalIfStatement	1	35.7	0.33	Test
EmptyFinallyBlock	1	35.7	0.33	Test
SystemPrintln	1	35.7	0.33	Test
LocalVariableCouldBeFinal	3	107.1	1.00	Test
CompareObjectsWithEquals	1	35.7	0.33	Test
AvoidPrintStackTrace	1	35.7	0.33	Test
ShortVariable	6	214.3	2.00	Test
DataflowAnomalyAnalysis	5	178.6	1.67	Test

图 4-16　PMD 的静态分析结果

4. P3C 的安装与使用

与 FindBugs 和 PMD 插件的安装方式类似，P3C 插件的可通过 Eclipse Install 方式进行安装。在 Add Repository-Location 中输入 P3C 官网提供的插件下载网址（https://p3c.alibaba.com/plugin/ eclipse/update）即可下载安装。安装完成后，右击 Java 项目可在菜单中看到 P3C 的选项，如图 4-17 所示。

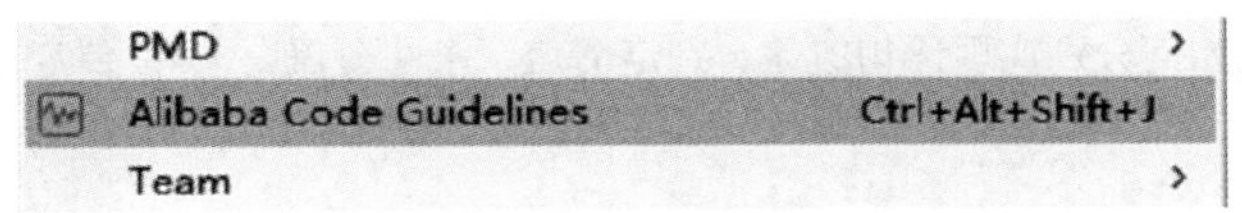

图 4-17　P3C 菜单选项

图 4-18 给出了 P3C 对 Test 程序的静态分析结果。可以看到，P3C 并未检测到任何类型的缺陷。

图 4-18　P3C 的静态分析结果

对比上述四种程序静态分析工具可以发现，PMD 在空指针引用、对象操作、冗余语句、冗余变量等类型缺陷的检测上均具有更好的效果，而 FindBugs 可以检测到部分空指针类型缺陷。Checkstyle 和 P3C 等工具目的在于检测软件代码是否符合规范，对软件缺陷的检测能力则较弱。

4.3　逻辑覆盖

4.3.1　逻辑覆盖简介

逻辑覆盖是白盒测试中主要的动态测试方法之一。它是以程序内部的逻辑结构为基础的测试技术，通过对程序逻辑结构的遍历来实现对程序的测试覆盖。所谓覆盖就是作为测试标准的逻辑单元、逻辑分支、逻辑取值都执行到。这一方法要求测试人员对程序的逻辑结构有清楚的了解。逻辑覆盖的标准有语句覆盖、判定覆盖、条件覆盖、条件/判定覆盖、条件组合覆盖等。

设有程序段 P1 如下。

```
if ( x>0  OR    y>0  ) then a = 10
if ( x<10 AND  y<10  ) then b = 0
```

其中，变量 a，b 的初始值在其他地方已经定义了，都为 -1。程序段对应的流程图如图 4-19。

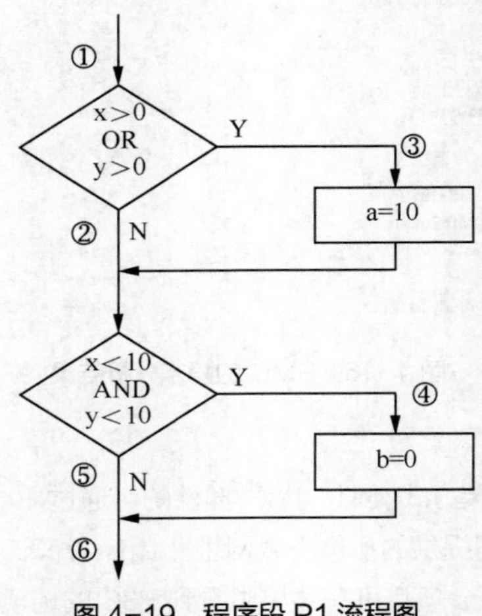

图 4-19　程序段 P1 流程图

下面我们来看一下应如何分别实现语句覆盖、判定覆盖、条件覆盖、条件/判定覆盖和条件组合覆盖。

4.3.2　语句覆盖

语句覆盖要求设计若干个测试用例，使得程序中的每个可执行语句至少都能被执行一次。对图 4-19 所示程序段 P1 流程图，按照这一标准，程序需要执行通过的位置有①③④⑥；由于②⑤位置没有语句，因此不需要覆盖。

首先可能想到的是，可以设计两个测试用例，分别覆盖第一个 if 结构有执行语句的分支③和第二个 if 结构有执行语句的分支④，即：

case1：x= 1 ,y= 1，覆盖 ③；

case2：x= -1,y= -1，覆盖 ④。

这样即可达到语句覆盖要求，但从节约测试成本的角度出发，可以优化一下测试用例设计，实际上只需要一个测试用例，即：

case3：x=8,y=8。

case3 可同时覆盖①③④⑥，其执行路径如图 4-20 所示。

一方面，对于一个具有一定规模的软件而言，要达到 100%的语句覆盖，可能是相当难的。例如，有的代码是用来进行错误处理或是应对某些特殊情况的，如果这种错误或者特殊情况不出现，这些代码就不会被执行。此时要提高语句覆盖率，需要有针对性的进行测试用例设计。另一方面，语句覆盖实际上是一种比较弱的覆盖准则。从图 4-20 中可以看出，两个判断语句的都只执行了一个分支，而另外一个分支根本就没有被执行。语句覆盖说起来是测试了程序中的每一个可执行语句，似乎能够比较全面的对程序进行检验，但实际上，它并不是一个测试很充分的覆盖标准，有时一些明显的错误语句覆盖测试也发现不了。

如果程序段P1中，两个判断语句的逻辑运算符号由于疏忽写错了，第一个判断语句中的 or 错写成了 and ，第二个判断语句中的 and 错写成了 or，用测试用例 case3 来进行测试，则执行的路径仍然是①③④⑥测试结果依然正确，测试没有能够发现程序中的错误，如图 4-21 所示。

语句覆盖的优点是分析和应用起来比较简单，缺点是它对控制结构是不敏感的，对程序执行逻辑的覆盖很低，往往发现不了判断中逻辑运算符可能出现的错误。

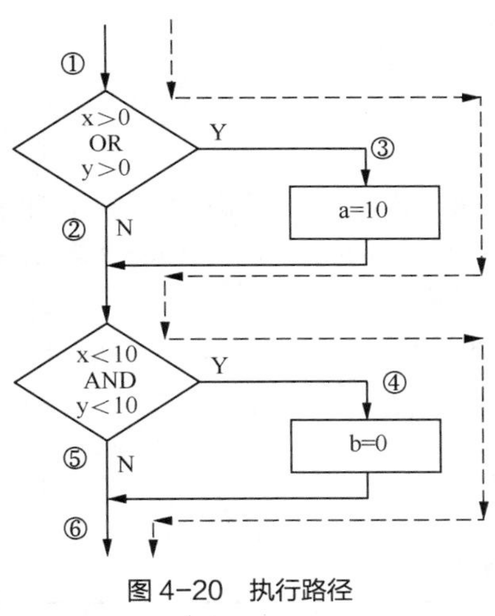

图 4-20 执行路径

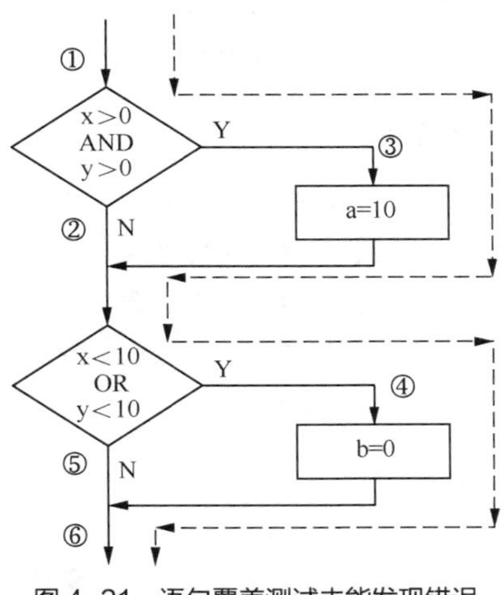

图 4-21 语句覆盖测试未能发现错误

语句覆盖率的计算公式为：

语句覆盖率 = 被测试到的可执行语句数 / 可执行语句总数 × 100%

4.3.3 判定覆盖

比语句覆盖稍强的覆盖标准是判定覆盖。判定覆盖是指，设计若干测试用例，运行被测程序，使程序中每个判断的真值结果和假值结果都至少出现一次。判定覆盖又称为分支覆盖，因为判断取真值结果就会执行取真分支，判断取假值结果就会执行取假分支，每个判断的真值结果和假值结果都至少出现一次，也就相当于每个判断的取真分支和取假分支至少经历一次。

仍以程序段 P1 为例。对照流程图，按照这一标准，程序需要执行通过的位置有①②③④⑤⑥。程序段 P1 中存在 IF 语句，由于每个判断有真假两种判断结果，因此至少需要两个测试用例。P1 中的两个 IF 语句是串联的，而不是嵌套的，所以如果设计合理的话两个测试用例也确实够了，如下两个测试用例可以达到判定覆盖要求。

case4：x= 20，y= 20，覆盖 ①③⑤⑥；

case5：x= -2，y= -2，覆盖 ①②④⑥。

具体覆盖情况见表 4-4。

表 4-4 判定覆盖表

测试用例编号	x	y	第 1 个判定表达式 x>0 OR y>0	第 2 个判定表达式 x<10 AND y<10
case4	20	20	Y	N
case5	-2	-2	N	Y

如果测试达到判定覆盖，则显然程序流程的所有分支都会被测试到，各个分支上的所有语句都会被测试到，所以只要满足判定覆盖，就必定会满足语句覆盖，这一点从图 4-19 中可以直观的看出来。

在判定覆盖中，如果一个判定表达式中有多个条件，由于我们只关注这个判断表达式的最终结果，而不是每一个条件的判定结果，所以有的条件可能始终只取过真值或者假值，而另外一种取值根本就没有出现过，如果这个条件写错了，那么判定覆盖测试显然是发现不了的。也就是说，当程序中的判定表达式是由几个条件组合而成时，判定覆盖对各个条件的测试是不充分的，它未必能发现每个条件中可能存在的错误。

判定覆盖率的计算公式为：

判定覆盖率 = 被测试到的判定分支数 / 判定分支总数 × 100%

4.3.4 条件覆盖

条件覆盖就是要求判断表达式中的每一个条件都要至少取得一次真值和一次假值。需要注意的是，每一个条件都要至少取得一次真值和一次假值并不等于每一个判定也都能至少取得一次真值和一次假值，即条件覆盖并不比判定覆盖强，两者只是关注点不同，不存在严格的强弱关系。

例如，对于程序段 P1，设计如下测试用例可以达到条件覆盖要求。

case6：x= 20, y = −20；

case7：x= −2, y = 20。

具体覆盖情况见表 4-5。

表 4-5 条件覆盖测试用例表

测试用例编号	x	y	条件 x>0	条件 y>0	条件 x<10	y<10
case6	20	−20	Y	N	N	Y
case7	−2	20	N	Y	Y	N

case6 和 case7，对第 1 个 if 语句，只覆盖了 Y 分支；对第 2 个 if 语句，只覆盖了 N 分支，因此并不满足判定覆盖。

条件覆盖率的计算公式如下。

条件覆盖率 = 被测试到的条件取值数 / 条件取值总数 × 100%

4.3.5 条件/判定覆盖

条件覆盖并不比判定覆盖强，两者只是关注点不同，有时会把条件覆盖和判定覆盖结合起来使用，称为条件/判定覆盖。它是指：设计足够多的测试用例，使判定表达式中每个条件的真/假取值至少都出现一次，并且每个判定表达式自身的真/假取值也都要至少出现一次。

对于程序段 P1 来说，我们在做判定覆盖时设计的测试用例 case4 和 case5，实际上也同时是满足条件/判定覆盖的，因为每个条件的真/假取值都出现了一次，并且每个判定的真/假取值结果也都出现了一次，具体覆盖情况见表 4-6。

表 4-6 case4、case5 满足条件覆盖情况

测试用例编号	x	y	条件 x>0	条件 y>0	条件 x<10	y<10
case4	20	20	Y	Y	N	N
case5	−2	−2	N	N	Y	Y

来看一个三角形判定问题的案例，有程序段 P2 如下。

```
if ((a<b+c) && (b<a+c) && (c<a+b))
     is_Triangle = true;
else
     is_Triangle = false;
```

对该程序段进行测试时，如果要满足条件/判定覆盖，则四个条件表达式（见表 4-7）都要既有 true 取值，也有 false 取值。

表 4-7　　　　四个条件表达式

条件表达式编号	条件表达式
1	a<b+c
2	b<a+c
3	c<a+b
4	(a<b+c) && (b<a+c) && (c<a+b)

设计如下测试用例可满足条件/判定覆盖。

case8: a=1，b=1，c=1；

case9: a=1，b=2，c=3；

case10: a=3，b=1，c=2；

case11: a=2，b=3，c=1。

具体覆盖情况如表 4-8 所示。

表 4-8　　　　满足条件/判定覆盖的测试用例

测试用例编号	a	b	c	条件表达式 1	条件表达式 2	条件表达式 3	条件表达式 4
case8	1	1	1	Y	Y	Y	Y
case9	1	2	3	Y	Y	N	N
case10	3	1	2	N	Y	Y	N
case11	2	3	1	Y	N	Y	N

条件/判定覆盖率的计算公式为

条件/判定覆盖率 = 被测试到的条件取值和判定分支数 /（条件取值总数+判定分支总数）× 100%

4.3.6 条件组合覆盖

条件组合覆盖也叫多条件覆盖，它是要设计足够多的测试用例，使每个判定中条件取值的各种组合都至少出现一次。显然，满足条件组合覆盖的测试用例一定满足判定覆盖、条件覆盖和条件/判定组合覆盖。

对于程序段 P1，由于一个判定中有两个条件，而两个条件可能的组合情况有 4 种，因此，如果要达到条件组合覆盖，至少需要四个测试用例。如果能够合理设计，让四个测试用例在覆盖第 1 个判定四种条件组合的同时也覆盖第 2 个判定的四种条件组合，那么四个测试用例就够了，设计如下测试用例可以满足条件组合覆盖。

case12：x= 50, y= 50；

case13：x= -5, y= -5；

case14：x= 50, y= -5；

case15：x= -5, y= 50。

对两个判定表达式的条件组合覆盖情况如表 4-9 所示。

表 4-9　　　　条件组合覆盖情况

测试用例编号	x	y	第 1 个判定		第 2 个判定	
			条件 x>0	条件 y>0	条件 x<10	y<10
case12	50	50	Y	Y	N	N
case13	-5	-5	N	N	Y	Y
case14	50	-5	Y	N	N	Y
case15	-5	50	N	Y	Y	N

以上满足条件组合覆盖的四个测试用例，虽然能够覆盖到判定表达式中条件的各种组合情况，但并不一定能覆盖到程序中的每一条可能的执行路径。如图 4-22 所示，路径①②⑤⑥就没有被覆盖到。

条件组合覆盖率的计算公式为：

条件组合覆盖率 = 被测试到的条件取值组合数 / 条件取值组合总数 ×100%。

如果某个判断表达式由 4 个条件组成，那么对其进行条件组合覆盖测试时，需要设计 2^4 个，也就是 16 个测试用例；如果某个判断表达式由 6 个条件组成，那么对其进行条件组合覆盖测试时，需要设计 2^6 个，也就是 64 个测试用例。条件组合覆盖的缺点是，当一个判定语句中条件较多时，条件组合数会很大，需要很多的测试用例。从便于测试的角度来说，在编写程序的时候，一个判定表达式中的条件个数不宜太多。

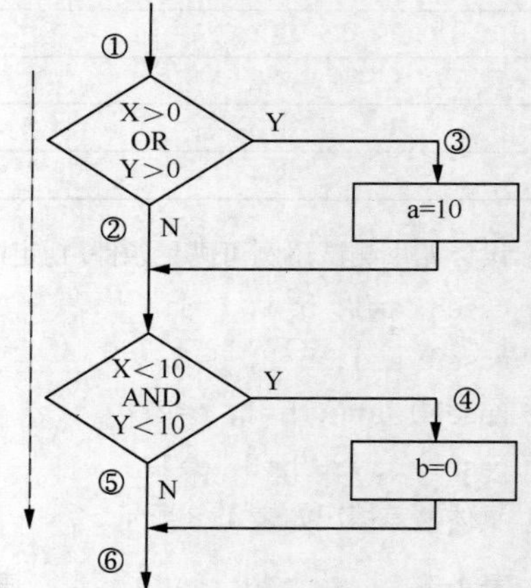

图 4-22　条件组合覆盖未能覆盖的执行路径

4.3.7　修正条件/判定覆盖

修正条件/判定覆盖是由欧美的航空/航天制造厂商和使用单位联合制定的《航空运输和装备系统软件认证标准》，在国外的国防、航空航天领域应用广泛。

修正条件/判定覆盖要求如下。

（1）程序中的每个入口点和出口点至少被调用一次。

（2）判定中每个条件的所有取值至少出现一次。

（3）每个判定的所有可能结果至少出现一次。

（4）每个条件都能独立影响判定的结果，即在其他所有条件不变的情况下改变该条件的值，判定结果改变。

不同的测试工具对代码的覆盖能力也是不同的，通常能够支持修正条件判定覆盖的测试工具价格是极其昂贵的。

4.3.8　覆盖标准

覆盖标准用于描述测试过程中对被测对象的测试程度，有时候也称为软件测试覆盖准则或者测试数据完备准则，它可以用于衡量测试是否充分，可以作为测试停止的标准之一。同时，它也是选取测试数据的依据，满足相同覆盖标准的测试数据集是等价的。

白盒测试覆盖标准是针对程序内部结构而言的，可以分为基于控制流的覆盖标准和基于数据流的覆盖标准。基于控制流的覆盖标准，可用于检查程序中的分支和循环结构的逻辑表达式，被工业界广泛采用，语句覆盖、判定覆盖、条件覆盖、条件/判定覆盖、条件组合覆盖、基本路径覆盖都属于基于控制流的覆盖标准；基于数据流的覆盖标准则有 Rapps 和 Weyuker 的标准、Ntafos 的标准、Ural 的标准、Laski 和 Korel 的标准等。

不同的覆盖标准其测试的充分性是不一样的。如果说 A 标准的充分程度比 B 标准高，则意味着满足 A 标准的测试用例集合也满足 B 标准。语句覆盖、判定覆盖、条件覆盖、条件/判定覆盖、修正条件/判定覆盖、条件组合覆盖的测试充分程度存在如图 4-23 所示的强弱关系。例如，修正条件/判定覆盖高于条件/判定覆盖，而条件覆盖并不一定比语句覆盖强。

测试覆盖标准的作用体现在以下多个方面。

（1）定量地明确软件测试的要求和工作量。对一段程序进行测试时，按照不同的测试标准，测试的要求和测试的工作量是不一样的。例如，对某一小段程序进行条件组合覆盖可能需要 8 个测试用例，而条件覆盖只需要 2 个测试用例，因为条件组合覆盖标准高于条件覆盖标准。

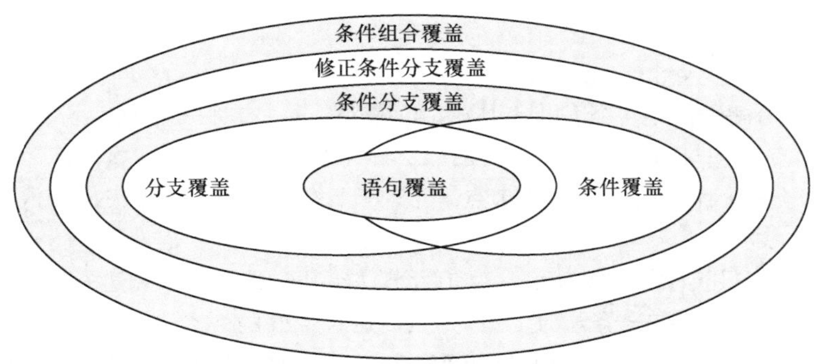

图 4-23　逻辑覆盖标准强弱关系

（2）体现测试的充分程度。根据逻辑覆盖标准，以及相应的覆盖率统计，可以体现测试进行的充分程度，覆盖标准越高，测试程度越高，覆盖率越高，测试越充分。例如，判定覆盖比语句覆盖测试程度更高。同样是判定覆盖，100%的覆盖率比 95%的覆盖率测试更充分。

（3）选取测试数据的依据。在进行软件测试时，需要设计或者选择很多测试数据，覆盖标准就是选取测试数据的依据，按照不同的逻辑覆盖标准，就会选取不同的测试数据。

（4）作为测试停止的标准。过度的测试是一种浪费，测试工作不能一直进行下去，测试停止的依据可以有很多种，其中达到某种逻辑覆盖标准就可以作为依据之一。例如，某对程序进行测试时，要求达到修正判定条件覆盖，那么当测试达到这样的测试标准之后，这项测试任务即算完成，测试可以停止。

（5）对测试结果和软件质量评估具有重要影响。测试结果是跟测试标准挂钩的，不同的覆盖标准对同一个软件的测试结果有可能是不一样的，软件能通过一个覆盖标准的测试，不一定能通过另外一个覆盖标准的测试。不同的覆盖标准在对软件的测试程度上有区别。根据测试通过的覆盖标准的不同，可以对软件质量给出不同的评价意见。

在软件测试实践中，需要按照测试覆盖标准来统计覆盖率，如统计语句覆盖率、判定覆盖率等，这样做的目的如下。

（1）提高测试效率。通过覆盖率统计，可以发现并去除冗余无效的测试数据，减少测试次数，提高测试效率。例如，张三李四两位测试工程师一起设计测试用例，通过覆盖率统计发现，两人的测试用例合并时李四设计的一部分测试用例对提高覆盖率没有任何贡献，也就是这些测试用例是冗余的，应当去掉，以减少不必要的工作量。

（2）发现更多问题，提高产品质量。通过覆盖率统计，可以清楚的描述程序被检验到了哪种程度，发现软件中尚未测试过的部分，然后针对未测试或者测试不充分的地方继续测试，以发现更多问题，提高软件产品的质量。例如，通过覆盖率统计发现，模块 X 的覆盖率为 0，也就是说这个模块根本就还没有测试到；而模块 Y 的覆盖率为还只有 30%，测试不够充分，此时应针对模块 X 和 Y 继续测试。

4.4　基本路径覆盖

在黑盒测试中，对所有可能的输入数据做穷举测试是行不通的。类似的，在白盒测试中，对一个具有一定规模的软件做路径穷举测试也是行不通的，只能在所有可能的执行路径中选取一部分来进行测试，基本路径覆盖就是其中的一种。在对程序做结构分析，尤其是进行基本路径覆盖时，会要用到控制流图。下面先来看一下什么是程序的控制流图。

4.4.1　控制流图

控制流图也称为控制流程图。它用图的方式来描述程序的控制流程，是对一个过程或程序的抽象表达。控制流图是一种有向图，形式化表达如下。

G = (N, E, N_entry, N_exit)。

其中，N 为节点集，程序中的每个语句都对应图中的一个节点，有时一组顺序执行、不存在分支的语句也可以合并为用一个节点表示；E 为边集，E = {< n1,n2 > | n1, n2∈ N，且 n1 执行后，可能立即执行 n2}；N_entry 和 N_exit 分别为程序的入口和出口节点，且 G 只具有唯一的入口结点 N_entry 和唯一的出口结点 N_exit。

G 中的每个结点至多只能有两个直接后继。对有两个直接后继的结点 v，其出边分别具有属性“T”或“F”；并且在 G 中的任意结点 n，均存在一条从 N_entry 经 n 到达 N_exit 的路径。

在控制流图中，用节点来代表操作、条件判断及汇合点，用弧或控制流线来表示执行的先后顺序关系。程序基本的控制结构对应的控制流图图形符号如图 4-24 所示。

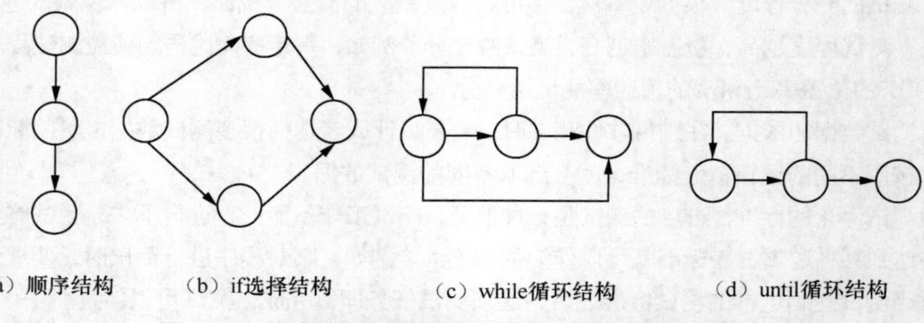

图 4-24　程序基本的控制结构对应的控制流图图形符号

在图 4-24 所示的图形符号中，圆圈称为控制流图的一个节点，它表示一个或多个无分支的语句；有向箭头称为弧或控制流线，表示执行的先后顺序关系。可以根据程序得到控制流图，也可以由程序流程图转换得到控制流图，但需要注意如下两点。

（1）在将程序流程图转化成控制流图时，在选择或多分支结构中，分支的汇聚处应有一个汇聚节点。

（2）如果判断中的条件表达式是由一个或多个逻辑运算符连接的复合条件表达式，则需要改为一系列只有单条件、嵌套的判断。

下面来看几个例子。

图 4-25（a）所示为一个局部的程序流程图，图 4-25（b）所示为由（a）图转换得到的控制流图。其中（a）图图中标④的位置是没有节点的，只是分支的汇聚点，（b）图中的④号节点是由它转换得到的控制流图节点。

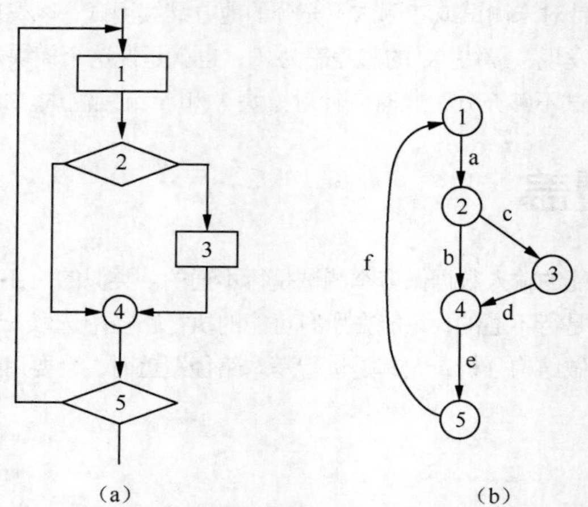

图 4-25　程序流程图分支的汇聚点转换得到控制流图节点

图 4-26（a）所示为一个完整的程序流程图，图 4-26（b）所示为由（a）图转换得到的控制流图。

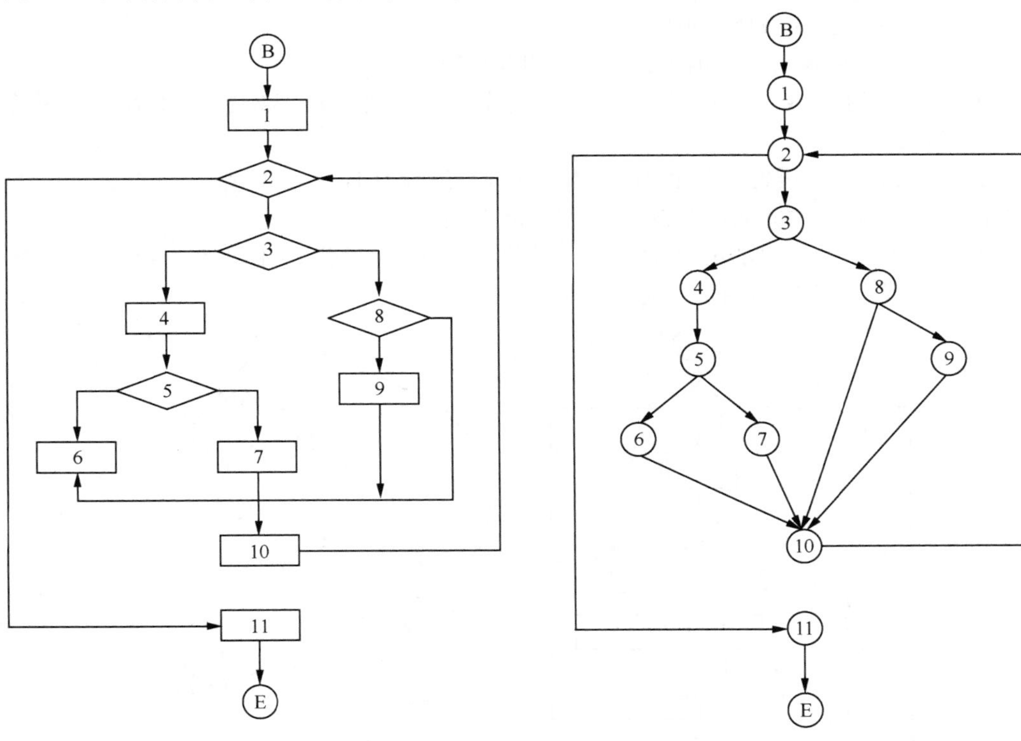

图 4-26　完整的程序流程图及转换得到的控制流图

图 4-27（a）所示为一个带多条件判断框的程序流程图局部，图 4-27（b）所示为把多条件判断分解为多个单条件判断后得到的控制流图。

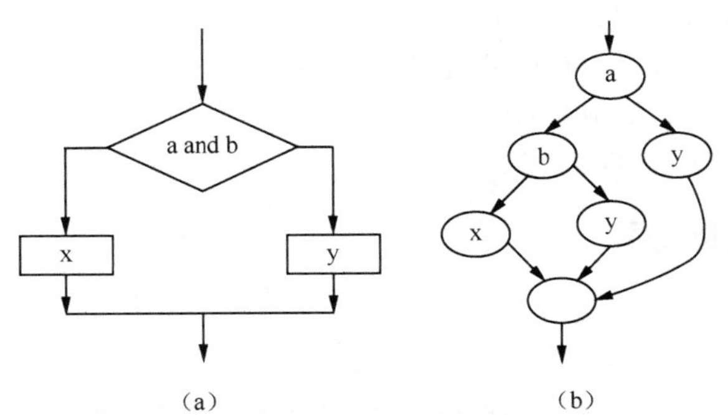

图 4-27　多条件判断拆解为多个单条件判断

4.4.2　环路复杂度

程序的复杂度如何度量呢？程序的大小是否能准确反映程序的复杂程度呢？一个 1000 行的程序就一定比一个 100 行的程序复杂吗？答案是否定的。这就好比 100 道 100 以内加减法题并不比做一道二元积分题复杂是一样的道理。例如，一个由 1000 行顺序执行的赋值语句、输出语句组成的程序，并不比一个 100 行的排序算法程序复杂。用程序的大小来度量程序的复杂度是片面和不准确的，而环路复杂度是程序复杂度度量的方法之一。环路复杂度用来定量度量程序的逻辑复杂度。程序中的控制路径越复杂、环路越多，则环路复杂度越高。根据程序的控制流图，可以计算程序的环路复杂度。

在画出控制流图的基础上，程序的环路复杂度可用以下三种方法求得。

（1）环路复杂度为控制流图中的区域数。边和结点圈定的区域称为区域。当对区域计数时，图形外的区域也应记为一个区域。

（2）设 E 为控制流图的边数，N 为图的结点数，则环路复杂度为 $V(G)=E-N+2$。

（3）若设 P 为控制流图中的判定结点数，则有 $V(G)=P+1$。

对于同一个控制流图，三种方法算出的结果是一样的。下面来看一个例子。图 4-28（a）所示为程序的流程图，图 4-28（b）所示为其对应的控制流图。

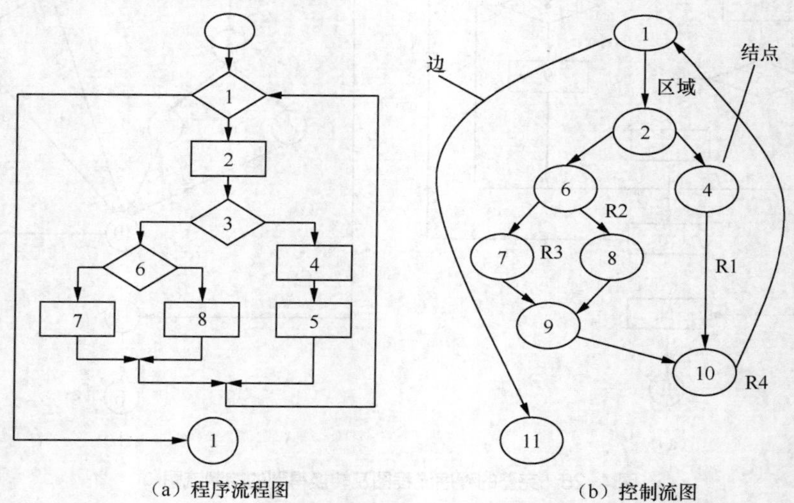

（a）程序流程图　　（b）控制流图

图 4-28　程序流程图及对应的控制流图

分别用 3 种方法来计算环路复杂度如下。

（1）图中的区域数为 4，故环路复杂度 $V(G)=4$。

（2）边数 $E=11$，节点数 $N=9$，环路复杂度 $V(G)=E-N+2=4$。

（3）图中的判定结点数 $P=3$，则有 $V(G)=3+1=4$。

三种方法算出的结果相等，环路复杂度为 4。

4.4.3　基本路径覆盖及实例

1. 程序中的路径

在把程序抽象为有向图之后，从程序入口到出口经过的各个节点的有序排列被称为路径，可以用路径表达式来表示路径。路径表达式可以是节点序列，也可以是弧序列，例如，图 4-29 所示程序控制流图，其可能的程序执行路径如表 4-10 所示。

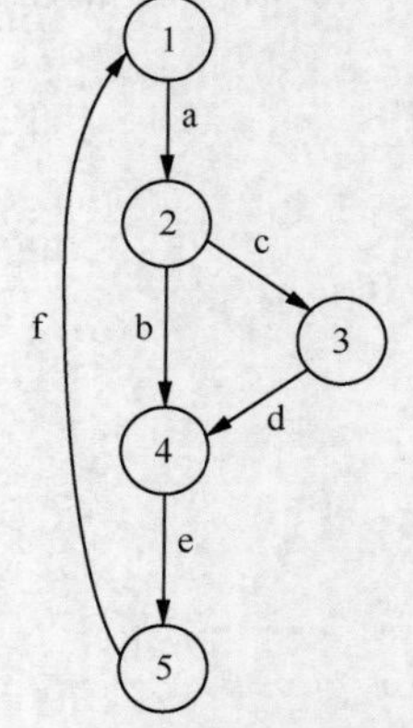

图 4-29　程序控制流图（一）

表 4-10　图 4-29 可能的程序执行路径

路径编号	弧序列表示	节点序列表示
1	acde	1-2-3-4-5
2	abe	1-2-4-5

续表

路径编号	弧序列表示	节点序列表示
3	abefabe	1-2-4-5-1-2-4-5
4	abefabefabe	1-2-4-5-1-2-4-5-1-2-4-5
5	abefacde	1-2-4-5-1-2-3-4-5
……	……	……

需要注意的是，在程序中存在循环时，如果程序执行的循环次数不同，那么对应的执行路径就不同，例如表 4-9 中，路径 3 和路径 4 就是如此。为增强表达能力，可以在路径表达式中引入加法和乘方表达方式，加法可以表达分支结构，乘方可以表达循环结构。设有程序控制流图如图 4-30 所示，则它所有可能的路径可表达为$(ac+bd)e(fe)^n$，其中 n 为循环的次数。

2. 路径穷举测试不可行

一条 if 语句就会有两条路径。两条 if 语句的串联就会有四条路径，在实际问题中，即使一个不太复杂的程序，其可能的路径都是一个庞大的数字，而如果存在循环，则可能的路径基本上就是天文数字。图 4-31 是某程序的流程图，如果每个循环的执行上限是 10 次，那么有多少条可能的执行路径呢？可能的执行路径总数 L 计算如下。

$$L=4^0+4^1+4^2+4^3+\cdots+4^{10}=1398101$$

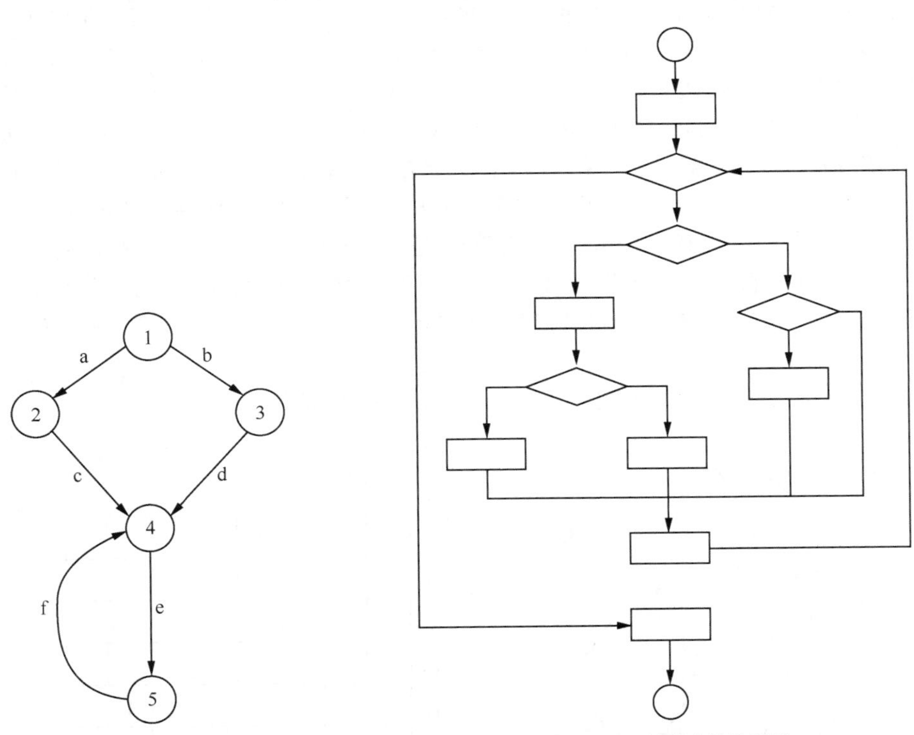

图 4-30　程序控制流图（二）

图 4-31　某程序的流程图

假设图 4-31 中所有可能的路径都是可执行路径，某台计算机对该程序执行一次循环大约需要 10 微秒，且一年 365 天每天 24 小时不停机，如果要把所有路径都测试一遍，则大约需要的时间如下。

$$1398101\times10/1000000\approx14\text{ 秒}$$

如果每个循环的执行上限是 20 次，则需要约 4072 小时；如果循环上限为 100 次，则大约需要 6.79×10^{47} 年。对于实际的应用程序来说，对路径进行穷举测试是不可行的。

3. 基本路径覆盖步骤

既然难以对一个实际的应用程序进行执行路径的穷举测试，那么就只能选取部分路径来进行测试。基本路径测试就是在程序控制流图的基础上，通过分析控制构造的环路复杂度，导出独立执行路径集合，再设计测试用例覆盖所有独立执行路径的方法。由于基本路径覆盖把程序中的所有节点都覆盖到了，因此程序中的每一条可执行语句也至少会被执行一次，也就是说满足基本路径覆盖就一定是满足语句覆盖的。

基本路径覆盖测试法的基本步骤如下。

（1）画出程序控制流图。

（2）计算程序环路复杂度。

（3）确定独立路径集合。所谓独立路径是指，和其他的独立路径相比，至少有一个路径节点是新的，未被其他独立路径所包含。从程序的环路复杂度可导出程序基本路径集合中的独立路径条数。程序独立路径条数等于程序的环路复杂度。这是确保程序中每个可执行语句至少执行一次所必须的测试用例数下界。得出程序独立路径条数后，再根据控制流图，确定各条独立路径。所有独立路径组成独立路径集合（基本路径集合）。

（4）为每条独立路径设计测试用例。设计测试用例，确保基本路径集中的每一条路径都能被执行到。一般是为每条独立路径设计一个测试用例，执行这个测试用例时，就能确保该独立路径会被执行。

借助于专门的工具软件，导出控制流图和确定基本路径的过程可以自动完成。在基本路径测试中，图形矩阵的数据结构很有用。利用图形矩阵可以确定控制流图的环路复杂度，也就是基本路径集合中基本路径的条数。图形矩阵是一个方阵，其行和列是控制流图中的节点，每行和每列依次对应一个被标识的节点，矩阵元素对应节点间的连接（弧）。在图形矩阵中控制流图的每一个节点都用数字加以标识，每一条边都用字母加以标识。如果在控制流团中第 i 个结点到第 j 个结点由一个名为 x 的边相连接，则在对应的图形矩阵中第 i 行/第 j 列有一个非空的元素。对每个矩阵项加入连接权值，图形矩阵就可以用于在测试中评估程序的控制结构。连接权值为控制流提供了另外的信息，最简单的情况下，连接权值是 1（表示存在连接）或 0（表示不存在连接）。

如果连接权值为 1，那么矩阵中有两个元素为 1 的行所代表的节点就一定是一个判定节点，通过计算图形矩阵中有两个元素为 1 的行的个数，就可以得出总的判定节点数，从而得出环路复杂度。这是确定环路复杂度的另一种方法。

图 4-32（a）所示为一个程序控制流图，图 4-32（b）所示为相应的图形矩阵图。

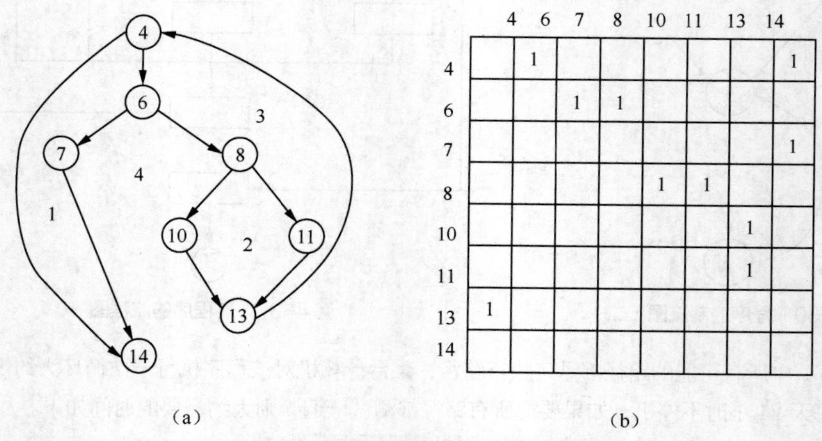

	4	6	7	8	10	11	13	14
4		1						1
6			1	1				
7								1
8					1	1		
10							1	
11							1	
13	1							
14								

图 4-32 程序控制流图及相应的图形矩阵

4. 基本路径覆盖示例

设有程序段 IsLeap 如下。

```
int IsLeap (int year){
      if(year % 4 == 0){
           if(year % 100 == 0){
                if(year % 400 = 0)
                     leap = 1;
                else leap=0;
           }else
leap=1;
    }else         leap=0;
return leap;     }
```

针对程序段 IsLeap，设 year 的取值范围为 1000～9999，为变量 year 设计测试用例满足基本路径覆盖的过程如下。

（1）绘制出程序代码对应的控制流图，如图 4-33 所示。

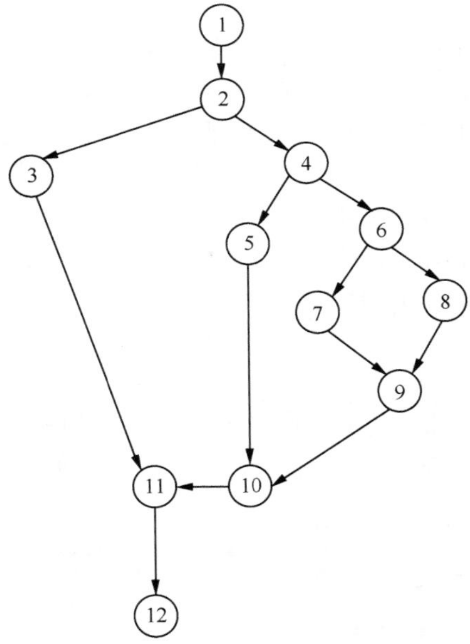

图 4-33　IsLeap 程序段对应的控制流图

（2）计算环路复杂度 $V(G)$。

$V(G) = E - N + 2 = 14 - 12 + 2 = 4$

$V(G) =$ 判定点数 $+ 1 = 3 + 1 = 4$

$V(G) =$ 区域数 $= 4$

（3）确定独立路径集合如下。

① 1-2-3-11-12；

② 1-2-4-5-10-11-12；

③ 1-2-4-6-7-9-10-11-12；

④ 1-2-4-6-8-9-10-11-12。

（4）设计测试用例。

针对各条独立路径设计测试用例如表 4-11 所示。

表 4-11　　满足基本路径覆盖的测试用例集

测试用例编号	测试数据	预期执行结果	测试路径
1	year=1001	leap=0	1-2-3-11-12
2	year=1004	leap=1	1-2-4-5-10-11-12
3	year=1100	leap=0	1-2-4-6-7-9-10-11-12
4	year=2000	leap=1	1-2-4-6-8-9-10-11-12

4.5　测试覆盖分析工具

覆盖是测试重要的工作度量和测试引导方式。本节简要介绍一下常用的 Java 开源测试覆盖率工具 JaCoCo、JCov 和 Cobertura。

4.5.1　JaCoCo

JaCoCo 是一种分析单元测试覆盖率的工具，使用它运行单元测试后，可以给出代码中哪些部分被单元测试测试到，哪些部分没有没测试到，并且给出整个项目的单元测试覆盖情况百分比，看上去一目了然。JaCoCo 是作为 EMMA 的替代品被开发出来的，可以看作为 EMMA 的升级版。它可以集成到 ANT、Maven 中，也可以使用 Java Agent 技术监控 Java 程序，并提供了各种版本插件供 Eclipse、IntelliJ IDEA、Gradle、Jenkins 等平台使用。Eclipse 使用不同的颜色来表示测试结果中的不同覆盖情况，如图 4-34 所示。

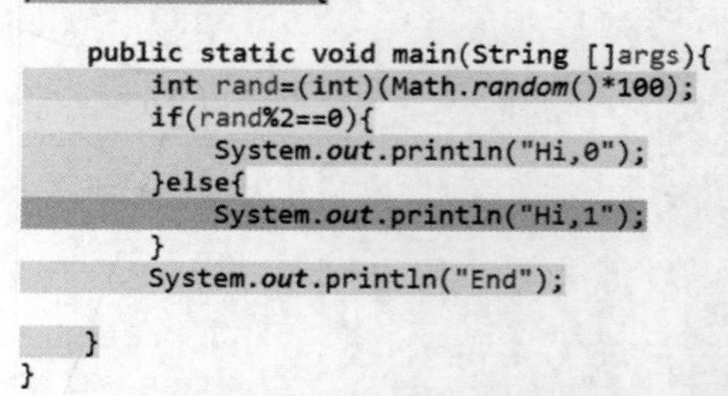

public class Test {
public static void main(String []args){
int rand=(int)(Math.random()*100);
if(rand%2==0){
System.out.println("Hi,0");
}else{
System.out.println("Hi,1");
}
System.out.println("End");
}
}

图 4-34　不同颜色表示不同覆盖情况

JaCoCo 将代码标注为红色表示测试未覆盖，标注为绿色表示测试已覆盖，标注为黄色表示分支测试部分覆盖。JaCoCo 测试覆盖情况展示页面如图 4-35 所示。

Problems　Javadoc　Declaration　Console　Coverage

Element	Coverage	Covered Instructions	Missed Instructions	Total Instructions
src	73.9 %	17	6	23
(default package)	73.9 %	17	6	23
Test.java	73.9 %	17	6	23
Test	73.9 %	17	6	23
main(String[])	85.0 %	17	3	20

图 4-35　JaCoCo 测试覆盖情况展示页面

4.5.2　JCov

JCov 是由 Sun JDK（更早之前是 Oracle JDK）开发和使用的。从 1.1 版本开始，JCov 就可以对 Java 代码覆盖进行测试和报告。2014 年，JCov 作为 OpenJDK codetools 项目的一部分开始开放源码。JCov 开源项目用于收集与测试套件生产相关的质量指标。 JCov 的开源便于在 OpenJDK 开发中验证回归测试的测试运行的实践。JCov 背后的主要动机是测试覆盖率度量的透明度。基于 JCov 的标准覆盖率的优势在于，OpenJDK 开发人员将能够使用一个代码覆盖率工具，与 Java 语言和虚拟机开发保持一个“锁定步骤”。

JCov 是代码覆盖工具的纯 Java 实现。它提供了一种方法来测量和分析 Java 程序的动态代码覆盖率。JCov 支持 JDK 1.0 及更高版本（包括 JDK 8），CDC / CLDC 1.0 或更高版本，以及 JavaCard 3.0 或更高版本的应用程序。JCov 在易用性上稍差，主要是通过运行 Ant 来进行相关的配置。Jcov 同样具备可视化的 HTML 展示页面。

4.5.3 Cobertura

Cobertura 是一款开源测试覆盖率统计工具。它与单元测试代码结合，通过标记并分析在测试包运行时运行哪些代码和没有运行哪些代码以及所经过的条件分支，来测量测试覆盖率。除找出未测试到的代码并发现 Bug 外，Cobertura 还可以通过标记无用的、运行不到的代码来优化代码，最终生成一份美观详尽的 HTML 覆盖率检测报告。Cobertura 结果展示页如图 4-36 所示。

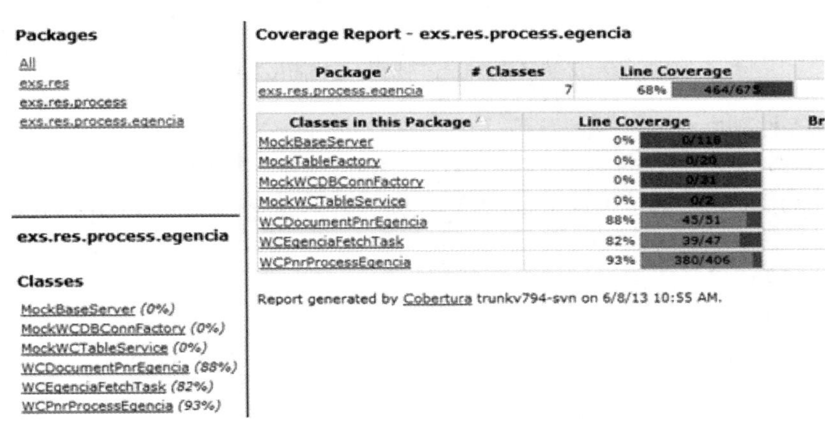

图 4-36　Cobertura 结果展示页

Cobertura 虽然没有提供 Eclipse、IntelliJ IDEA 等平台的定制插件，但它支持主流的 Maven、Gradle、Ant。同时，Cobertura 提供了可定制的包、类、函数过滤方法，可以定制相应的测试内容。

4.6 循环测试

在基本的程序结构中，循环是最为复杂的一种，程序执行路径的膨胀主要是由循环结构引起的，循环次数不同，就会形成不同的执行路径。由于程序执行时循环结构的执行次数具有不确定性，可能会出现各种情况，也最容易出现错误，所以循环结构应当是测试的重点之一。有必要关注和分析程序中循环结构的正确性，对循环进行测试，以验证循环结构在不同的情况下都能正确运行，从而保证整个程序的正确。

4.6.1 基本循环结构测试

有一段简单的循环结构代码如下：

```
int i=1,s=0,a=100;
while (i<=a)
{     s=s+i;
      i=i+1;   }
```

对于这样的基本循环结构，常用的测试方法有两种，Z 路径覆盖测试和循环边界条件测试。

1. Z 路径覆盖测试

Z 路径覆盖测试对循环机制进行简化，简化的方法就是限制循环的次数。不管循环的形式是哪一种，无论循环体实际执行的次数可能是多少，都只考虑执行零次循环体和执行一次循环体这两种情况，也就是说只测试跳过循环体和执行循环体一次这两种情况。Z 路径覆盖相当于把循环结构简化为判定结构，如图 4-37 所示。

在对程序进行测试时，如果采用上述方法对循环的次数加以限制，那么程序总的执行路径数就可能不会太大，因而有可能实现对循环简化的所有路径进行全覆盖，这就是路径枚举所要进行的工作。

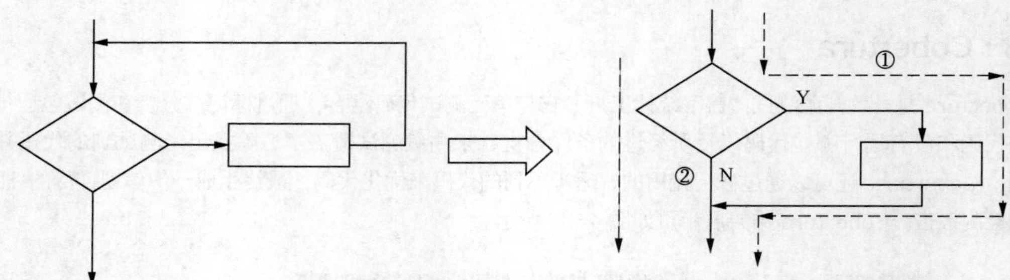

图 4-37　Z 路径覆盖相当于把循环结构简化为判定结构

2. 循环边界条件测试

对循环进行测试的第二种方法是循环边界条件测试，相当于对循环次数变量进行边界值测试，一般覆盖 7 个边界值点。设 i 为实际循环次数，n 是最大循环次数，那么循环边界条件测试应包括以下测试用例。

（1）直接跳过循环体，让 i=0。

（2）只执行一次循环体，让 i=1。

（3）执行两次循环体，让 i=2。

（4）执行 m（2< m < n−1）次循环体，让 i=m。

（5）执行 n−1 次循环体，让 i=n−1。

（6）执行 n 次循环体，让 i=n。

（7）超出最大循环次数。

这实际上相当于对循环次数变量进行七点法的边界值测试，如图 4-38 所示。

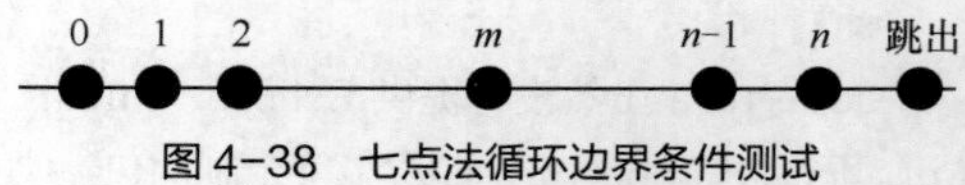

图 4-38　七点法循环边界条件测试

下面来看一个循环边界条件测试的应用示例。需采用循环边界条件测试法来对带有循环的程序段进行测试，程序段如下。

```
// 被测程序
My_Sum { int  j }
int i=1,s=0,a=100;
while (i<=j and i<=a)
{    s=s+i;
     i=i+1; }
```

对以上代码段做七点法循环边界条件测试，设计的测试数据如下。

case 1：j=0 实际循环 0 次。

case 2：j=1 实际循环 1 次。

case 3：j=2 实际循环 2 次。

case 4：j=50 实际循环 50 次。

case 5：j=99 实际循环 99 次。

case 6：j=100 实际循环 100 次。

case 7：j=101 实际循环 100 次，且此时 i=101 超出最大循环次数。

4.6.2　复合循环结构测试

除基本的循环结构外，在程序中可能出现复合循环结构。

（1）连接循环：两个或两个以上简单循环串联起来顺序执行。

（2）嵌套循环：循环结构中又包含循环结构。

（3）非结构循环：从一个循环体内直接跳转到另外一个循环体内的情况。

三种复合循环结构如图 4-39 所示。

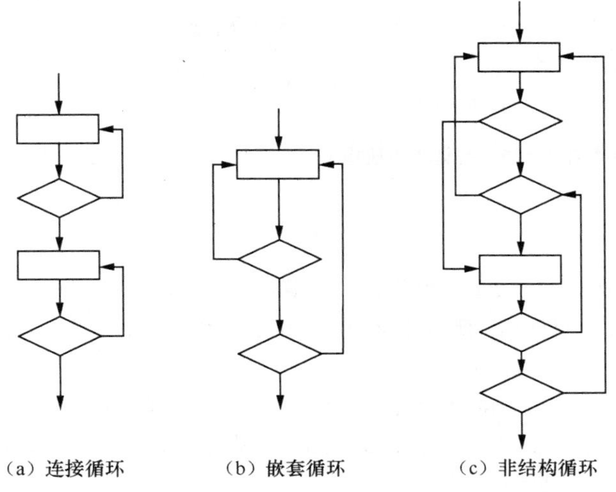

图 4-39　复合循环结构

1. 连接循环

如果相连接的循环体互相独立，那么按照基本循环测试每一个循环体即可。如果相连接的循环体 1 的循环变量的最终结果是循环体 2 循环变量的初始值，那么可采用针对嵌套循环的方法来进行测试。

2. 嵌套循环

嵌套循环的测试方法如下。

（1）从最内层测试开始，其他层的循环变量置为最小值。

（2）按照简单循环的测试方法测试最内层的循环体，外层循环变量仍旧取最小值。

（3）向外扩展循环体，测试下一个循环。

（4）所有外层循环变量取最小值。

（5）其余内层嵌套的循环体取典型值。

（6）继续本步骤直到所有的循环体均测试完毕。

3. 非结构循环

测试非结构循环是一件十分令人头痛的事情，最好是重新设计循环体结构，使其变成嵌套循环或者连接循环。

4.7　程序变异测试

假设在对某个软件进行测试时，我们设计并执行了大量测试数据，但没有发现程序有什么问题，执行结果都是正确的。这时有两种可能，一是这个软件确实质量很高，基本上没有什么问题；二是我们设计的测试数据质量太差，发现不了程序中的问题，如图 4-40 所示。

那么到底是哪种情况呢？有一个办法可以来检验，那就是人为的按照某种规则把程序修改一下，让它有错误，然后再去执行前面的测试数据，看能不能发现我们修改程序后人为植入的错误，如果能发现，则说明测试数据质量还是可以的；如果不能发现，则说明先前设计的测试数据质量确实不高，如图 4-41 所示。这个例子可以帮助我们理解什么是变异测试，它有什么作用，当然这个例子只是变异测试的一种情况，变异测试的作用也不止这一点。

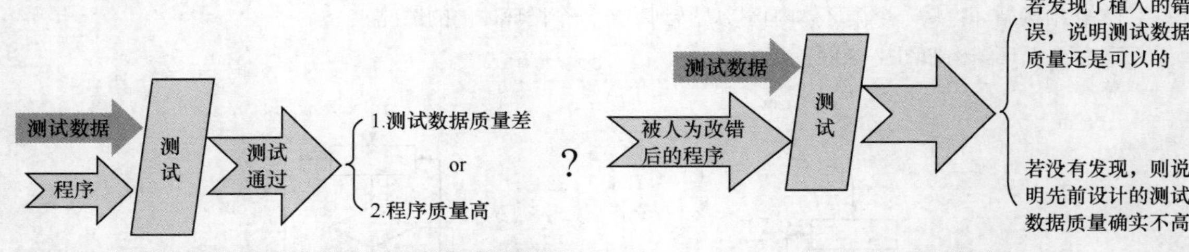

图 4-40　测试通过难以断定是软件质量高还是测试数据质量差　　图 4-41　变异测试

4.7.1 程序变异

程序变异通常只是一种轻微改变程序的操作，是按照某种规则把程序修改一下，让它有错误，以检验测试数据是否有效，那么什么样的修改最有现实意义呢？或者说对程序做怎样的修改，对检验测试数据有效性、对提高测试的质量是较为有现实作用的呢？

测试是为了发现我们的错误和疏漏，所以要检查验证测试数据的有效性。首先应当模拟常见的错误和疏漏来修改程序，这样就能检查验证这些测试数据能否发现这些常见的错误和疏漏，如果发现不了，那么测试数据的质量肯定是有问题的，需要进一步完善。

变异测试中的程序变异是指：基于良好定义的变异操作，对程序进行修改，得到源程序的变异程序。而良好定义的变异操作可以是模拟典型的应用错误，如模拟操作符使用错误，把大于等于写成小于等于，或强制出现特定数据，以便对特定的代码或特定的情况进行有效的测试（如使每个表达式都等于 0），以测试某种特殊情况。

设有程序段 P1，可以用“>”替换程序中的“>= ”，产生变异程序 P2，如图 4-42 所示。

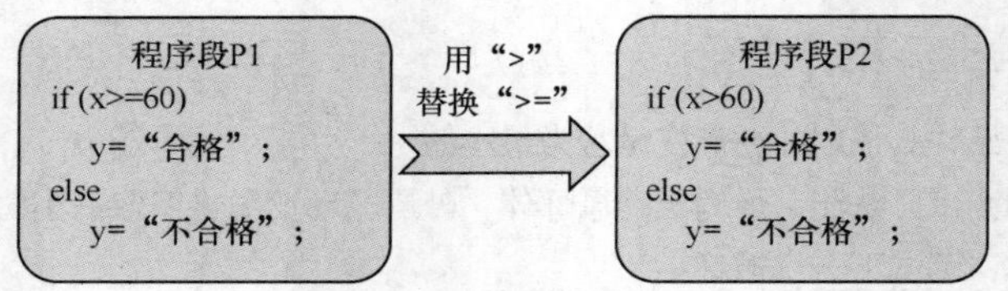

图 4-42　变异程序 P2

事先被良好定义的变异操作可以称为变异算子。程序变异需要在变异算子的指导下完成。目前研究人员已提出多种变异算子，但由于程序所属类型、自身特征的不同，在程序变异时可用的变异算子也是不同的。例如，对于面向过程程序来说，可以通过各种运算符变异、数值变异、方法返回值变异等算子对程序进行变异。而对于面向对象程序来说，在利用上述类型变异算子的同时，还可以针对继承、多态、重载等特性设计新的算子，来保证程序特征覆盖的完整性。

针对面向过程程序和面向对象程序，表 4-12 和表 4-13 分别列出了数种典型的变异算子。对于这些变异算子，PITest、MuJava 等工具提供了良好的实现和支持。

表 4-12　面向过程程序的变异算子

变异算子	描述
运算符变异	（1）对关系运算符“<”、“<=”、“>”、“>=”进行替换，如将“<”替换为“<=”
	（2）对自增运算符“++”或自减运算符“--”进行替换，如将“++”替换为“--”
	（3）对与数值运算的二元算术运算符进行替换，如将“+”替换为“-”
	（4）将程序中的条件运算符替换为相反运算符，如将“==”替换为“!=”

续表

变异算子	描述
数值变异	（1）对程序中整数类型、浮点数类型的变量取相反数，如将“i”替换为“-i”
方法返回值变异	（1）删除程序中返回值类型为 void 的方法
	（2）对程序中方法的返回值进行修改，如将“true”修改为“false”

表 4-13　面向对象程序的变异算子

变异算子	描述
继承变异	（1）增加或删除子类中的重写变量
	（2）增加、修改或重命名子类中的重写方法
	（3）删除子类中的关键字 super，如将“return a*super.b”修改为“return a*b”
多态变异	（1）将变量实例化为子类型
	（2）将变量声明、形参类型改为父类型，如将“Integer i”修改为“Object i”
	（3）赋值时将使用变量替换为其他可用类型
重载变异	（1）修改重载方法的内容，或删除重载方法
	（2）修改方法参数的顺序或数量

4.7.2　变异测试

变异测试有时也叫作变异分析，是一种对测试数据集的有效性、充分性进行评估的技术，以便指导我们创建更有效的测试数据集。

变异测试产生于 20 世纪 70 年代，最初是为了定位揭示软件测试中的不足。如果一个变异被引入，或者说一个已知的修改甚至是错误被植入到程序中，而测试结果不受影响，那么这就说明要么是变异代码没有被执行，要么是程序的修改甚至是错误没有被测试工作检查出来。变异代码没有被执行可能是源程序中有过剩代码，也可能是软件测试不充分，没有测试到这些代码。而如果是变异代码被执行了，但测试结果不受影响，那么则是测试无效，不能发现程序中的问题。

变异测试通过对比源程序与变异程序在执行同一测试用例时差异来评价测试用例集的错误检测能力。当源程序与变异程序存在执行差异时，则认为该测试用例检测到变异程序中的错误，变异程序被杀死；反之，当两个程序不存在执行差异时，则认为该测试用例没有检测到变异程序中的错误，变异程序存活。执行差异主要表现为以下两个情形。

（1）执行同一测试用例时，源程序和变异程序产生了不同的运行时状态。

（2）执行同一测试用例时，源程序和变异程序产生了不同的执行结果。

根据满足执行差异要求的不同，可将变异测试分为弱变异测试和强变异测试。在弱变异测试过程中，当情形（1）出现时就可认为变异程序被杀死，而在强变异测试过程中，只有情形（1）和（2）同时满足才可认为变异程序被杀死。弱变异测试近似于代码覆盖测试，在实践中对计算能力的要求较低；而强变异测试更加严格，可以更好地模拟真实错误的检测场景。在变异测试前，应当明确给出变异测试的类型，确定变异杀死的满足条件。本书余下部分若非特别指明，变异测试均指强变异测试。

给定一个程序 P 和一个测试数据集 T，通过变异算子 F 为 P 产生一组变异体 Mi（必须是合乎语法的变更，变更后程序仍能执行），对 P 和所有的 Mi 都使用 T 进行测试运行，如果某 Mi 在某个测试输入 tj 上与 P 产生不同的结果，则称该 Mi 被杀死；若某 Mi 在所有的测试数据集上都与 P 产生相同的结果，则称其为活的变异体。接下来对活的变异体进行分析，检查其是否等价于 P，若等价则去掉；对不等价于 P 的变异体 Mi，扩充测试用例集，提高测试用例集的错误检测能力，再进一步进行测试。不断重复上述过程，直至测试用例集可以杀死所有的变异程序。变异测试过程可描述如下。

```
程序：P
测试数据集：T
变异算子：F( )
F( P )   →    Mi (i=1,2,3,…)                // 产生一组变异体Mi
Test( P,T )     and    Test( Mi , T)        // 对P和所有的Mi都使用T进行测试运行
if  Test( P,T )<>Test( Mi , T)              // 如果测试结果不同
        Mi is  Killed                       // 则该Mi被杀死
else                                        // 否则
        Mi is  alive                        // 称其为活的变异体
endif
if  Mi(alive)<> P  Improve ( T )           // 若存在活的不等价于P的变异体，则需扩充测试用例集，提高
测试用例集的错误检测能力，再进一步进行测试
```

针对程序段 P1，前面我们已经用“>”来替换“>=”，产生了下面的变异程序 P2。除这种变异外，还可以用“=”来替换“>=”，产生另一个变异程序 P3，如图 4-43 所示。

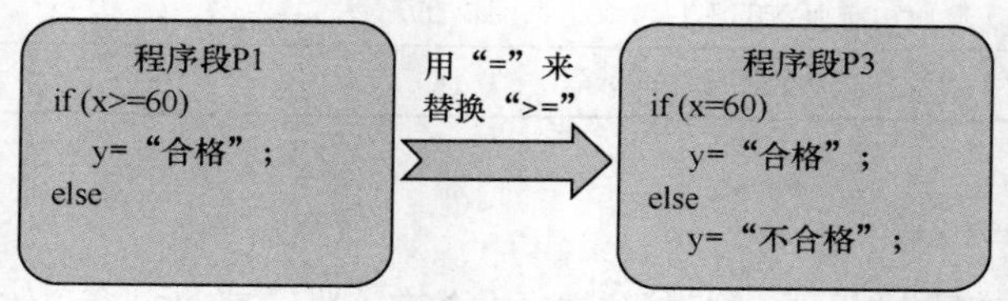

图 4-43　变异程序 P3

假设有一位测试员 A，针对原来的程序段 P1 设计了测试数据集 T1，包括测试数据 x = 70 和 x = 50，那么把这个测试数据集用于变异程序 P2 时，是发现不了问题的，两个测试数据都能得到正确的结果，这就可以提醒测试人员，还需要增加测试用例（如 x=60）才行，如图 4-44 所示。

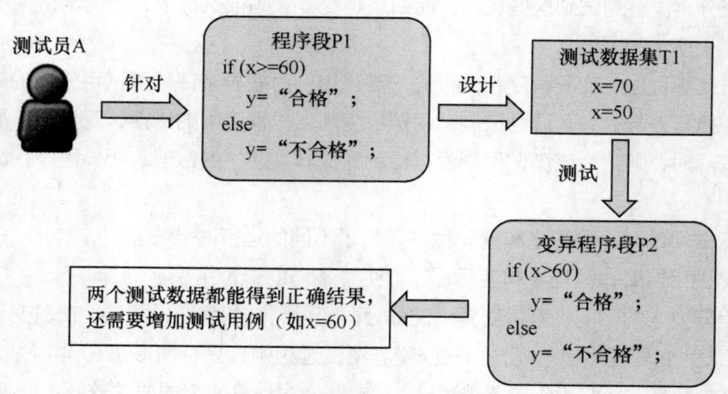

图 4-44　基于变异测试的测试用例改进示例 1

假设有一位测试员 B，针对原来的程序段 P1 设计了测试数据集 T2，包括测试数据 x = 60 和 x = 50，那么把这个测试数据集用于变异程序 P3 时，也是发现不了问题的，两个测试数据也都能得到正确的结果，这就可以提醒测试人员，还需要增加测试用例，如图 4-45 所示。

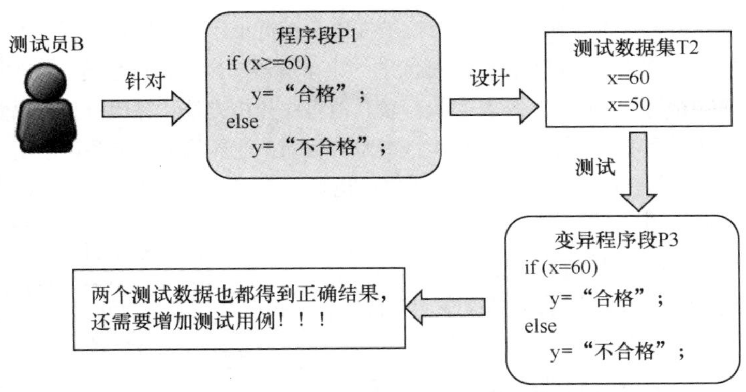

图 4-45 基于变异测试的测试用例改进示例 2

4.7.3 变异测试的优缺点

从软件测试的角度来说，变异测试可以帮助测试人员发现测试工作中的不足，然后进一步提高测试数据集的覆盖度和有效性，改进和优化测试数据集。另外，变异测试还可用于在细节方面改进程序源代码。程序变异测试方法是一种错误驱动测试。该方法通常针对某类特定的程序错误。经过多年的测试理论研究和软件测试的实践，人们逐渐发现要想找出程序中所有的错误几乎是不可能的。比较现实的解决办法是将错误的搜索范围尽可能地缩小，以利于专门测试某类错误是否存在。只有把理论知识同具体实际相结合，才能正确回答实践提出的问题。

如果要让变异测试针对各种情况，则需要测试人员尽可能的模拟各种潜在的错误场景，必须引入大量的变异算子或变异操作，会产生大量的变异程序。这将导致数量极大的程序变异体被编译、执行和测试，占用大量的计算资源，使其在当前版本迭代日益加速的软件研发过程中难以实际应用，大量测试成本的耗费阻碍了它成为一种基本和常用的软件测试方法。变异测试中验证程序的执行结果也是一个代价高昂并且需要人工参与的过程，由此也影响了变异测试在生产实践中的应用。此外，由于等价变异程序存在逻辑上的不可决定性，那么如何快速有效地检测、去除源程序的等价变异程序也是一个影响变异测试自动化和应用的问题。另外，变异测试的前提是需要有测试数据集 T，而这个测试数据集 T 一般是采用其他方法设计出来的，所以说变异测试一般并不能单独使用，而需要与传统的其他测试方法技术相结合。变异测试的优缺点如表 4-14 所示。

表 4-14 变异测试的优缺点

优点	缺点
（1）帮助发现测试工作中的不足，提高测试数据集的覆盖度和有效性，改进和优化测试数据集。 （2）可用于在细节方面改进程序源代码	（1）如果要让变异测试针对各种情况，则必须引入大量的变异，这将导致测试成本过高。 （2）变异测试难以实现自动化。 （3）等价变异程序存在逻辑上的不可决定性。 （4）变异测试一般并不能单独使用，而需要与传统的其他测试方法技术相结合

4.8 符号执行

4.8.1 符号执行简介

符号执行的基本思想是允许程序的输入不仅仅是具体的数值数据，而且包括符号值，这一方法也因此而得名。符号执行是一种程序分析技术，在 1976 年首次被提出，在近十年间，符号执行技术得到了研究人员的广泛关注。一方面，随着 Z3、Yices、STP 等功能强大的约束求解器的出现，符号运行技术可应用于规模更大、结构更复杂的真实程序中；另一方面，虽然符号执行较其他程序分析方法计算代价更加昂贵，但随着计算能力的显著提升，符号执行计算受限的问题得到了极大地缓解。目前，业界已推出了多款适用于不同程序语言的符号运行工具，如面向 Java 语言的 JPF、JCUTE，面向 C 语言的 DART、KLEE 等，这些工具对符号运行技术的发展及推广起到了重要作用。

符号执行是一种介于程序测试用例执行与程序正确性证明之间的方法。它使用一个专用的解释程序，对输入的源程序进行解释。在解释执行时，所有的输入都以符号形式输入到程序中，这些输入包括基本符号、数字及表达式等。符号执行如图 4-46 所示。

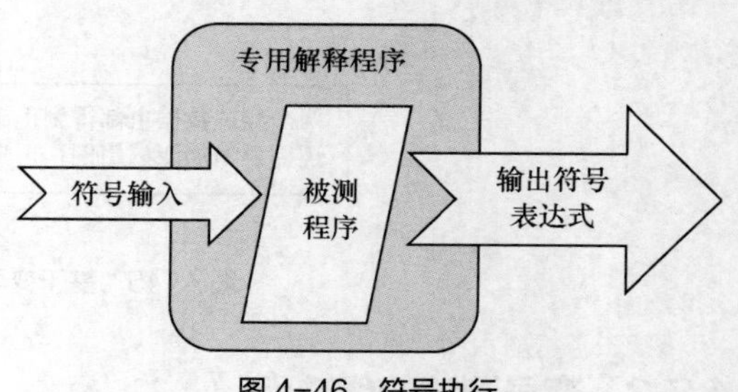

图 4-46 符号执行

符号执行的结果，可以有两个用途：其一是检查符号执行的结果是否符合预期；其二是通过符号执行，产生程序的执行路径，为进一步自动生成测试数据提供约束条件。

4.8.2 符号执行示例

设有一段程序，功能是计算两个数的和。如果要把两个数相加所有可能的情况（如 1+1，1+2，2+1，…）都输入进去测试一次，这是不可能做到的，也是没有必要的。于是会想，是不是可以输入两个符号 *A* 和 *B*，只要执行结果是 *A* + *B*，那么程序就是正确的。这就是通过符号测试来检查程序执行结果是否符合程序规格说明的要求。当然这一般只适用于简单的程序。

再来看另外一个例子，设有程序段 P1 如下。

```
if  ( x >= 60 )
          y = "合格";
else
     y = "不合格" ;
```

对其进行测试时，如果要把 *x* 的所有取值（如 *x*= 10，15，20，80.5，…）都输入进去测试一次，测试工作量还是很大的。此时，可以采用符号执行，输入符号 C。对程序段 P1，输入符号 C 后的执行结果，一般是如下形式的符号表达式组。

$$\begin{cases}\text{“if (c>=60) y=‘合格’”}\\ \text{“if (c < 60) y=‘不合格’”}\end{cases}$$

通过符号执行的这一结果，我们可以分析出程序有两条执行路径，两条执行路径分叉的依据是输入数据是否大于等于 60，这样我们就可以针对这两条路径设计测试数据，如 70 和 50。通过一定的技术手段，这样的测试数据可以自动生成。

符号执行中，解释程序在源程序的判定点计算谓词。例如，对程序段 P1 进行符号测试时判断输入数据 C 是否大于等于 60。很显然，一个 if 语句就会形成两个执行分支。一个判定点形成两个执行分支如图 4-47 所示。

一个条件语句 if…then…else…的两个分支在一般情况下需要进行并行计算。语法路径的分支形成一棵“执行树”，树中每一个结点都是一个表示执行到该结点时累加判定的谓词。

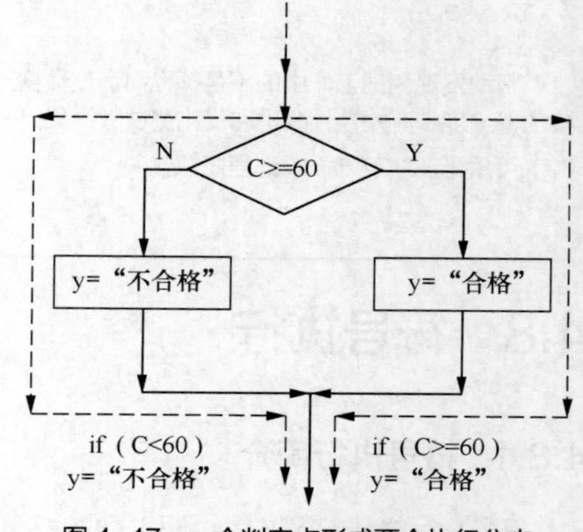

图 4-47 一个判定点形成两个执行分支

一旦解释程序对对象源程序的每一条语法路径都进行了符号计算，就会对每一条路径给出一组输出，它是用输入再加上遍历这条路径所必须满足的条件的谓词组这两者的符号形式表示的。实际上，这种输出包含了程序功能的定义。在理想情形下，这种输出可以自动地与可用机器执行的程序所要具备的功能进行比较；否则，可用手工进行比较。

4.8.3 符号执行的特点和作用

由于语法路径的数目可能很大，且其中有许多是不可达路径，此时可对执行树进行修剪。修剪时须特别小心，不能把“重要”路径无意中修剪掉。如果源程序中包含有循环，而且循环的终止取决于输入的值，那么执行树就是无穷的，这时必须加以人工干预，进行某种形式的动态修剪。

符号执行的结果可用于产生测试数据。符号执行的各种语法路径输出的累加谓词组（只要它是可解的）定义了一组等价类，每一等价类又定义了遍历相应路径的输出，可依据这种信息来选择测试数据。寻找好的测试数据就等于寻找语义（可达）路径，它属于语法路径的子集，因此，可依据这种信息来选择测试数据。

符号执行方法还可以度量测试覆盖程度。如果路径谓词的析取值为真，则该测试用例的集合就覆盖了源程序；如果析取值为假，则表示源程序有没有测试到的区域。

4.9 程序插桩和调试

在动态测试和软件调试中，程序插桩是一种十分重要的手段，有着广泛的应用。程序插桩就是借助往被测程序中插入操作，来实现测试或者调试目的的一种方法。它向源程序中添加一些语句，实现对程序语句的执行、变量的状态等情况进行检查和判断。

最简单的插桩是在程序中插入输出语句，用以显示和检查变量的取值或者状态是否符合预期。断言是一种特殊的插桩，它在程序中的特定部位插入，用于对某些关键数据的判断，如果这个关键数据不是程序所预期的数据，程序就给出警告或退出。当软件正式发布后，可以关闭取消断言代码。

4.9.1 断言

在 Eclipse 中，断言功能默认是关闭，如果我们需要使用这个功能，需要手动打开它。打开或者关闭断言功能的操作如下。

（1）选择“Run”菜单。

（2）选择“Run Configuration”菜单条目。

（3）选择“Arguments”页签，在 VM arguments 输入-ea 就是开启（enable assertion），输入-da 就是关闭（disenable assertion）。

需要注意的是，这样的开启和关闭设置，是针对单个程序的，不同的程序需要分别设置。

Java 中使用 assert 作为断言的关键字。

语法 1：assert expression;

//expression 代表一个布尔类型的表达式，如果为真，就继续正常运行；如果为假，则程序退出。

语法 2：assert expression1 : expression2;

//expression1 是一个布尔表达式，expression2 是一个基本类型或 Object 类型。如果 expression1 为真，则程序忽略 expression2 继续运行；如果 expression1 为假，则运行 expression2，然后退出程序。

断言是用于软件的调试和测试的，即删除断言后，程序的结构和功能不应该有任何改变，不应把断言当作程序功能的一部分来使用。

下面是一个断言应用的示例。

```
public class assert_Example_0 {
// cj 的取值范围应为 0～100,
static int cj = 0;  // cj 的初值为0
// 程序执行中间有多处修改 cj 取值的操作
// …
// 但最终 cj 的取值范围必须为 0～100。以下断言对此进行检查判断
public static void main(String[] args) {
   assert cj<=100;
   assert cj>=0;
   System.out.println("成绩取值正常，在0到100之内!");      }  }
```

以上代码中，**assert** *cj*<=100 和 **assert** *cj*>=0；这两行代码，用于判断 cj 的取值是否在 0～100 之间，若是给出提示，若不是则会报错。

再看一个断言应用的示例。

```
public class assert_Example {
  public static void main(String[] args) {
     int i = 5;
     switch (i) {
     case 1:
        System.out.println("正常");
        break;
     case 2:
        System.out.println("正常");
        break;
     case 3:
        System.out.println("正常");
        break;
    default:
        //如果i的值不为1，或2，或3，程序就会报错
        assert false: "i的值无效";
     }  }  }
```

以上代码中，如果 i 的值不为 1，或 2，或 3，程序执行就会报错。代码中 i 的值为 5，执行结果报错如下：

```
Exception in thread "main" java.lang.AssertionError: i的值无效
    at assert_Example.main(assert_Example.java:16)
```

4.9.2 设计插桩

在程序运行中，想要了解各个变量的状态、各条语句的实际执行次数、内部的特定信息及判断执行是否出现异常等，都可以利用插桩技术来实现。插桩的作用如下。

（1）信息显示或提示。

（2）判断变量的动态特性。

（3）语句执行覆盖统计。

在程序中插桩是需要付出成本的，包括插入代码的成本和用完之后去掉这些代码的成本，所以程序插桩并不是随意进行的。对程序进行插桩时，应当考虑以下问题。

（1）需要通过插桩探测哪些信息？

（2）在代码的哪些部位设置探测点？典型的探测点包括每个程序块的第 1 个可执行语句之前；for、do-while、do until 等循环语句处；if-else 等条件语句各分支处；输入语句之后；函数、过程、子程序调用语句之后；return 语句之后；goto 语句之后等。

（3）需要设置多少个探测点？应当优选插桩方案，使需要设置的探测点能够最少。

（4）需要插入哪些语句？对应用程序插桩技术时，可在程序中特定部位插入某些用以判断变量特性的语句，程序执行时这些语句会自动判断变量取值或状态是否符合预期要求。

下面来看一个程序插桩设计示例。

有一段程序，功能是求两个数的最大公约数，程序代码如下：

```
public int getGYS(int x,int y){
    int Q=x;
    int R=y;
    while(Q!=R)
        { if   (Q>R)
                 Q=Q-R;
             else R=R-Q;
        }
          return Q;
        }
```

在对这段程序进行测试时，可以进行插桩，以检测程序中各个节点的执行次数。插桩采用的语句形式可以如下。

$$C(i) = C(i) + 1，i=1，2，\cdots，n$$

即程序每经过该位置节点的时候，计数器就会加 1，最终计数器等于几，就意味着程序执行时经过了该节点几次。插桩后的程序流程图如图 4-48 所示。

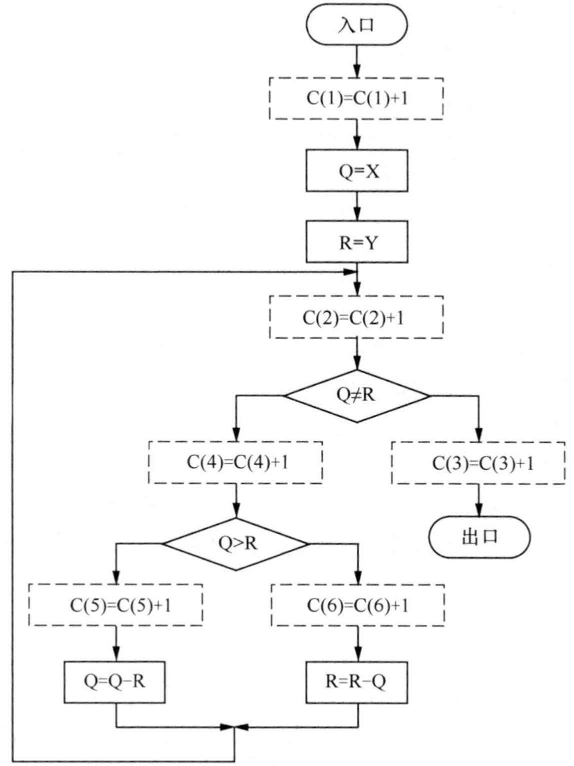

图 4-48　插桩后的程序流程图

图 4-48 中虚线框中的内容并不是源程序的内容，而是为了记录该位置的执行次数而插入的。虚线框中的代码就是为了完成计数，形式如下。

C（i）=C（i）+1 ； // i = 1，2，3，…，6

当然还需要在程序的入口处插入对计数器 C(i)初始化的语句，以及在出口处插入了输出这些计数器 C(i)结果的语句，才能构成完整的插桩。这样就能记录并输出在程序中插桩的各个位置节点的实际执行次数。

从图 4-48 不难看出，如果测试完成后所有的 C(i)均大于 0，则测试实现了语句覆盖、判定覆盖和条件覆盖等。

插桩后的程序如下。

```
public int getGYS(int x,int y)
 {   int c1=0, c2=0, c3=0, c4=0, c5=0, c6=0;
     c1=c1+1;
     int Q=x;
     int R=y;
     c2++;
     while(Q!=R)
     { c3++;
      if  (Q>R)
          { c4++;
          Q=Q-R;
          }
     else
         { c5++;
          R=R-Q; }
   }
   c6++;
   System.out.println(c1+","+c2+","+c3+","+c4+","+c5+","+c6);
       return Q;
 }
```

4.9.3 程序调试

在软件开发过程中，既需要进行软件测试，也需要进行程序调试，测试和调试的含义完全不同。测试是一个可以系统进行的有计划的过程，可以事先确定测试策略、测试计划、测试方案、设计测试用例，然后执行测试过程，去验证软件是否符合要求，并力争发现问题和缺陷。但测试发现的不一定是错误本身，而可能只是错误的外部征兆或表现，此时就需要进行调试。调试是在发现错误之后消除错误的过程。调试应充分利用测试结果和测试提供的信息，全面分析，先找出错误的根源和具体位置，再进行修正，消除错误。简单地说，测试是要去发现错误，调试是要去修正错误。从职责上说，测试工作只需要发现错误即可，并不需要修正错误，而调试的职责就是要修正错误。软件开发者有时需要同时肩负这两种职责，对自己开发的程序进行测试，发现问题，并对其进行调试，修正错误。

1. 调试的过程

调试的过程如图 4-49 所示。

调试时，如果已经识别或者说找到测试中所发现错误的原因，就可以直接予以修正，然后进行回归测试。如果没有找到问题的原因，那么可以先假设一个最有可能的错误原因，然后通过附加测试来验证这样的假设是否成立，直到找出错误原因为止。有时调试工作难度很大，原因如下。

（1）症状和原因可能相隔很远，尤其是在程序结构高度耦合的情况下，更是如此。

（2）症状可能是由误差引起的，程序本身看不出错误。

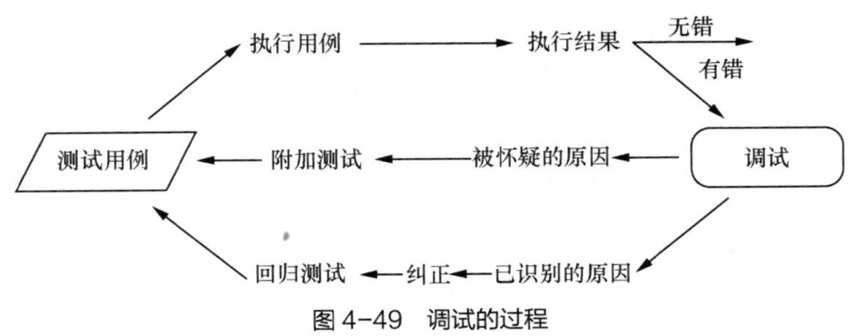

图 4-49　调试的过程

（3）症状可能和时间有关。

（4）症状可能在另一错误改正后消失或暂时性消失。

（5）症状由不太容易跟踪的人工错误引起。

（6）很难重新完全产生相同输入条件（如输入顺序不确定的实时应用系统）。

（7）症状可能是时有时无，这在耦合硬件的嵌入式系统中常见。

（8）症状可能是由分布在许多不同任务中的多个原因共同引起的。

在调试程序时，有时程序员会因为找不到问题出在哪，而让软件开发工作陷入困境。正是由于调试工作很难，具有一定规模和复杂度程序，有些问题发现后，不太容易找到出错的具体位置，所以调试工作是程序员能力和水平的一个重要体现。程序调试能力因人而异，在某种程度上可以说是跟人的个性和天赋有关，有的程序员非常善于调试程序，有的则不具备这样的能力，即使是具有相同教育背景和工作背景的程序员，他们的程序调试能力也可能有很大差别。在某种角度上来说，调试是一种很容易让人感到沮丧的编程工作。尤其让人烦恼的是，你认识到自己犯下了错误，因为程序出错了，但你却找不到错误出在哪。自我怀疑、项目进度要求等引起的高度焦虑，会增加调试工作的难度。

2. 调试的方法

调试的方法主要有回溯法、原因排除法、归纳法、演绎法等。这些方法的具体实施可以借助调试工具来辅助完成，例如，带调试功能的编译器、动态调试辅助工具“跟踪器”、内存映像工具等。

回溯法是指，从程序出现不正确结果的地方开始，沿着程序的执行路径，往上游寻找错误的源头，直到找出程序错误的实际位置。例如，程序有 5000 行，测试发现最后输出的结果是错误的，采用回溯法，可以先在第 4500 行插桩，检查中间结果是否正确，若正确，则错误很可能发生在第 4500～5000 行。若不正确，则在第 4000 行插桩，依此类推，直到找出程序错误的具体位置。

3. 重现缺陷

软件缺陷是存在于软件中的那些不希望或不可接受的偏差，只要缺陷客观存在，那么任何缺陷都是可重现的。软件缺陷并不是间歇发生的，即使发生的条件很多，出现的概率很小，但一旦满足了确切的条件，缺陷还是会再次重现。不管是软件测试还是调试，都需要让因软件缺陷重现。在软件测试时，这样做是为了确认缺陷确实存在，并确切的描述缺陷，而在调试时，这样做是为了根据重现的缺陷，找到出错的原因和具体的位置，以便修正。有的缺陷很隐蔽，要重现有一定难度，需要符合特定的条件。在试图重现缺陷时，需要考虑的各种情况如下。

（1）有的缺陷只在满足特定竞争条件时才会重现，如因资源竞争而出现的死锁。

（2）缺陷造成的影响可能会导致其无法重现。

（3）有的缺陷是依赖于内存的，换一种内存状态缺陷可能就不会重现。

（4）有的缺陷仅会在初次运行时显现，要想重现，需要回到初始状态。

（5）有的缺陷与特定数据有关，要重现缺陷需要特定的数据。

（6）有的缺陷与间断性硬件故障有关。

（7）有的缺陷依赖于时间，要重现缺陷需要设置特定的时间。

（8）有的缺陷依赖于资源，要重现缺陷需要特定的资源状态。

（9）有的缺陷与环境变量有关。

（10）有的缺陷是误差放大或累积造成的。

习 题

一、选择题

1．下列不属于白盒测试的技术是（　　）。

A．语句覆盖　　B．判定覆盖　　C．边界值测试　　D．基本路径测试

2．某次程序调试没有出现预计的结果，下列（　　）不可能是导致出错的原因。

A．变量没有初始化　　B．编写的语句书写格式不规范

C．循环控制出错　　D．代码输入有误

3．代码检查法有桌面检查法、代码走查和（　　）。

A．静态测试　　B．代码审查　　C．动态测试　　D．白盒测试

4．如果某测试用例集实现了某软件的路径覆盖，那么它一定同时实现了该软件的（　　）。

A．判定覆盖　　B．条件覆盖　　C．条件/判定覆盖　　D．组合覆盖

5．软件测试的局限性不包括（　　）。

A．因为输入/状态空间的无限性，测试不可能完全彻底

B．巧合性有时会导致错误的代码得到正确的结果，掩盖了问题

C．软件测试会导致成本增加，效益降低

D．软件缺陷的不确定性

6．以下测试方法不属于白盒测试技术的是（　　）。

A．基本路径测试　　B．等价类划分测试

C．程序插桩　　D．逻辑覆盖测试

7．调试是（　　）。

A．发现与预先定义的规格和标准不符合的问题

B．发现软件错误征兆的过程

C．有计划的、可重复的过程

D．消除软件错误的过程

8．使用白盒测试方法时，确定测试数据的依据是指定的覆盖标准和（　　）。

A．程序的注释　　B．程序的内部逻辑　C．用户使用说明书　D．程序的需求说明

9．数据流覆盖关注的是程序中某个变量从其声明、赋值到引用的变化情况，它是（　　）的变种。

A．语句覆盖　　B．控制覆盖　　C．分支覆盖　　D．路径覆盖

10．如果一个判定中的复合条件表达式为（A > 1）or（B <= 3），则为了达到 100%的条件覆盖率，至少需要设计多少个测试用例（　　）。

A．1　　B．2　　C．3　　D．4

11．一个程序中所含有的路径数与（　　）有着直接的关系。

A．程序的复杂程度　　B．程序语句行数

C．程序模块数　　　　　　　　　　D．程序指令执行时间

12．条件覆盖的目的是（　　）。

A．使每个判定中的每个条件的可能取值至少满足一次

B．使程序中的每个判定至少都获得一次“真”值和“假”值

C．使每个判定中的所有条件的所有可能取值组合至少出现一次

D．使程序中的每个可执行语句至少执行一次

13．软件调试的目的是（　　）。

A．发现软件中隐藏的错误

B．解决测试中发现的错误

C．尽量不发现错误以便早日提交软件

D．证明软件的正确性

14．有程序段如下。

```
if ((M>0) && (N = = 0))
      FUCTION1;
if ((M = = 10)|| (P > 10))
      FUCTION2;
```

其中，FUCTION1、FUCTION2 均为语句块。现在选取测试用例：M=10、N=0、P=3，该测试用例满足了（　　）。

A．路径覆盖　　B．条件组合覆盖　　C．判定覆盖　　D．语句覆盖

15．对下面的计算个人所得税程序中，满足判定覆盖的测试用例是（　　）。

```
if (income<800)           taxrate=0;
else if (income<=1500)        taxrate=0.05;
else if (income<2000)         taxrate=0.08;
else taxrate=0.1;
```

A．income=(799, 1500, 1999, 2000)　　B．income=(799, 1501, 2000, 2001)

C．income=(800, 1500, 2000, 2001)　　D．income=(800, 1499, 2000, 2001)

16．设有一段程序如下。

```
if (a==b  and c==d or e==f)  do  S1
     else  if (p==q  or s==t)  do  S2
                 else do S3
```

若要达到“条件/判定覆盖”的要求，最少的测试用例数目是（　　）。

A．6　　B．8　　C．3　　D．4

17．下列不属于白盒测试中逻辑覆盖标准的是（　　）。

A．语句覆盖　　B．条件覆盖　　C．分支覆盖　　D．边界值覆盖

18．在某学校的综合管理系统设计阶段，教师实体在学籍管理子系统中被称为“教师”，而在人事管理子系统中被称为“职工”，这类冲突描述正确的为（　　）。

A．语义冲突　　B．命名冲突　　C．属性冲突　　D．结构冲突

二、填空题

1．代码检查的方式有三种________、________、________。

2．数据流分析就是对程序中数据的________、________及其之间的________等进行分析的过程。

3．________是逻辑覆盖标准的一种，它要求选取足够多的测试数据，使得每个判定表达式中条件的各种可能组合都至少出现一次。

三、判断题

1. 所有满足条件组合覆盖标准的测试用例集，也分支覆盖标准。（　　）

2. 软件测试的目的在于发现错误、改正错误。(　　)

3. 条件覆盖能够查出条件中包含的错误，但有时达不到判定覆盖的覆盖率要求。(　　)

4. 在白盒测试中，如果某种覆盖率达到 100%，就可以保证把所有隐藏的程序缺陷都已经揭露出来了。(　　)

5. 白盒测试的条件覆盖标准强于判定覆盖。（　　）

6. 判定覆盖包含了语句覆盖，但它不能保证每个错误条件都能检查得出来。(　　)

四、解答题

1. 为以下程序段设计测试用例集，要求分别满足语句覆盖、判定覆盖、条件覆盖、条件/判定覆盖覆盖、条件组合覆盖。

```
public int do_work(int A,int B){
        int x=0;
        if((A>4)  &&  (B<9))
         { x = A-B;}
        if( A==5 && B>28 )
         { x= A+B;}
         return x;
        }
```

2. 为以下程序段设计测试用例集，要求分别满足语句覆盖、判定覆盖、条件覆盖、修正条件/判定覆盖。

```
public void do_work(int x,int y,int z){
        int k=0, j=0;
        if ( (x>20)&&(z<10) )
        { k=x*y-1;
          j=k*k;
        }
        if ( (x==22)||(y>20) )
        { j=x*y+10; }

        j=j%3;
        System.out.println("k,j is:"+k+","+j);
        }
```

3. 为以下程序段设计测试用例集，要求满足条件组合覆盖。

```
public class Triangle {
   protected long lborderA = 0;
   protected long lborderB = 0;
   protected long lborderC = 0;
   // Constructor
   public Triangle(long lborderA, long lborderB, long lborderC) {
      this.lborderA = lborderA;
      this.lborderB = lborderB;
      this.lborderC = lborderC;         }

  public boolean isTriangle(Triangle triangle) {
     boolean isTriangle = false;
```

```
        // check boundary
        if (triangle.lborderA > 0 && triangle.lborderB > 0 && triangle.lborderC > 0 )
        // check if subtraction of two border larger than the third
        if ((triangle.lborderA-triangle.lborderB) < triangle.lborderC && (triangle.
lborderB-triangle.lborderC) < triangle.lborderA && (triangle.lborderC-triangle.lborderA) <
triangle.lborderB)
            {isTriangle = true; }
        return isTriangle;
        } }
```

4. 程序模块 Function1 代码如下。

```
public  int  Function1(int num, int cycle, boolean flag)
{
    int ret = 0;
    while( cycle > 0 )
    {
        if( flag == true )
        {
            ret = num - 10;
            break;
        }
        else
        {
            if( num%2 ==0 )
            {
                ret = ret * 10;
            }
            else
            {
                ret = ret + 1;
            }
        }
        cycle--;
    }
    return ret;
}
```

（1）画出程序控制流图，计算控制流图的环路复杂度。

（2）导出基本路径。

（3）设计基本路径覆盖测试用例。

5. 试对以下程序进行插桩，显示循环执行的次数。

```
public class GCD {
     public int getGCD(int x,int y){
          if(x<1||x>100)
          {    System.out.println("参数不正确!");
               return -1;     }
          if(y<1||y>100)
          {    System.out.println("参数不正确!");
               return -1;     }
          int max,min,result = 1;
```

```
            if(x>=y)
            {    max = x;
                 min = y;     }
            else
            {    max = y;
                 min = x;     }
            for(int n=1;n<=min;n++)
            {    if(min%n==0&&max%n==0)
                 {    if(n>result)
                           result = n;    }
            }
            System.out.println("最大公约数为:"+result);
            return result;
        }   }
```

6. 试对以下代码段进行变异。变异规则为将“++”替换为“--”，然后设计测试数据，能够测试发现所有的变异点。

```
    public class zhengchu {
        public    String  iszhengchu(int n) {
                    if(n<0||n>500) {   return "error";    }
                    int flag=0;
                    String note="";
                    if(n%3==0) {   flag++;
                                   note=note+" 3";  }
                    if(n%5==0) {   flag++;
                                   note+=" 5";      }
                    if(n%7==0) {   flag++;
                                   note+=" 7";      }
                    return "能被"+flag+"个数整除,"+note;

        }
```

7. 试比较调试跟测试的不同。

PART05

第5章

软件测试过程

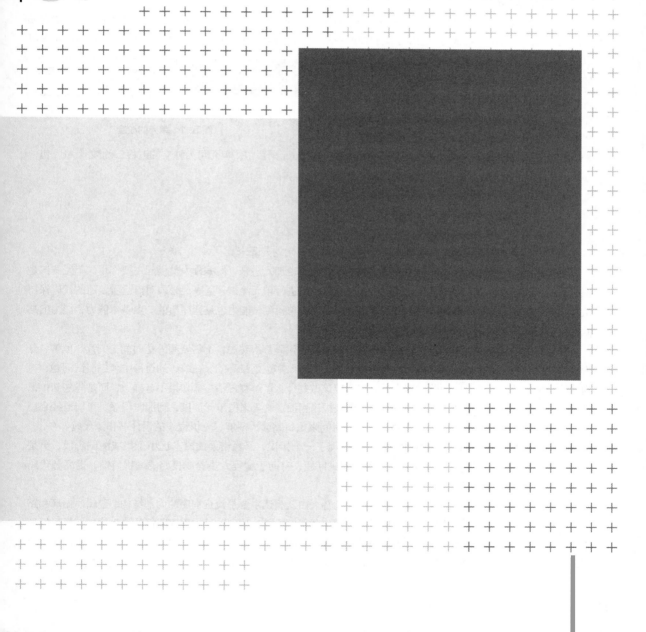

5.1 单元测试

5.1.1 单元测试简介

在软件开发过程中，越早发现问题、解决问题，花费的成本就越小。经验表明，一个尽责的单元测试将会在软件开发的早期发现很多的缺陷和问题，并且修改它们的成本也很低；而如果拖到后期阶段，缺陷的发现和修改将会变得更加困难，并且需要消耗更多的时间和费用。进行充分的单元测试，是提高软件质量、降低开发成本的必由之路。

有统计数据表明，以软件的一个功能点为基准，单元测试的成本效率大约是集成测试的两倍、系统测试的三倍。对于程序代码而言，开发出来之后，应首先对其进行单元测试，力争尽早发现程序中缺陷和问题。

1. 单元测试的概念

单元测试是针对软件设计的最小单位——程序模块，进行检查和验证，其目的在于发现每个程序模块内部可能存在的差错。单元测试通常应用于实施模型中的构件，核实是否已覆盖控制流和数据流，以及构件是否可以按照预期工作。执行单元测试，就是为了验证单元模块代码的行为和我们期望的一致。

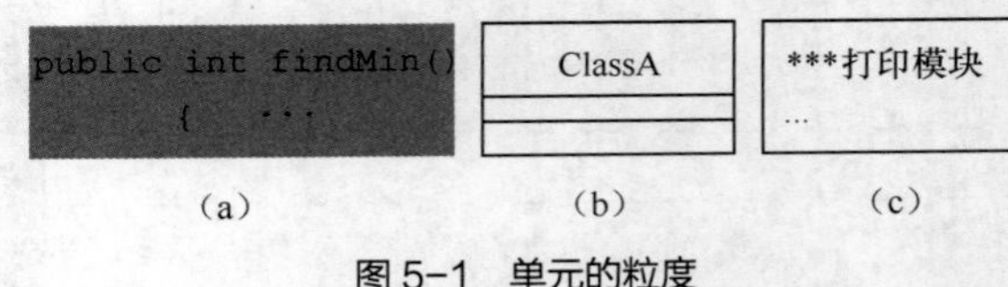

图 5-1 单元的粒度

单元测试是对软件基本组成单元的测试。如图 5-1 所示，单元的粒度具体划分可以不同。在传统的结构化编程语言（如 C 语言）中，单元一般是模块，也就是函数或子过程；在 C++中，单元是类或类的方法；在 Ada 语言中，单元可为独立的过程、函数或 Ada 包；在第四代语言中，单元对应为一个菜单或显示界面。

单元测试中的一个可测“单元”应符合以下要求。

（1）是可测试的、最小的、不可再分的程序模块。

（2）有明确的功能、规格定义。

（3）有明确的接口定义，清晰地与同一程序的其他单元划分开来。

单元测试通常是由程序员自己来完成，有时测试人员也加入进来，但编程人员仍起主要作用。单元测试是程序员的一项基本职责，程序员有责任对自己编写的代码进行单元测试。程序员必须对自己所编写的代码保持认真负责的态度，这是程序员的基本职业素质之一。同时单元测试能力也是程序员的一项基本能力，能力的高低直接影响程序员的工作效率与软件的质量。

在编码的过程中进行单元测试，由于程序员对设计和代码都很熟悉，不需要额外花时间去阅读、理解、分析程序的设计书和源代码，所以测试成本是最小的，测试效率也是最高的。在编码的过程中考虑测试问题，得到的将是更优质的代码，因为此时程序员对代码应该做些什么了解得最清楚。如果不这样做，而是先匆匆忙忙完成模块开发，等过了很久，甚至是一直等到模块报错崩溃了，再来做单元测试，到那时程序员可能已经忘记了这个模块的代码是怎样工作的，需要花较多的时间来重新阅读、理解、分析程序的设计书和源代码。

由于单元测试是在编码过程中进行的，若发现了一个错误，修复错误的成本远小于集成测试阶段，更是小于系统测试阶段。在编码的过程中考虑单元测试问题，有助于编程人员养成良好的编程习惯，提高源代码质量。

单元测试的方法以白盒方法为主、黑盒方法为辅。白盒测试主要是检查程序的内部结构、逻辑、循环和路径。通常是分析单元内部结构后通过对单元输入输出的用例构造，达到单元内程序路径的最大覆盖，尽量保证单元内部程序运行路径处理正确，它侧重于单元内部结构的测试，依赖于对单元实施情况的了解。常用测试用例设计方法有逻辑覆盖和基本路径测试。黑盒方法通过对单元输入输出的用例构造验证单元的特性和行为，侧重于核实单元的可观测行为和功能，它只用到程序规格说明，没有用到程序的内部结构。其常用测试用例方法有等价类划分、边界值测试、错误推测和因果图等方法。

2. 单元测试的目标

单元测试是软件测试的基础。通过单元测试，应分别完成对每个单元的测试任务，确保每个模块能正常工作，程序代码符合各种要求和规范。

合格的代码应该具备正确性、清晰性、规范性、一致性、高效性等，其中优先级最高的的正确性，只有先满足正确性，其他特性才具有实际意义。而对有些会反复执行的代码，还需要具有高效性，否则会影响整个系统的效率和性能。

（1）正确性是指代码逻辑必须正确，能够实现预期的功能。

（2）清晰性是指代码必须简明、易懂，注释准确没有歧义。

（3）规范性是指代码必须符合企业或部门所定义的共同规范（如命名规则、代码风格等）。

（4）一致性指代码必须在命名、风格上保持统一。

（5）高效性是指需要尽可能降低代码的执行时间。

3. 单元测试模型

一个单元模块或一个方法等并不是一个独立的程序，在测试它时要同时考虑它和外界的联系，需要用一些辅助模块去模拟与被测模块相联系的其他模块。辅助模块分为驱动模块和桩模块两种，如图 5-2 所示。

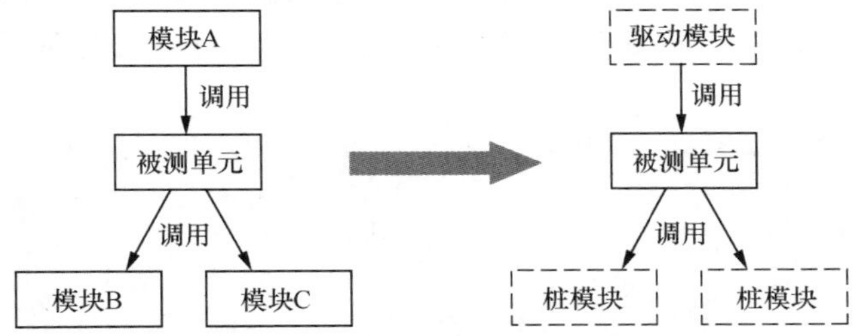

图 5-2　驱动模块和桩模块

驱动模块是用来模拟被测单元的上层模块的程序模块。驱动模块能够接收或者设置测试数据、参数、环境变量等，调用被测单元，将数据传递给被测单元，如果需要还可以显示或打印测试的执行结果。可将驱动模块理解为被测单元的主程序。

桩模块用来模拟被测单元的子模块。设计桩模块的目的是模拟被测单元所调用的子模块，接受被测单元的调用，并返回调用结果给被测单元。桩模块不一定需要包括子模块的全部功能，但至少应能满足被测单元的调用需求，而不至于让被测单元在调用它时出现错误。

驱动模块和桩模块的编写会产生一定的工作量，会带来额外的开销。因为它们在软件交付时并不作为产品的一部分一同交付。特别是桩模块，为了能够正确、充分的测试软件，桩模块可能需要模拟实际子模块的功能，这样桩模块的建立就不是很轻松了。有时编写桩模块是非常困难和费时的，但也可以采取一定的策略来避免编写桩模块，只需在项目进度管理时将实际桩模块的代码编写工作安排在被测模块前编写即可。这样可以提高测试工作的效果，因为不断调用实际的桩模块可以更好地对其进行测试，保证产品的质量。

被测模块及与它相关的驱动模块和桩模块共同构成了一个“测试环境”。建立单元测试的环境时，需完成以下一些工作。

（1）构造最小运行调度系统，即构造被测单元的驱动模块。

（2）模拟被测单元的接口，即构造被被测单元调用的桩模块。

（3）模拟生成测试数据及状态，为被测单元运行准备动态环境。

单元测试模型如图 5-3 所示。

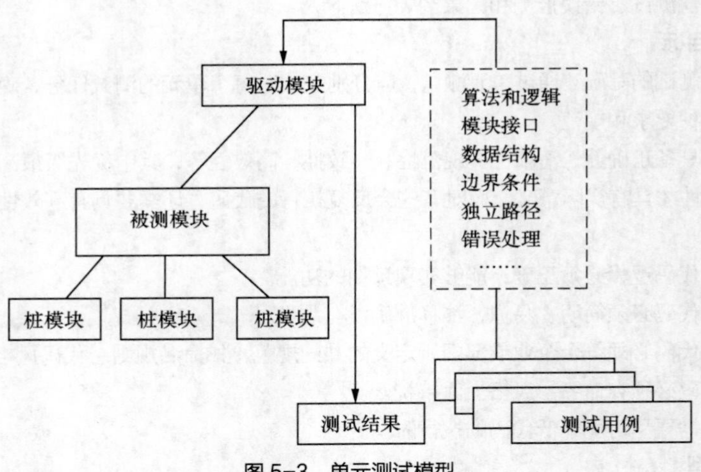

图 5-3　单元测试模型

4．单元测试脚本

在编写单元测试脚本时，对于每一个包或一个子系统而言，我们可以编写一个测试模块类来做驱动模块，用于测试包中所有的待测试模块。而最好不要在每个类中用一个测试函数来测试类中所有的方法。例如，有待测试的源代码如下。

```
import java.util.Comparator;
import java.util.Random;
public final class Sorting
{
  public void insertionSort( int[] a ) {
    …   }
  public boolean isSorted(int[]a) {
    …   }
    …
}
```

相应的单元测试脚本，其结构可以采用如下形式。

```
import static org.junit .Assert.*;
import org.junit. Test;
public class TestSorting {
       @Test
       public void testlnsertionSort() {
              …  }
       @Test
       public void testlsSorted() {
              …  }
    …
       }
```

这样做的好处如下。

（1）能够同时测试包中所有的方法或模块，也可以方便的测试指定的模块或方法。

（2）能够联合使用所有测试用例对同一段代码执行测试，发现问题。

（3）便于回归测试，当某个模块修改之后，只要执行测试类就可以执行所有被测的模块或方法。这样不但能够方便地检查、测试所修改的代码，而且能够检查出修改对包内相关模块或方法所造成的影响，使修改引进的错误得以及时发现。

（4）复用测试方法，使测试单元保持持久性，并可以用已有的测试代码来编写相关测试。

（5）将测试代码与产品代码分开，使代码更清晰、简洁；提高测试代码与被测代码的可维护性。

5.1.2 单元测试的任务

代码编写完成后的单元测试工作，所测试的内容包括内部结构、单元的功能和可观测的行为。它主要分为两个步骤：静态检查和动态测试。

静态检查是单元测试的第一步，这个阶段的工作首先是保证代码算法的逻辑正确性，应通过人工检查发现代码的逻辑错误；其次，还要检查代码的清晰性、规范性、一致性，反复执行的代码，还需要分析算法是否高效。第二步是通过设计测试用例，执行被测程序，比较实际结果与预期结果的异同，以发现程序中的错误。程序中的错误可分为域错误、计算型错误和丢失路径错误三种。

经验表明，使用静态检查法能够有效的发现 30%到 70%的逻辑设计和编码错误。但是代码中仍会有大量的隐性错误无法通过静态检查发现，必须通过动态测试才能够捕捉和发现。动态测试是单元测试的重点与难点。一般而言，应当对程序模块进行以下动态单元测试。

（1）对模块内所有独立的执行路径至少测试一次。

（2）对所有的逻辑判定，取“真”与“假”的两种情况都至少执行一次。

（3）在循环的边界和运行界限内执行循环体。

（4）测试内部数据的有效性等。

单元测试的依据是软件的详细设计描述、编码标准等，检查和测试对象主要就是源程序。单元测试的主要任务如下。

（1）验证代码能否达到详细设计的预期要求。

（2）发现代码中不符合编码规范的地方。

（3）准确定位错误，以便排除错误。

具体而言，单元测试应检查和测试的内容包括如下方面。

1. 算法和逻辑

检查算法的和内部各个处理逻辑的正确性。例如，某程序员编写的打印下降三角形的九九乘法表的程序如下。

```
public static void printTable()
{ for (int i = 1; i <= 9; i++)
    { for (int j = 1; j<= 9; j++)
      {System.out.print(String.format("%d * %d = %-2d ", i, j, i*j));}
        System.out.println();    }     }
```

通过检查和测试应能发现程序逻辑是错误的，打印出来的不是下降三角形的九九乘法表，而是 9 × 9 的方阵。改正的办法是把第二个循环 `for (int j = 1; j<= 9; j++)`，修改为：`for (int j = 1; j<= i; j++)`。

2. 模块接口

对模块自身的接口做正确性检查，确定形式参数个数、数据类型、顺序是否正确，确定返回值类型，检查返回值的正确性。检查调用其他模块的代码的正确性，调用其他模块时给定的参数类型、参数个数及参数顺序正确与否，特别是具有多态的方法尤其需要注意。检查返回值正确与否，有没有误解返回值所表示的意思。必要时，可以对每个被调用的方法的返回值用显式代码（如程序插桩）做正确性检查，如果被调用方法出现异常或错误程序应该给予反馈，并添加适当的出错处理代码。

例如，某程序员编写的求平均成绩的代码段如下。

```
public class getScoreAverage
{  public float getAverage( String[] scores )
   {  if (scores==null || scores.length==0)
      {  throw new NullPointerException();     }
      float sum = 0.0F;
      int j=scores.length;
      for (int i=0; i<j; i++)
      {  sum += scores[i];     }
   return sum/j;
   }
  public static void main(String[] args) {
     getScoreAverage cj = new getScoreAverage();
     int [] scores = {60,80,70};
        System.out.println(cj.getAverage(scores));      }  }
```

程序中的问题是：函数内部把成绩当成数值型数据来处理，直接进行累加，而形式参数中存放成绩的是字符型数组，所以接口和内部实现是不一致的。要改正的话，既可以修改程序内部实现，也可以修改接口，但如果事先还没有把程序接口规定死的话，显然修改接口要比修改内部实现简单一些。只需把 **public float** getAverage(String[] scores)改为 **public float** getAverage(int[] scores)即可。

3. 数据结构

检查全局和局部数据结构的定义（如队列、堆栈等）是否能实现模块或方法所要求的功能。例如，某程序中需要实现先来先服务的任务调度，但为此定义的数据结构为栈，这显然是错误的，因为栈用于实现后进者先出。改正的办法是定义一个队列，而不是栈。

4. 边界条件

检查各种边界条件发生时程序执行是否仍然正确，包括检查判断条件的边界等。例如，某程序用于实现将百分制成绩转换为五级计分制成绩，代码如下。

```
public class ScoreException extends Exception
{   private static final long serialVersionUID = 1L;
   public ScoreException(String msg)
        { super(msg);  }    }
public class ScoreToGradeUtil
{   public enum GradeEnum
       { EXCELLENT, //优秀
       GOOD, //良好
       FAIR, //中等
       PASS, //及格
          FAIL//不及格   }
   public static GradeEnum convert(Double score) throws ScoreException
     {  if (score > 100 || score < 0)
        { throw new ScoreException("分数输入错误");    }
        if (score > 90)
        {  return GradeEnum.EXCELLENT;
        }else if (score < 90 && score > 80)
        {  return GradeEnum.GOOD;
        }else if (score < 80 && score > 70)
        {  return GradeEnum.FAIR;
        }else if (score < 70 && score > 60)
        {  return GradeEnum.PASS;
```

```
        }else
              return GradeEnum.FAIL;    }  }
```

显然，程序中的判断条件漏掉了相等的情况，如当 score =90 时，程序会执行最后一个 else 分支给出 ***FAIL*** 作为转换结果。改正的办法是在适当的位置加上“ = ”。

5. 独立路径

程序编写时可能存在疏漏，应对照程序详细设计书的要求对程序进行检查和测试，看是否漏掉了某些原本需要的处理逻辑，也就是少了某些应当有的独立路径，或者某些独立路径存在处理错误。例如，某程序用于实现将百分制成绩转换为五级计分制成绩，代码如下。

```
public static GradeEnum convert(Double score) throws ScoreException{
        if (score > 100 || score < 0) {
            throw new ScoreException("分数输入错误");    }
        if (score >= 90) {
            return GradeEnum.EXCELLENT;
        }else if (score < 90 && score >= 80) {
            return GradeEnum.GOOD;
        }else if (score < 70 && score >= 60) {
            return GradeEnum.PASS;
        }else
            return GradeEnum.FAIL;    }  }
```

对照程序详细设计书可以发现，程序漏掉了 cj<80 and cj>=70 这种情况，当 cj<80 and cj>=70 时，程序无法给出转换结果。

6. 异常处理

单元模块应能预见某些代码运行可能出现异常的条件和情况，并设置适当的异常处理代码，以便在相关代码行运行出现异常时，能妥善处理，并保证整个单元模块处理逻辑的正确性。这种异常处理应当是模块功能的一部分。例如，有代码段如下。

```
public void executeUpdate(String sql)
     {  Statement stmt=null;
        rs=null;
        connect=DriverManager.getConnection(sConnStr,"sa","123");
        stmt=connect.createStatement();
        stmt.executeUpdate(sql);
        stmt.close();
        connect.close();      }
```

程序中，执行数据库操作的代码行时存在出错的可能，如数据库连接失败等。因此，应设置适当的出错处理代码，以便在相关代码行运行出现异常时，能妥善处理。修改后的代码段如下。

```
public void executeUpdate(String sql)
       {Statement stmt=null;
        rs=null;
        try
        {    connect=DriverManager.getConnection(sConnStr,"sa","123");
             stmt=connect.createStatement();
             stmt.executeUpdate(sql);
             stmt.close();
             connect.close();          }
        catch(SQLException ex)
        {    System.err.println(ex.getMessage());}   }
```

若出现下列情况之一，则表明模块的异常处理功能包含有错误或缺陷。

（1）程序执行突然中断，但没有任何提示。

（2）在对异常进行处理之前，异常情况已经引起系统的干预。

（3）对出现异常的描述难以理解。

（4）对出现异常的描述不足以对问题进行定位，也不足以确定出现问题的原因。

（5）显示的异常信息与实际的出错原因不符。

（6）出现异常后的处理不适宜。

7. 输入数据检查

应当对输入数据进行完备性、正确性、规范性及合理性检查。经验表明，没有对输入数据进行必要和有效的检查，是造成软件系统不稳定或者执行出问题的主要原因之一。本书案例“校园招聘”系统的前端页面useerreg.jsp中，对用户注册时输入的数据进行了最基本的有和无的检查，代码如下：

```
function check()
{if(document.form1.xuehao.value=="")
  {alert("请输入学号");document.form1.xuehao.focus();return false;}
 if(document.form1.xingming.value=="")
  {alert("请输入姓名");document.form1.xingming.focus();return false;}
 if(document.form1.chushengnianyue.value=="")
  {alert("请输入出生年月");document.form1.chushengnianyue.focus();return false;}
 if(document.form1.ruxiaoshijian.value=="")
  {alert("请输入入校时间");document.form1.ruxiaoshijian.focus();return false;}
 if(document.form1.zhuanye.value=="")
  {alert("请输入专业");document.form1.zhuanye.focus();return false;}
 if(document.form1.mima.value=="")
  {alert("请输入密码");document.form1.mima.focus();return false;}
}
```

再如某成绩管理软件，在成绩输入模块，没有对输入的成绩数据进行合理性检查，某个同学的某门课程成绩应当是90分，一不小心输入成了900分。数据保存后，在后来的求平均成绩时，该同学的平均成绩高达200多分，这显然是不符合情理的。

还有一种典型情况是，在系统登录模块，如果不对用户名和密码输入的规范性和合理性进行检查，则恶意用户有可能采用注入式攻击等方式来试图非法进入系统。

8. 表达式、SQL语句

应检查程序中的表达式及SQL语句的语法和逻辑的正确性。对于表达式而言，应该保证不含二义性；对于容易产生歧义的表达式或运算符优先级（如&&、||、++、--等）而言，可以采用括号“( )”运算符避免二义性，这样一方面能够保证代码执行的正确性，另一方面也能够提高代码的可读性。

例如，职称为工程师或讲师且年龄小于35岁的表达式为：

```
(ZC = "工程师" || ZC = "讲师" ) && NL<35
```

如果不加括号，那么表达式的意思就和要求不一致了。

又如，某包含SQL字符串的代码如下。

```
SqlCommand1.CommandText = "DELETE  FROM XS WHERE XH='" &
    Trim(Me.TextBox1.Text) & " ' AND IDN= " & Trim(Me.Textbox2.Text) & "'"
```

代码中，“AND IDN= ”应为“AND IDN= ' ”，类似于这样的地方是很容易出错的。

9. 常量或全局变量的使用

应检查常量和全局变量的使用是否正确。明确所使用的常量或全局变量的数据类型，保证常量数据类型和取值的恒定性，不能前后不一致。另外，还要特别注意有没有和全局变量同名的局部变量存在，如果有，则要清楚它们各自的作用范围，二者不能混淆。

10. 标识符定义

标识符定义应规范一致，保证变量命名既简洁又能够顾名思义，不宜过长或过短，各种标识符应规范、容易记忆和理解。

11. 程序风格

检查程序风格的一致性、规范性，代码必须符合企业规范，保证所有成员的代码风格一致、格式工整。

例如，对数组做循环时，不要一会儿采用下标变量从下到上的方式（如 for（I=0；I++；I<10)），一会儿又采用从上到下的方式（如 for（I=9；I--；I>=0)）；应该尽量采用统一的方式，要么统一从下到上，要么统一从上到下。

建议采用 for 循环和 while 循环，而不要采用 do{ }while 循环。

12. 注释

应检查注释是否完整，是否清晰简洁，是否正确的反映了代码的功能。错误的注释比没有注释更糟，会让程序阅读者产生错误的理解。应检查是否做了多余的注释，简单的一看就懂的代码没有必要注释。应检查对包、类、属性、方法功能、参数、返回值的注释是否正确且容易理解等。

5.1.3 JUnit 单元测试入门

1. 简介

JUnit 是一个开源的 Java 语言单元测试框架，它是单元测试框架体系结构 xUnit 的一个实例。JUnit 设计得非常小巧，但功能却非常强大。通过 JUnit 提供的 API 可以编写测试结果明确、可重用的单元测试脚本。JUnit 有它自己的 JUnit 扩展生态圈。多数 Java 的开发环境都已经集成了 JUnit 作为单元测试的工具。

JUnit 的特性如下。

（1）提供用于判断测试结果是否与期望结果相一致的断言。

（2）提供用于共享测试数据的测试工具。

（3）提供便于组织和运行测试的测试套件。

（4）提供图形和文本的测试运行器。

JUnit 是在极限编程和重构中被极力推荐使用的工具。极限编程的基本过程如下。

```
构思 -> 编写测试代码 -> 编写代码 -> 测试
```

编写测试代码和编写代码都是增量式的，写一点测一点，在编写以后的代码中如果发现问题可以较快的追踪到问题的原因，减小回归错误的纠错难度。重构和极限编程是类似的，也是要求改一点测一点，减少回归错误造成的时间消耗。在其他开发模式中，编写程序之前先写测试代码，或者在编写程序时同步写测试代码，也是很好的习惯，这样做有以下好处。

（1）从编码和测试两个角度考虑问题，更加全面和周到。

（2）促使程序员认真分析思考代码的功能和逻辑，想好了再写，否则编写的代码可能很不稳定。

（3）便于尽早测试，并尽快发现代码中的问题，提高代码质量。

（4）可以较快的追踪到问题的原因，减小纠错的难度。

（5）便于测试的多次反复执行。

（6）便于今后的回归测试。

不要因为编程工作压力大，就不写测试代码。相反，编写测试代码会让程序员的压力逐渐减轻，工作效率更高。因为通过编写测试代码，程序员对要编写的程序有了更加深刻和确切的认识，会更快地编写出质量更高的代码。

2. 快速入门

代码测试过程，可以简单的理解为给定参数，调用被测试代码，然后比较测试结果与预期结果是否一致。

给定什么样的参数是需要精心设计的，以便用尽可能少的测试次数发现尽可能多的问题和错误，以提高测试效率。调用被测试代码，只需要给定对象名和方法名即可。Junit 中的 Assert 类提供了一系列的断言方法来检查被测试方法的真实返回值是否与期望结果一致。

Assert 类中最常用的是 assertEquals（expected，actual），参数 expected 是预期取值，参数 actual 为测试执行后的实际取值，assertEquals (expected，actual)用于比较两者是否相等。示例如下。

```
assertEquals(0,new Calculate().Subtract(3,3))
```

这一示例代码给定参数（3，3），调用 Calculate( ).Subtract( )，测试实际执行结果是否等于 0。下面用一个简单的例子，来体验 JUnit 单元测试的快速入门。设有 Calculate 类代码如下。

```
public class Calculate
{  public int Add(int a, int b )
        {       return a+b;         }
   public int Subtract(int a, int b )
        {       return a-b;         }
   public int Multiply(int a, int b )
        {       return a*b;         }
   public int Divide(int a, int b )
        {       return a/b;         }          }
```

（1）选中 Calculate.java 后，单击鼠标右键，依次选择“New”、“Other...”菜单，如图 5-4 所示。

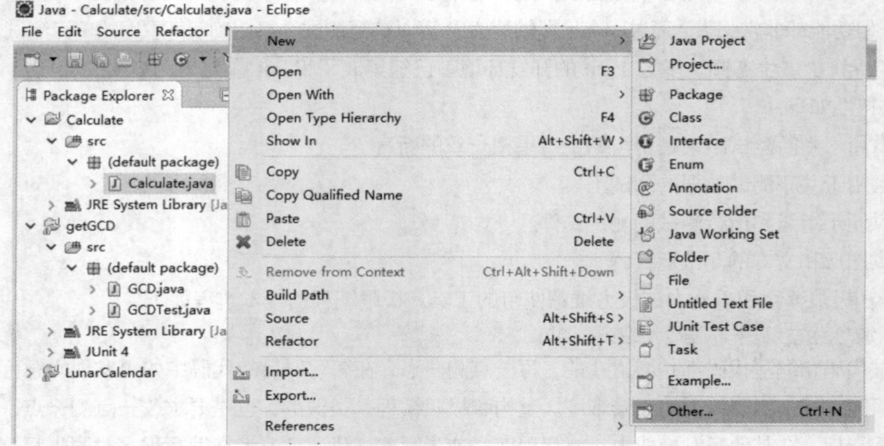

图 5-4　依次选择“New”、“Other...”菜单

（2）在弹出的对话框中依次选择“Java”、“JUnit”、“JUnit Test Case”，然后单击“Next”按钮，如图 5-5 所示。

（3）如图 5-6 所示，在弹出的对话框中输入和设置相关信息，主要是 Name 等，本例中采用默认的即可，然后单击“Next”按钮。

（4）如图 5-7 所示，在弹出的对话框中勾选“Calculate”类，这样就会默认勾选“Calculate”类的所有方法，本例中有 4 个方法，然后单击“Finish”按钮。

（5）这样我们就可以得到图 5-8 所示的测试代码结构。

其中的语句“`fail("Not yet implemented");`”表示测试脚本并未完成，需要测试人员在此处编写自己的测试代码，否则测试执行会报错。

（6）把第一条“`fail("Not yet implemented");`”语句删除，并在相应位置输入如下代码。

```
assertEquals(6,new Calculate().Add(3,3));
```

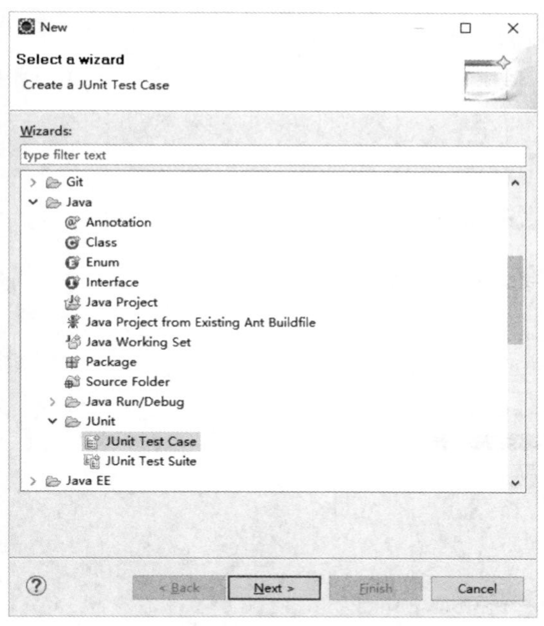

图 5-5　选择新建“JUnit Test Case”

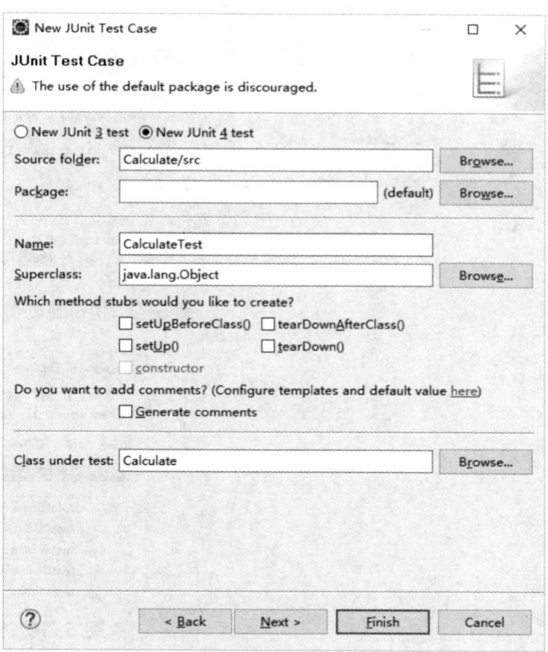

图 5-6　输入和设置相关信息

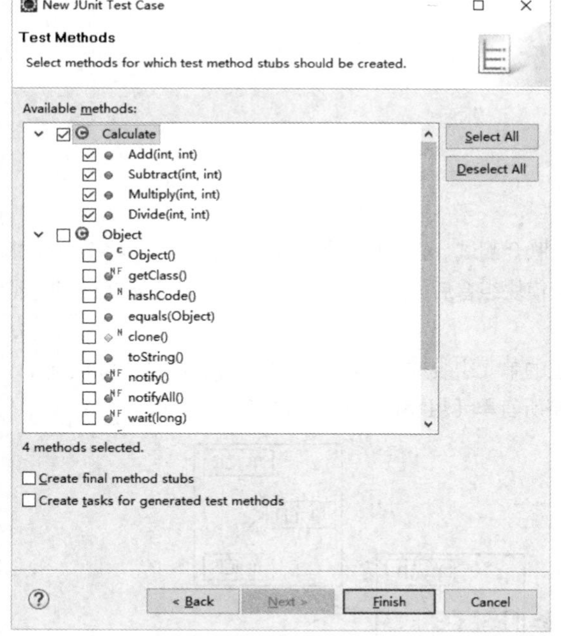

图 5-7　勾选“Calculate”类

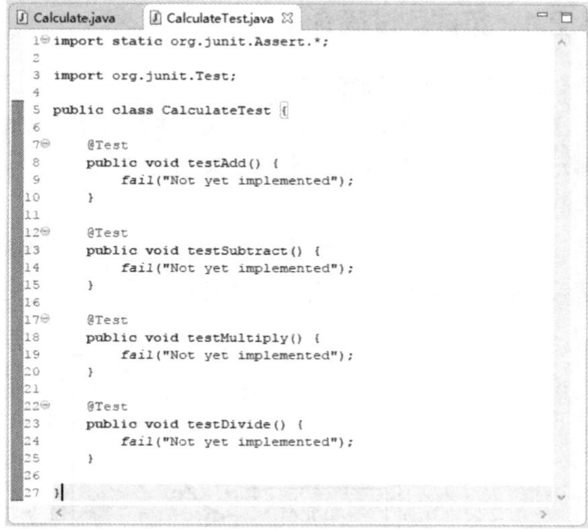

图 5-8　测试代码结构

这表示给定参数（3，3），调用 **Calculate()**.Add(　)，然后比较实际执行结果是否等于 6。

然后单击绿色的执行按钮，执行测试脚本 CalculateTest.java，如图 5-9 所示。

（7）执行结束后，可以查看测试结果，如图 5-10 所示。

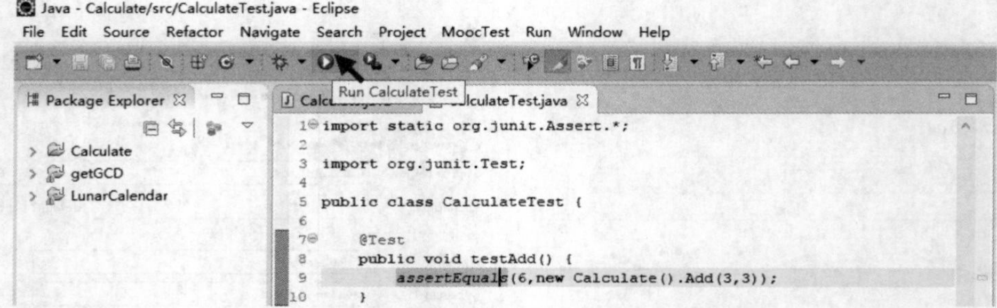

图 5-9　执行测试脚本 CalculateTest.java

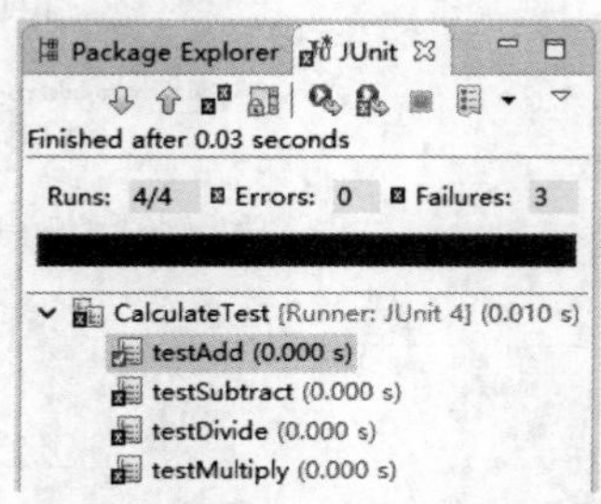

图 5-10　查看测试结果

本例测试执行了 4 条测试，Errors 为 0，Failures 为 3。Add 方法测试通过，其他 3 个方法未测试通过，因为没有相应测试代码。

5.2　集成测试

5.2.1　集成测试简介

1. 集成测试的概念

集成测试是单元测试的逻辑扩展，也称为组装测试、联合测试。它是指在单元测试的基础上，将多个经过单元测试的模块按照概要设计书组装起来进行测试，检查模块组合后，其功能、业务流程等是否能够正确实现并符合各项要求。

集成测试最简单的形式是把两个或者多个已经测试过的单元组装成一个组件，并且测试它们之间的接口；然后这些组件又聚合成程序的更大部分，并最终扩展到将所有单元组装在一起，如图 5-11 所示。

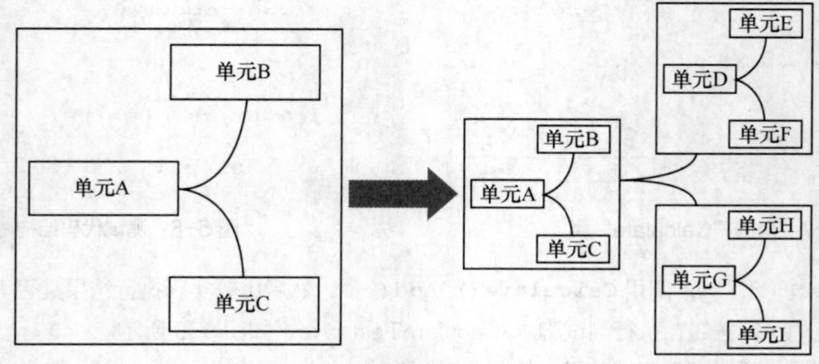

图 5-11　集成测试中的单元组装

如图 5-12 所示，集成测试中所使用的对象应该是已经经过单元测试的软件单元，也就是说，在集成测试之前，待集成的模块其单元测试应该已经完成。这一点很重要，因为如果不经过单元测试，那么集成测试的效果将会受到很大影响，并且会大幅增加软件单元代码纠错的成本。

一般这样定义集成测试：根据实际情况对程序模块采用适当的集成测试策略组装起来，并对模块之间的接口以及集成后的功能等进行正确性检验的测试工作。集成测试能够发现单个模块测试时难以发现的问题。集成测试的主要依据是软件概要设计书，即验证程序和概要设计说明的一致性。集成测试的目的是确保各单元组合在一起后能够按既定要求协作运行。一般而言，所有的软件项目都不能摆脱系统集成这个阶段。不管采用什么开发模式，具体的开发工作总是要从每个的软件单元做起，软件单元只有经过组装才能形成一个有机的整体。具体的集成过程可能是显性的，也可能是隐性的。只要有组装集成，就总是会出现一些常见问题。在工程实践中，几乎不存在软件单元组装过程中不出任何问题的情况。经验表明，作为软件测试的一个阶段，集成测试是不可或缺的，直接从单元测试过渡到系统测试是极不妥当的做法。对于复杂的软件而言，集成测试需要花费的时间可能会要超过单元测试。

开始集成测试的时间，总体上说应该是在单元测试之后，但在实际中往往单元测试和集成可能有一部分工作同步进行，先做完单元测试的模块就可以先集成，以节约时间。也就是说，集成测试和单元测试可以部分并行，如图 5-13 所示。

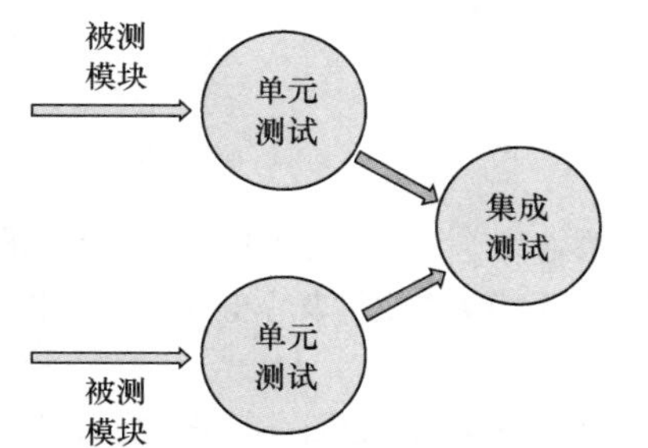

图 5-12　经过单元测试的模块才能进行集成测试

图 5-13　集成测试和单元测试可以部分并行

集成测试主要是白盒测试和灰盒测试。一般由开发人员或白盒测试工程师来进行集成测试。

2. 集成测试的必要性

集成测试的必要性在于，一些模块虽然能够单独地工作，但并不能保证它们连接起来也能正常工作；程序在某些局部反映不出来的问题，有可能在全局上会暴露出来，影响功能的实现。此外，在某些开发模式（如迭代式开发中，设计和实现是迭代进行的），集成测试的意义还在于它能间接地验证概要设计是否具有可行性。

（1）相依性

相依性是模块以各种方式相互联系和依赖的关系。一般而言，相依性对于实现协作和问题分解来说是必要的，或者说模块之间要实现分工和协作就不可避免的会产生相依性；但也有相依性是由特定的实现方案或者算法、某种编程语言或特定的目标环境所引起的，和问题本身并无必然关系。

有的模块相依性是显性的，如一对一的信息发送模块和信息接收模块之间的相依性关系；而有的模块相依性是隐性的，如操作权限约束、定时约束等。

有的模块相依性是内在的，典型的如继承关系。例如 Adapter 是父类，ListAdapter 和 SpinnerAdapter 是它的子类，当修改父类 Adapter 时，两个子类继承自父类的相关内容都会受到影响，如图 5-14 所示。

有的模块相依性是外在的，这种相依性与模块内部的实现机制无关，只是通过外部发生关联，典型的例子是共用公共数据。例如，模块 A、B、C 共用公共数据 M，当模块 A 修改公共数据 M 时，会影响使用这一公共数据的其他两个模块 B 和 C，如图 5-15 所示。

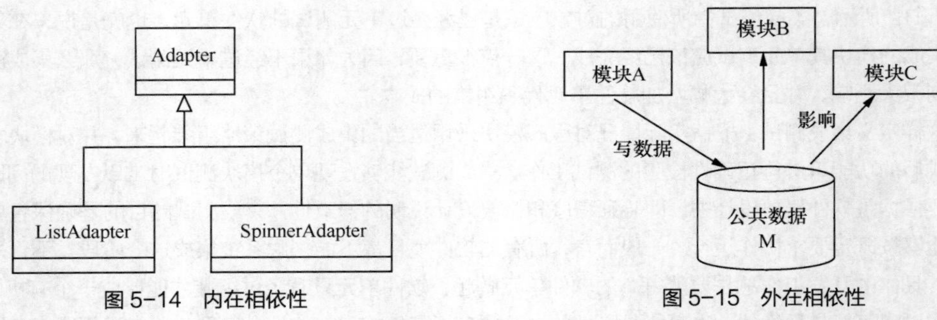

图 5-14　内在相依性　　　图 5-15　外在相依性

通过相依性分析，有助于理解集成测试的必要性，能够帮助我们更加有针对性的进行集成测试设计，提高集成测试的工作效率、实际效果和工作水平。

常见的相依性关系如下。

① 合成和聚集。

② 继承。

③ 全局变量或公共数据。

④ 调用 API。

⑤ 服务器对象。

⑥ 被用作消息参数的对象。

（2）需要进行集成测试的各种具体情况

① 一个模块可能对另一个模块产生不利的影响。例如，模块 A 发送数据，模块 B 接收数据并进行加工。如果模块 A 发送数据的速度快于模块 B 加工数据的速度，那么两个模块集成起来后连续工作的时间长了，就会出现阻塞或数据丢失。

② 当子功能组装时不一定产生所期望的主功能。有时因设计或者实现等原因，各子功能组装时并不能得到完整的主功能，而是可能会出现功能缺失，如图 5-16 所示。例如，某成绩管理软件，把成绩输入功能设计成两个子功能，输入百分制成绩和输入五级记分制成绩，但集成测试时发现，这两项子功能合起来并不能覆盖所有可能的成绩输入，因为成绩输入时还可能出现“缺考”“作弊”等特殊情况。

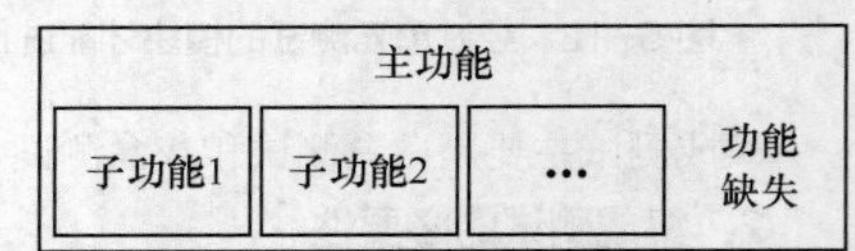

图 5-16　各子功能组装成主功能时可能出现功能缺失

③ 独立可接受的误差，在多个模块组装后可能会被放大，超过可以接受的误差限度。例如，某模块 A 中变量 X 有误差ΔX，在后续的模块 B 中对 X 进行了求立方运算，那么运算后的相对误差就是 3 倍的ΔX。因为 $Y=X^3$，两边微分得 $\mathrm{d}Y=3X^2\mathrm{d}X$，两边再同除以 Y 和 X^3 得 $\mathrm{d}Y/Y=3\,\mathrm{d}X/X$。

再来看一个关于误差被放大到难以接受的示例。某计算利息的程序，计算过程是模块 A 由年利率计算得出单日的利率 I_day，计算结果提供给模块 B 乘以金额和天数，得出总的利息 I_all。设年利率为 3%。如果 I_day 保留 5 位小数，则 I_day≈0.00008，设某客户存款 1 亿元，存期 100 天，算出的利息为 80 万元；如果 I_day 保留 7 位小数，则 I_day≈0.0000822，算出的利息应为 82.2 万元。这两者之间的误差达到了 2.2 万元。

④ 可能会发现单元测试中未发现的接口方面的错误。例如，模块 A 有三个形式参数 Str_1、Str_2、Str_3，功能是实现把 Str_1 中包含的 Str_2 去掉后保存到 Str_3 中。模块 B 调用模块 A 时参数位置写反了，把原始字符串作为第二个参数，而把要删除的字符串作为了第一个参数。

这种情况在单元测试时有可能没有发现（因为单元测试主要关注模块内部的具体实现），而在集成测试时可以发现。

⑤ 在单元测试中无法发现时序问题。在程序并发中，很容易出现时序问题。单元测试时每个模块单独执

行，相互之间没有影响，测试运行可能都没有发现问题；但集成测试时，多个模块并发执行，操作的次序存在不确定性，如果对时序问题考虑不周，就会出现错误。

以购票软件为例，如果没有做好并发控制，当购票和退票模块并发执行时，如果出现如图 5-17 所示情形，软件就会错。

购票模块执行过程中，并发执行了退票模块，两个模块都读取了相同的初始“票数 X”，退票模块执行后，“票数 X”加了 1，但由于购票模块已经读取过了“票数”，所以这一修改并没有更新到购票模块，购票操作执行后，票数 $X=X-1$ 被写回到了数据池，这就出错了。

而软件的结果是：余票 $X = X-1$ 少了一张票，退回的票“丢失了”！正常结果应当是：余票 $X = X+1-1$ 退回一张票卖出一张票，余票仍然为 X。

⑥ 在单元测试中无法发现资源竞争问题。例如，模块 A 和模块 B 运行时，同时需要资源 X 和 Y，当前运行环境下资源 X 和 Y 各有 1 个，模块 A 先申请到了资源 X，模块 B 先申请到了资源 Y，然后模块 A 等待资源 Y，模块 B 等待资源 X，模块 A、B 陷入死锁，如图 5-18 所示。

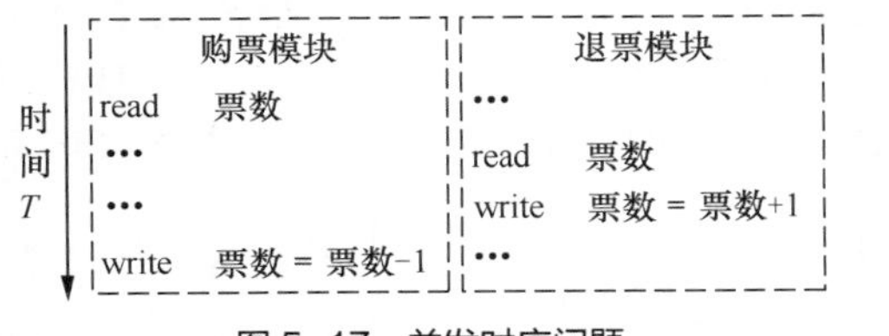

图 5-17 并发时序问题

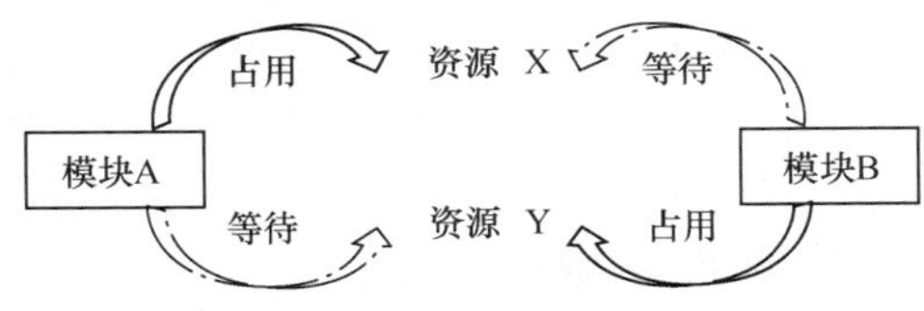

图 5-18 因资源竞争而产生死锁

⑦ 共享数据或全局数据的问题。例如，某成绩管理软件中，成绩是全局数据，由输入模块获得初值后传入统计模块进行统计。但集成测试时发现，输入模块为方便接收各种不同类型的成绩，把成绩数据默认为字符类型；而在统计模块，为便于计算，把成绩数据默认为数值类型。两个模块一对接，就出现了数据类型不一致的问题。

⑧ 数据单位、环境参数统一的问题。例如，某收费软件系统中有两个模块单元，一个称重，一个计费，但称重模块中质量单位为克，而计费模块中把质量的数据单位默认为千克。当称重结果数据传到计费模块后，费用的计算结果肯定是错误的。如图 5-19 所示，设称重模块称重的结果为 1500，默认单位为克，数据 1500 传到计费模块后，计费模块重量单位默认为千克，于是把 1500 理解为 1500 千克，按照每千克 8 元的计费标准计算得出的结果为需要缴费 12000 元，这一结果显然是错误的，而正确结果应当是 12 元。

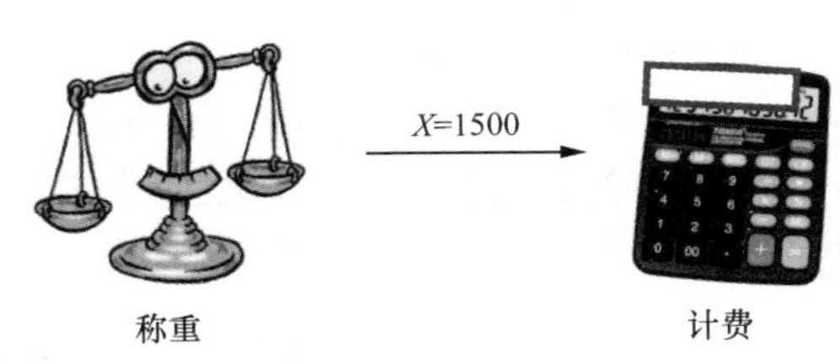

图 5-19 默认的数据单位不一致导致错误

3. 集成测试分析

为做好集成测试工作，需要进行多种测试分析，如软件结构分析、模块分析、接口分析等。在集成测试之前应对软件结构进行分析。首先，要明确系统的模块单元结构图，这是集成测试的基本依据；其次，要对系统各个组件、模块之间的依赖关系进行分析；最后，据此确定集成测试的粒度，即集成模块的大小。

模块分析包括以下几个要点。

（1）确定本次要集成的模块。

（2）明确这些模块的关系。

（3）明确本次集成所需要的所有桩模块和驱动模块，如果已有，则加进来；如果没有，则需要开发并加入到本次集成测试。

接口分析要以概要设计为基础，一般通过以下几个步骤来完成。

（1）确定系统的边界、子系统的边界和模块的边界。

（2）确定模块内部的接口。

（3）确定子系统内模块间接口。

（4）确定子系统间接口。

（5）确定系统与操作系统的接口。

（6）确定系统与硬件的接口。

（7）确定系统与第三方软件的接口。

必须尽可能早地分析接口的可测试性，提前为后续的测试工作做好准备。

4. 集成测试策略

集成测试的实施策略从集成的次数上来划分，可以分为一次性集成和增量式集成两类。一次性集成也叫大爆炸式集成或非增量式集成。增量式集成又可以分为自底向上集成、自顶向下集成、三明治集成、核心系统优先集成、分层集成等。

应根据具体项目的实际情况，分析被测对象的特点，并结合该项目的工程环境，合理地选择集成测试策略和方法，设计合适的集成测试方案。自底向上的集成测试方案在采用传统瀑布式开发模式的软件项目集成过程中较为常见，而在当前复杂软件项目或快速迭代软件项目的集成测试过程中，通常采用核心系统先行集成和高频集成相结合的方式。

5. 集成测试环境和过程

（1）集成测试环境。集成测试是把软件逐步组装起来，以实现越来越多、越来越复杂的功能。在进行集成测试时需要一定的测试环境，搭建集成测试环境主要应考虑以下要求和需要。

① 硬件环境，包括软件执行可能需要的特定 I/O 设备，如打印机等。

② 操作系统环境。

③ 数据库环境。

④ 网络环境。

⑤ 测试工具运行环境。

⑥ 其他环境，如软件执行需要的语言环境、解析器、浏览器等。

（2）集成测试的过程。集成测试过程一般包括计划、设计、开发、执行、分析和评估等阶段，如图 5-20 所示。

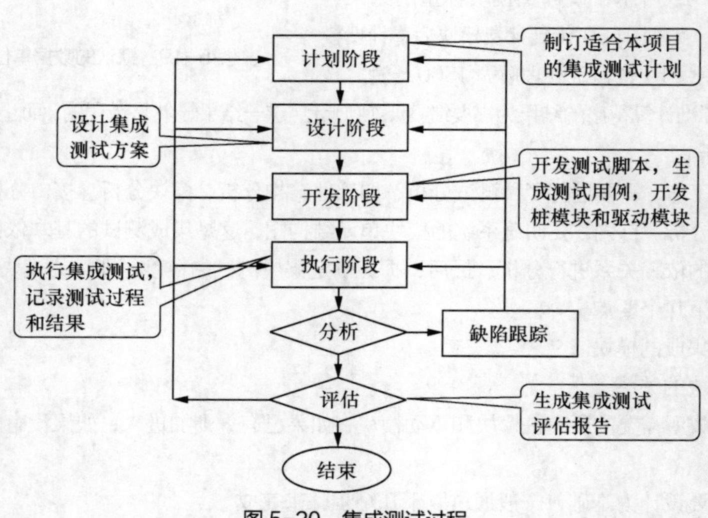

图 5-20 集成测试过程

① 计划阶段。在概要设计评审通过后，就要根据概要设计文档、软件项目计划时间表，参考需求规格说明书等，制订适合本项目的集成测试计划。

② 设计阶段。一般在详细设计开始时，就可以着手进行集成测试设计。概要设计是集成测试设计主要的依据。此外，还可以以需求规格说明书、集成测试计划等文档为参考依据，设计集成测试方案。

③ 开发阶段。在开发阶段，需要依据集成测试方案，并参考集成测试计划、概要设计书、需求规格说明书等相关文档，配置测试环境，创建测试脚本，生成测试用例，开发桩模块和驱动模块等。

④ 执行阶段。完成开发阶段以后，所有的集成测试准备工作都已完毕，测试人员就可以运行测试脚本和被测软件，实际执行集成测试，并记录测试过程和结果，生成测试记录或测试执行日志。

⑤ 分析和评估阶段。集成测试执行结束后，应对测试结果进行分析和评估，生成集成测试评估报告，确定集成测试是否通过。

5.2.2 一次性集成与增量式集成

1. 一次性集成

一次性集成是指，在对软件所有模块单元逐个进行单元测试后，采用一步到位的方法来构造集成测试，按程序结构图将各个模块单元全部组装起来，把组装后的程序当作一个整体来进行测试。如某软件有 A、B、C、D、E、F 6 个单元模块某软件的结构如图 5-21 所示。

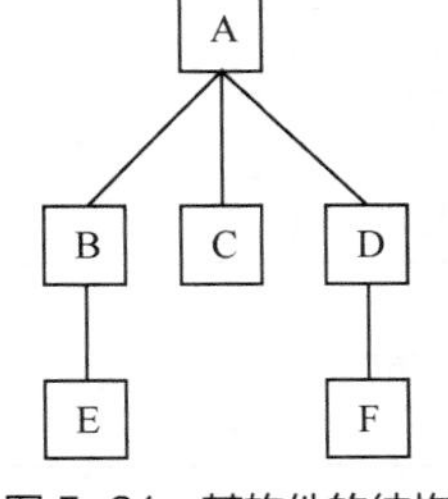

图 5-21 某软件的结构

在 6 个单元模块都已经完成单元测试之后，即可按照图 5-21 把 6 个模块全部组装起来进行一次性集成测试。

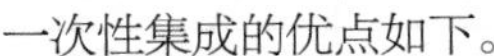

一次性集成的优点如下。

（1）集成次数少，能块速完成集成测试。

（2）所需测试用例较少，测试工作量较小。

（3）不需要驱动模块和桩模块。

一次性集成的缺点如下。

（1）发现错误的时间较迟。

（2）错误较难定位。

（3）测试不够充分和彻底，即使通过测试，程序中可能还隐藏着一些错误。

（4）测试的并行性较差。

一次性集成适用的情况主要为：规模小的、结构良好的软件系统；一个已经存在的软件系统，只是做了少量的修改；采用复用可信赖的构件构造的软件系统。

2. 增量式集成

增量式集成是指，按照某种关系，先把一部分模块组装起来进行测试，然后再逐步扩大集成的范围，直到最后把整个软件全部组装起来完成集成测试。

与一次性集成相比，增量式集成的优点如下。

（1）集成测试可以较早开始，测试的并行性较好。

（2）发现错误的时间较早。

（3）错误定位较为容易。

（4）测试比较充分。

其缺点如下。

（1）需要驱动模块、桩模块等辅助模块。

（2）所需集成次数较多。

（3）所需测试用例较多，测试工作量较大。

增量式集成的适用情况为增量式开发、框架式开发、并行软件开发的软件，以及较为复杂或有一定规模的软件系统等。

3. 一次性集成与增量式集成的比较

一次性集成和增量式集成各有其优缺点和适用情况，两者的对比如表 5-1 所示。

表 5-1　一次性集成和增量式集成对比

对比项目	一次性集成	增量式集成
集成次数	少，仅需 1 次	多
集成工作量	小	大
所需测试用例	少	多
驱动模块和桩模块	不需要	需要
发现错误的时间	较晚	早
错误定位	难	较容易
测试程度	不彻底	较为彻底
测试的并行性	差	较好
适用情况	结构良好的小型系统；原有系统做了少量的修改；采用复用可信赖的构件构造的软件系统	增量式开发、框架式开发、并行软件开发的软件，以及较为复杂或者有一定规模的系统

5.2.3　自顶向下集成与自底向上集成

在实际的软件测试工作中，增量式集成是较为普遍采用的，增量式集成又可以分为自顶向下集成和自底向上集成两种典型的情况。

1. 自顶向下集成

自顶向下集成是指，依据程序结构图，从顶层开始，按照层次由上到下的顺序逐步扩大集成的范围，增加集成的模块，来进行集成测试。在逐步扩大集成范围、增加集成模块的具体路径选择上，又可以分为广度优先和深度优先两种情况。

自顶向下集成的具体步骤如下。

（1）从软件结构图的树根开始，将程序的主控模块作为测试驱动。

（2）根据集成的路径（深度优先或广度优先），每次加入一个或者几个已经完成了单元测试的下级模块，其他相关模块均用桩模块代替。

（3）进行集成测试，测试集成新模块后有没有产生错误。

（4）重复进行步骤（2）、步骤（3），直到所有都集成测试完毕。

以深度优先为例，自顶向下增量式集成的过程如图 5-22 所示。

2. 自底向上集成

自底向上集成是指，依据程序结构图，集成从最底层的模块开始，按照层次由下到上的顺序，逐步扩大集成的范围、增加集成的模块，来进行集成测试。同样，在逐步扩大集成范围，增加集成模块的具体路径选择上，也可以分为广度优先和深度优先两种情况。自底向上集成具体步骤如下。

（1）从软件结构图的叶子节点开始，逐步增加上级或者同级模块。

（2）根据集成的路径（深度优先或广度优先），每次加入一个或者几个已经完成了单元测试的上级或者同级模块，其他相关模块均用驱动模块代替。

（3）进行集成测试，测试集成新模块后有没有产生错误。

（4）重复进行步骤（2）、步骤（3），直到所有都集成测试完毕。

以深度优先为例，自底向上增量式集成的过程如图 5-23 所示。

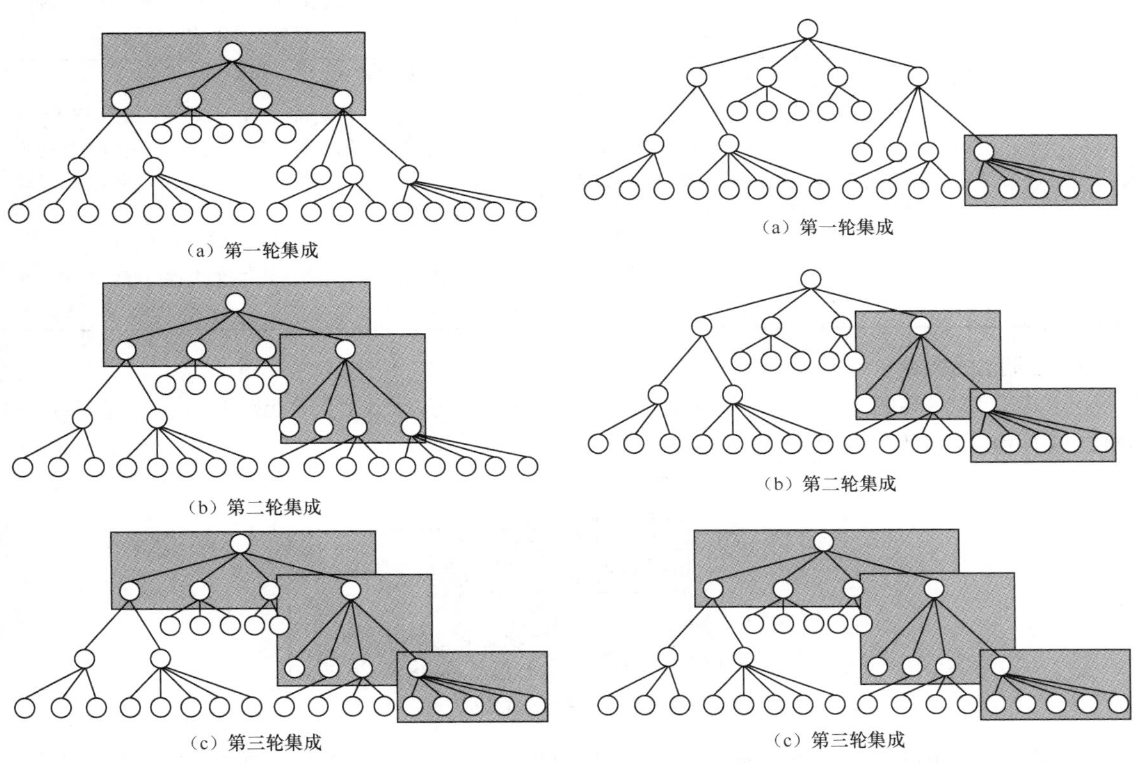

图 5-22　深度优先自顶向下增量式集成的过程

图 5-23　深度优先自底向上增量式集成的过程

自底向上的增量式集成方式是最常使用的方法。这种方式从最底层的模块开始组装和测试，因为模块是自底向上进行组装的，对于一个给定层次的模块来说，它的子模块（包括子模块的所有下属模块）事前已经完成组装并经过测试，所以不再需要编制桩模块。

自底向上增量式集成的适用情况为：实现具体功能的复杂代码在底层（多数软件都是如此）；在子系统的迭代和增量开发中，支持单位范围内的测试；重要构件在底层的系统。

自底向上的集成测试方案是工程实践中最常用的集成测试方案，相关技术也较为成熟。

3. 自顶向下集成与自底向上集成的对比

自顶向下与自底向上增量式集成的对比如表 5-2 所示。

表 5-2　自顶向下与自底向上增量式集成的对比

对比项目	自顶向下集成	自底向上集成
优点	（1）减少了驱动模块的开发； （2）一开始便能让测试者看到系统的框架； （3）可以自然地做到逐步求精；	（1）多组底层叶节点的测试和集成可以并行进行； （2）不限制可测试性，对底层模块的调用和测试较为充分；实现方便，不需要桩模块；

续表

对比项目	自顶向下集成	自底向上集成
优点	（4）如果底层接口可能未定义或修改，则可以避免提交不稳定的接口	（3）测试人员能较好地锁定软件故障所在位置； （4）由于驱动模块模拟了所有调用参数，即使数据流并未构成有向的非环状图，生成测试数据也没有困难，因此它特别适合于关键模块在结构图底部的情况
缺点	（1）桩模块的开发代价较大；底层模块的无法预料的条件要求可能迫使上层模块的修改； （2）在软件集成后，对底层模块的调用和测试不够充分；在输入/输出模块接入系统以前，在桩模块中表示测试数据有一定困难；由于桩模块不能模拟数据，如果模块间的数据流不能构成有向的非环状图，一些模块的测试数据难以生成；观察和解释测试输出往往也是困难的	（1）需要驱动模块； （2）高层构件的可操作性和互操作性测试得不够充分； （3）对某些开发模式不适用，例如，XP 开发方法会要求测试人员在全部软件单元实现之前完成核心软件部件的集成测试； （4）整个程序（系统）的框架要后期才能看到； （5）只有到测试过程的后期才能发现时序问题和资源竞争问题

4. 三明治式集成

自顶向下集成和自底向上集成各有其优缺点，为了取长补短，可以把两者结合起来使用，这就是三明治式集成。三明治式集成如图 5-24 所示。

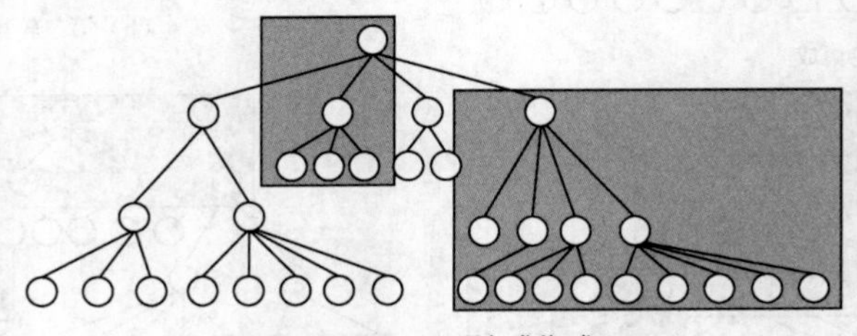

图 5-24 三明治式集成

三明治式集成把自顶向下和自底向上集成结合起来使用，可以同时具有自顶向下和自底向上两种集成方式的一些优点之外，能够减少一些桩模块和驱动模块的开发。

5.2.4 基于调用图的集成

我们可以采用基于调用图（模块单元的调用关系）进行集成测试，这样可以减少对驱动模块和桩模块的需要。基于调用图的集成主要有成对集成和相邻集成。

1. 成对集成

节点对是指存在调用关系的一对节点，如图 5-25 所示的节点⑨和⑯、⑰和⑱等。

成对集成就是把节点对放在一起进行集成，对应调用图的每一条边，建立并执行一个集成测试，这样可以免除桩模块和驱动模块的开发工作。

2. 相邻集成

这里的相邻是针对存在调用关系的节点而言的，节点的邻居就是与该节点存在直接调用或者被调用关系的节点，包括调用该节点的上层节点和该节点调用的所有下层节点。在有向图中，节点邻居包括该节点的所有直接前驱节点和所有直接后继节点。

相邻集成就是基于调用关系和协作关系，以某个节点为中心，把与其存在直接调用或者被调用关系的节点，包括调用该节点的上层节点和该节点调用的下层节点都放在一起进行集成测试。如图 5-26 所示，图中分别以 16 号和 26 号节点为中心，用阴影区域标志出了两组相邻集成的范围。

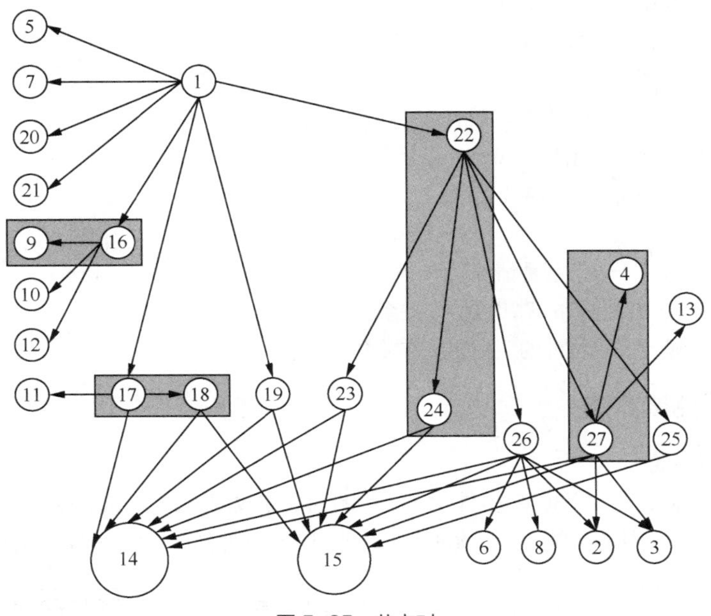

图 5-25　节点对

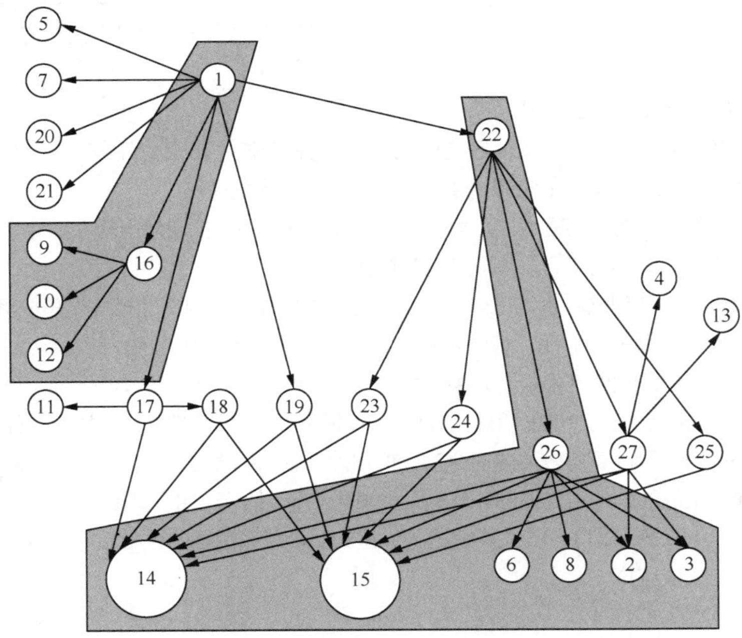

图 5-26　相邻集成

3. 优缺点及适用范围

基于调用图的集成是从调用关系和协作关系出发，对成对节点或者相邻节点进行集成测试。基于调用图的集成的优点如下。

（1）免除了部分驱动模块和桩模块的开发。

（2）模块调用接口关系测试较为充分。

（3）对功能的衔接和组装测试较为充分。

（4）多组集成测试子任务可以并行。

其缺点如下。

（1）调用或协作的关系可能是错综复杂的。

（2）要充分测试底层构件较困难。

（3）特定的调用或协作可能是不完全的。

（4）缺陷可能被隔离。

基于调用图的集成适用于以下两种情况。

（1）需要尽快验证一个可运行的调用或协作关系。

（2）被测系统已清楚定义了构件的调用和协作关系。

5.2.5 其他集成测试方法

1. 核心系统先行集成

核心系统先行集成测试法的思想是先对软件核心部件进行集成测试，在测试通过的基础上再按各外围软件部件的重要程度逐个集成到核心系统中。每次加入一个外围软件部件都产生一个产品基线，直至最后形成稳定的软件产品，如图 5-27 所示。

（1）核心系统集成：	核心模块A+B+C		
（2）增加外围模块D：	核心模块A+B+C	模块D	
（3）增加外围模块E：	核心模块A+B+C	模块D	模块E
……	……	……	

图 5-27 核心系统先行集成

核心系统先行集成测试法对应的集成过程是一个逐渐趋于闭合的螺旋形曲线，代表产品逐步定型的过程。其步骤如下。

（1）对核心系统中的每个模块进行单独的、充分的测试，必要时使用驱动模块和桩模块。

（2）核心系统中的所有模块一次性集合到被测系统中，解决集成中出现的各类问题。在核心系统规模相对较大的情况下，也可以按照自底向上的步骤，集成核心系统的各组成模块。

（3）按照各外围软件部件的重要程度以及模块间的相互制约关系，拟定外围软件部件集成到核心系统中的顺序方案。方案经评审以后，即可进行外围软件部件的集成。

（4）在外围软件部件添加到核心系统以前，外围软件部件应先完成内部的模块级集成测试。

（5）按顺序不断加入外围软件部件，解决外围软件部件集成中出现的问题。

这种集成测试方法对快速软件开发很有效果，适合较复杂系统的集成测试，能保证一些重要的功能和服务的实现。缺点是采用此法的系统一般应能明确区分核心软件部件和外围软件部件，核心软件部件应具有较高的耦合度，外围软件部件内部也应具有较高的耦合度，但各外围软件部件之间应具有较低的耦合度。

便于核心系统先行集成的软件结构如图 5-28 所示。图 5-28 中，节点①②③④⑤构成了软件的核心系统，⑥⑦⑧⑨是次要模块，可以把①②③④⑤先集成起来，得到一个可以运行的核心系统，然后再每次增加一个外围节点，直到所有部分集成完毕。

核心系统先行集成的优点如下。

（1）严重错误可以较早的被揭示。

（2）可以尽快得到一个可运转的核心系统。

（3）测试辅助模块要求较少。

核心系统先行集成的问题在于，初始基线的定义和测试不易平稳进行。

2. 客户/服务器集成

随着网络的发展和普及，越来越多的软件为客户/服务器的形式，相应的，客户/服务器集成的应用也日益广泛。图 5-29 所示为客户/服务器软件结构。

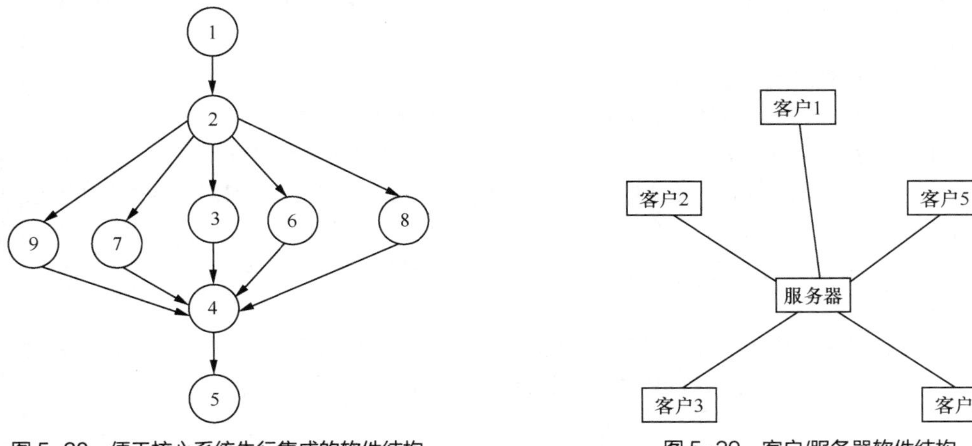

图 5-28　便于核心系统先行集成的软件结构　　　　图 5-29　客户/服务器软件结构

由于客户/服务器软件分为客户端和服务器端两部分，因此其集成的过程需要经过三个环节，具体如下。

（1）客户端 + 服务器端桩模块集成。

（2）服务器端 + 客户端桩模块集成。

（3）客户端 + 服务器端集成。

先分别单独测试软件的客户端和服务器端，而用桩模块代替另一端；等到测试通过后，再把客户端和服务器端组装在一起测试。通过这样三个环节的测试，检查验证软件的客户端和服务器端之间交互的正确性、稳定性等。

客户/服务器集成测试的优点是结构清晰、测试用例可控制、可复用；其缺点是需要服务器桩模块和客户端桩模块。

3. 高频集成

早期的软件开发一般采用"瀑布式"过程，把软件的集成测试安排在开发的后期。在软件项目后期才开始对软件进行集成测试，给软件项目带来很多不确定性，甚至是巨大风险。软件中的问题、缺陷和偏差在后期集中暴露出来，程序员往往会需要修改越来越多的 Bug，软件无法按时交付，甚至于整个软件项目最终以失败而告终。

高频集成测试是指，同步于软件开发过程，频繁的对已经完成的代码进行集成测试。这种方式一般是在开发完成部分模块之后，即开始开始集成测试，而不必等到全部代码开发完成，每次集成测试通过之后，即可得到一个产品基线，然后每新增一定的代码量，都会加入到基线之中，并再次进行集成测试，如图 5-30 所示。

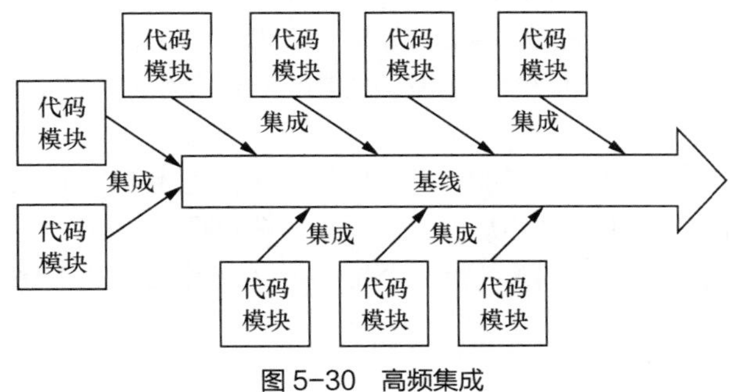

图 5-30　高频集成

高频集成测试方法不断将新代码加入到一个已经稳定的基线中，这样可以尽早地发现代码中的问题，同时控制可能出现的基线偏差，而不至于等到最后阶段各种问题、缺陷和偏差集中暴露，甚至于发现整个软件根本就不是所需要的。

采用高频集成测试需要具备以下条件。

（1）可以持续获得一个稳定的增量，并且该增量自身已被验证没有问题。

（2）大部分有意义的功能增加可以在一个相对稳定的时间间隔（如每个工作日）内获得。

（3）测试包和代码的开发工作必须是并行进行的，并且需要版本控制工具来保证始终维护的是测试脚本和代码的最新版本。

（4）必须借助于使用自动化工具来完成，因为高频集成一个显著的特点就是频繁集成，显然依靠人工的方法是不可取的。

例如，白天开发团队进行代码开发，下班前提交代码；已经配置好的测试平台在晚上自动化地把新增代码与原有基线集成到一起完成测试；并将测试结果反馈到各个开发人员的电子邮箱中，如图 5-31 所示。

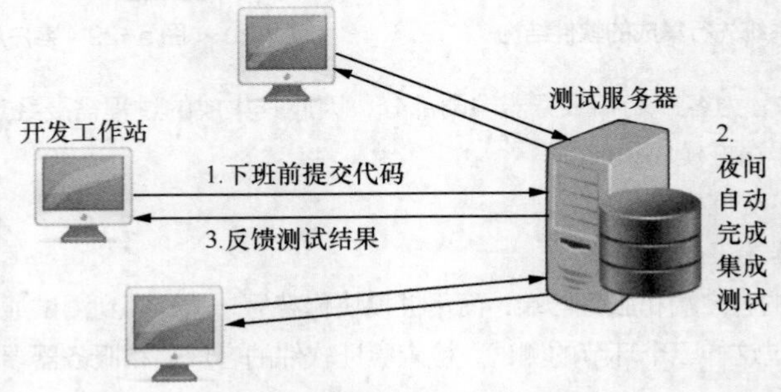

图 5-31　夜间自动执行高频集成

高频集成测试一般采用如下步骤来完成。

（1）选择集成测试自动化工具。如很多 Java 项目采用 Junit+Ant 方案来实现集成测试的自动化，也有其他一些商业集成测试工具可供选择。

（2）设置版本控制工具（如 CVS），以确保集成测试自动化工具所获得的版本是最新版本。

（3）测试人员或开发人员负责编写对应程序代码的测试脚本。

（4）设置自动化集成测试工具，每隔一段时间对配置管理库的新添加的代码进行自动化的集成测试，并将测试报告汇报给开发人员和测试人员。

（5）测试人员监督代码开发人员及时关闭不合格项。

不断循环步骤（3）至步骤（5），直至形成最终软件产品。

在开发过程中，高频集成方案能及时发现代码中的问题和错误，能直观地看到开发团队的有效工程进度。在此方案中，开发维护源代码与开发维护软件测试包被赋予了同等的重要性，这对有效防止错误、及时纠正错误都很有帮助。该方案的缺点在于测试包有时候可能不能暴露深层次的编码错误和图形界面错误等。

4．分层集成

如图 5-32 所示，一些软件具有明显的层次结构，而分层测试就适用于有明显层次关系的系统。

分层测试是指，把软件划分为不同的层次，先对每个层次分别测试，然后再把各个层次组装在一起进行集成测试，通过这种增量式集成的策略，测试验证一个具有层次体系结构的应用系统的正确性、稳定性和可操作性。

分层集成测试的具体步骤如下。

（1）划分系统的层次，或者系统设计时就已经具有层次。

（2）确定每个层次内部的集成策略，并分层测试。

（3）确定层次间的集成策略，并把多个层次组装起来测试。

分层集成测试如图 5-33 所示。

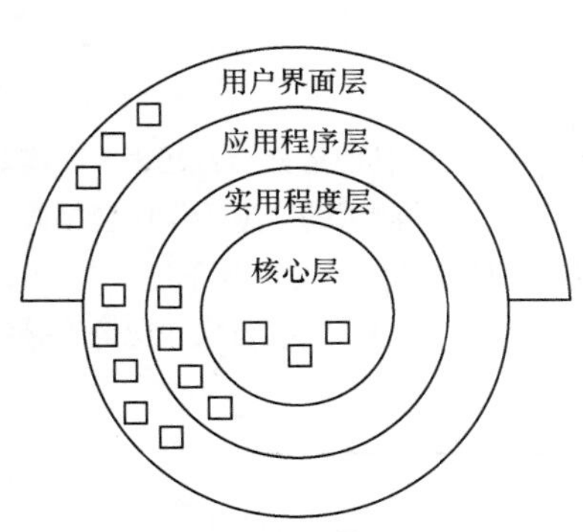

图 5-32　具有明显层次结构的软件

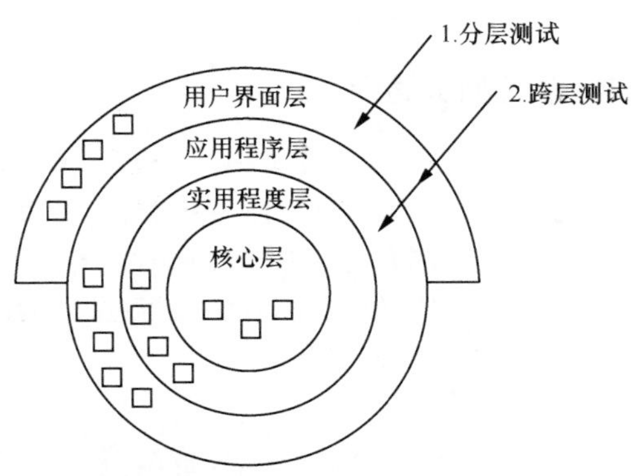

图 5-33　分层集成测试

分层集成测试一般只适用于具有明显层次结构的软件系统。

5. 基于功能的集成

一个软件可能有很多个功能，但不同的功能其重要性可能不一样，或者进度要求可能不一样。例如，某些功能可能急于投入使用。为优先测试最为重要的功能、最受关注的功能、急于要投入使用的功能，可以采用基于功能的集成测试。

基于功能的集成测试具体步骤如下。

（1）确定软件中各个功能的优先级别。

（2）分析优先级最高的功能路径，把该路径上的所有模块集成到一起，必要时使用驱动模块和桩模块。

（3）增加一个关键功能，继续步骤（2），直到所有模块都被集成到被测系统中。

采用这一方法的目的是尽早测试和验证系统的关键功能。基于功能的集成最主要的优点是可以直接验证系统中主要功能，以及尽早地确认所开发的系统中关键功能是否得以实现。缺点是不适用复杂系统，对部分接口测试不够充分，容易漏掉大量接口错误，测试开始的时候需要大量的桩模块，以及容易出现较大的冗余测试等。

基于功能的集成适用情况如下。

（1）主要功能具有较大风险性的产品。

（2）探索型技术研发项目。

（3）注重功能实现的项目，或者部分功能急于投入使用的项目。

（4）对所实现的功能信心不强的项目。

6. 基于进度的集成

有的软件项目工期比较紧，需要加快项目的总体进度，为尽可能早地进行集成测试，提高开发与测试的并行性，可以采用基于进度的集成，即把已经开发好的部分尽可能先进行集成测试，这样就能有效地缩短后续工作所需的工期。

基于进度的集成的优点有：具有比较高的并行度；能够有效加快软件开发进度，缩短软件项目的总体工期。而缺点有：可能最早拿到的模块之间缺乏整体性，只能分头进行集成，导致许多接口必须等到后期才能验证，但此时系统可能已经很复杂，往往无法发现隐藏的接口问题；桩模块和驱动模块的工作量可能会变得很庞大；由于进度的原因，模块可能很不稳定且会不断变动，从而导致测试的重复和浪费。

基于进度的集成适用于开发进度优先级高于软件质量的项目。

5.3 系统测试

5.3.1 系统测试简介

系统测试是将经过集成测试的软件，作为计算机系统的一个部分，与系统中其他部分结合起来，在实际运行环境下对整个软硬件系统进行的一系列测试，以发现软件中潜在的问题。系统测试的对象不仅仅包括开发出来的的软件，还包括软件运行所依赖的硬件和接口、操作系统、其他支持软件以及相关数据等。

系统测试的依据是软件规格说明书。通过测试验证软件系统是否符合软件规格，找出与软件规格不符或与之矛盾的地方，如图 5-34 所示。

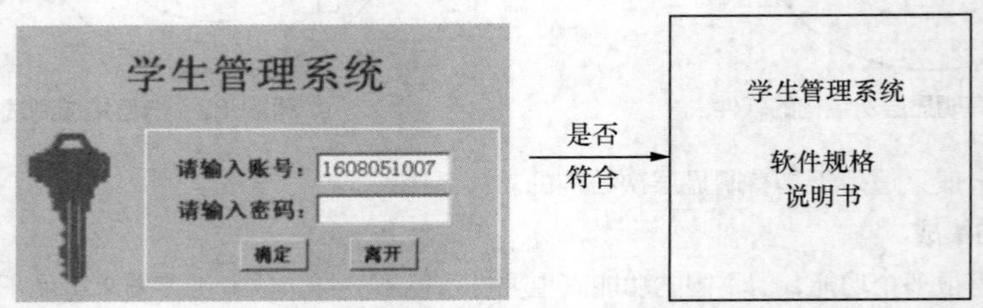

图 5-34 系统测试的依据是软件规格说明书

1. 系统测试采用的测试技术

系统测试完全采用黑盒测试技术，因为这时已不需要考虑组件模块的实现细节，而主要是根据需求分析时确定的标准检验软件是否满足功能、性能和安全等方面的要求。

系统测试所用的数据应当尽可能地像真实数据一样精确和有代表性，也应当与真实数据的大小和复杂性相当。如果测试数据很简单，不能反映软件实际使用时的真实情况，那么这样的系统测试就是浪费时间、没有意义，无法对软件进行有效的检验和测试。要让测试数据与真实数据的大小和复杂性相当，一个简单的方法就是直接使用真实数据作为测试数据，这当然是一种有效而便捷的做法。有时考虑信息安全、隐私保护等，无法直接使用真实数据作为测试数据。

可以在真实数据的基础上，对信息进行加密或者对数据进行扭曲，在保持真实数据的精度、数据量、复杂度等特性的情况下，隐藏真实数据中的有效信息，让它们既可用于软件测试，又不会泄露有效信息。在此基础上，仍然有必要引入一些专门设计的测试数据，以利于有针对性的发现软件中可能存在的问题。在设计这些测试数据时，测试人员必须采用相应的测试设计技术，使设计的数据真正有代表性和针对性，实现对软件系统进行充分的测试。

2. 系统测试的人员

系统测试应有一定的独立性，一般应由独立的测试小组在测试组长的监督下进行，测试组长负责保证在合理的质量控制和监督下使用合适的测试技术执行充分的系统测试工作。在系统测试过程中，可以由独立的测试观察员监督测试过程；也可邀请用户代表参与测试过程，同时得到用户反馈意见，并在正式验收测试之前尽量满足用户的要求。

3. 系统测试的分类

系统测试可以包括很多的测试项目，列举如下。

（1）功能测试。

（2）性能测试。

（3）可靠性、稳定性测试。

（4）兼容性测试。

（5）恢复测试。

（6）安全测试。

（7）强度测试。

（8）安装卸载测试。

（9）面向用户支持方面的测试。

（10）其他限制条件的测试等。

在众多的系统测试项目中，功能测试是首先要解决的问题，只有在符合功能要求的前提下，系统测试中的其他测试项目才是有现实意义的。

虽然有这么多的系统测试项目，但对某一个软件而言，并不是每一种系统测试项目都必须要完成。在针对某个软件做系统测试时，应当根据软件的特点和实际需要，有所侧重的选做某些系统测试项目。另外，有些系统测试项目专业性很强，可以交由专门的第三方测试机构来完成，以发挥其专业技术优势和独立性优势，以进一步促进软件质量的提升。

4. 系统测试与集成测试的区别

系统测试的测试对象包括整个待交付的软件，而集成测试的最后阶段也是对集成后的整个软件进行测试，两者有什么区别呢？

（1）测试对象不同。集成测试的测试对象只是软件本身，而系统测试的测试对象是包括软件及其运行环境组成的整个系统。

（2）测试依据不同。集成测试的依据是系统概要设计书，而系统测试的依据是软件规格说明书。

（3）测试方法不同。集成测试通常采用白盒测试加黑盒测试的方法，而系统测试完全采用黑盒测试方法。

（4）测试内容侧重点不同。集成测试的侧重点是各个单元模块之间的接口，以及各个模块集成后所实现的功能；而系统测试的主要内容就是整个系统的功能、性能、安全性等。

（5）测试人员不同。集成测试工作一般由开发人员或者开发人员和测试人员共同完成，而系统测试一般由专门的测试人员完成。

5.3.2 系统测试项目

1. 功能测试

系统测试中的功能测试是指，检验被测试系统是否满足软件规格说明书中所描述的功能要求。功能测试是系统测试中最基本的测试。系统测试中的功能测试可以分为多个层次。

（1）功能点测试：测试软件规格定义的所有功能点是否都已实现。

（2）功能组合测试：相关联的功能项组合后的功能是否都能正确实现。

（3）业务流测试：完整的业务流是否都能正确实现。

（4）场景测试：特定场景下所要求的业务流程组合能否完成。

（5）业务功能冲突测试：如果业务功能之间存在冲突，系统能否妥善处理。

（6）异常处理及容错性测试：输入异常数据，或执行异常操作后，测试系统容错性及错误处理机制的健壮性。

系统测试阶段的功能测试，除测试基本的、正常的功能外，还需要重点测试复杂的功能综合、业务功能冲突、特殊业务功能、异常操作等情况。

例如，通过某一次测试发现，某成绩管理软件在输入某门课的成绩后，有一个学生该门课程已有的成绩分数变低了。后经排查发现，系统默认 1 个学生的 1 门课最终只有一个成绩，后面输入的成绩会覆盖前面的成绩。

为什么会出现这样的错误呢？首先，成绩输入的操作员存在疏忽，因为如果重修成绩低于前一次的话，成绩应当是可以不需再输入的。其次，软件有不完善的地方，当用户出现异常操作的情况下，系统应当有检验措施，并给出必要的提示。

2．性能测试

性能测试是通过自动化的测试工具模拟多种正常、峰值及异常负载条件来对系统的各项性能指标进行测试。负载测试和压力测试都属于性能测试，两者可以结合进行。通过负载测试，确定在各种工作负载下系统的性能，目标是测试当负载逐渐增加时，系统各项性能指标的变化情况。压力测试是通过确定一个系统的瓶颈或者不能接收的性能点，来获得系统能提供的最大服务级别的测试。

许多软件都有其特殊的性能或效率目标要求，即在一定工作负荷和资源配置条件下，对响应时间、处理速度等特性有指标要求。例如，某电子商务网站要求响应时间不能超过 10 秒，事务处理速度要达到每秒 100 条等。为验证软件系统是否能够达到这样的要求，就要进行相应的性能测试。目前已有许多性能测试支持工具。

（1）性能测试工作。性能测试应进行的主要工作如下。

① 对系统架构进行分析，了解输入、输出数据类型及数据量。

② 分析明确硬件环境。

③ 分析明确网络环境。

④ 确定测试的范围和目的。

⑤ 选择确定测试方法，进行测试设计。

⑥ 选择性能测试工具。

⑦ 明确测试启动和退出的条件。

⑧ 执行性能测试，并对测试结果进行分析。

⑨ 反馈测试发现的问题，完成测试报告。

性能测试一般过程如图 5-35 所示。

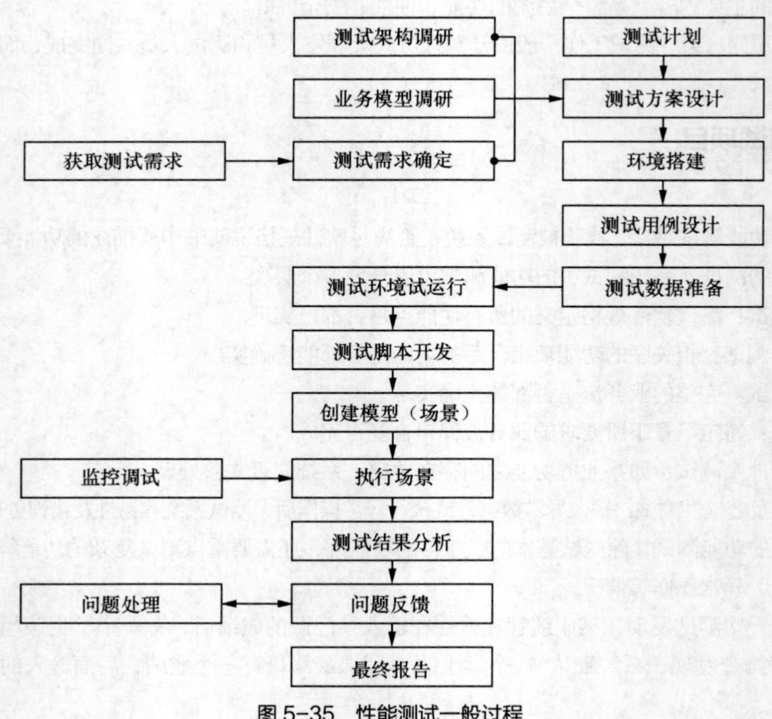

图 5-35　性能测试一般过程

（2）影响系统性能的因素。影响系统性能的因素有很多。以网络应用为例，影响性能的因素如下。

① 网络状况。

② 服务器硬件配置。

③ 应用服务器、Web 服务器、数据库服务器的资源分配和参数配置。

④ 数据库设计和数据库访问实现。

⑤ 业务的程序实现（算法）。

（3）性能测试的目的。

① 评估系统的能力：测试中得到的负荷和响应时间数据可以被用于验证所计划的模型的能力，并帮助做出决策。

② 识别体系中的弱点：受控的负荷可以被增加到一个极端的水平并突破它，从而修复体系的瓶颈或薄弱的地方。

③ 系统调优：重复运行测试，不断调整系统的配置，并争取达到最佳状态，从而改进性能，实现系统的优化。

④ 检测软件中的问题：长时间的测试执行可导致程序发生由内存泄露引起的失败，揭示程序中的隐含的问题或冲突。

⑤ 验证稳定性可靠性：在一个生产负荷下执行测试一定的时间是评估系统稳定性和可靠性是否满足要求的唯一方法。

（4）性能测试的时机。不应盲目的进行性能测试，而是应当选择恰当的时机，执行性能测试的时机为系统的集成测试已经完成、系统进入试运行阶段、功能测试已经完成、系统运行相对稳定时。此时，执行性能测试较为适宜。当系统运行时出现性能问题后，也可以进行性能测试，查找性能瓶颈，尝试解决问题。

（5）不同视角的系统性能。站在不同的视角，系统性能的直观体现是不一样的。站在用户视角，系统性能主要体现为响应时间和稳定性等；站在系统管理者的视角，系统性能主要体现为系统资源使用状况、延迟（网络延迟、数据库延迟）等；站在系统开发者视角，系统性能主要体现为代码实现的执行效率、数据库实现的执行效率等。系统管理员可能关注的性能问题如表 5-3 所示。

表 5-3　　系统管理员可能关注的性能问题

系统管理员关注的问题	目的
系统性能可能的瓶颈在哪里	提高性能
硬件配置合理吗	利用资源，提高性能
资源分配和使用状况合理吗	利用资源，提高性能
网络使用状况如何	网络性能分析
更换哪些设备能够提高系统性能	提高性能
系统最多支持多少用户访问，系统最大业务处理量是多少	明确极限能力
当前系统负载状况如何	负载分析
系统负载分配是否合理	负载均衡
当前是否存在阻塞，或者存在性能隐患	性能问题排查

软件开发人员可能关注的性能问题如表 5-4 所示。

表 5-4　　软件开发人员可能关注的性能问题

开发人员关心的问题	问题所属层次
系统架构设计是否合理	系统架构
数据库设计是否存在问题	数据库设计

续表

开发人员关心的问题	问题所属层次
代码是否存在性能方面的问题	代码
系统中是否有不合理的内存使用方式	代码
系统中是否存在不合理的线程同步方式	设计与代码
系统中是否存在不合理的资源竞争	设计与代码

（6）性能测试中的基本概念。性能测试中的基本概念如下。

① 响应时间（Response Time）：对服务请求做出响应所需要的时间。

② 吞吐量（Throughout）：单位时间内系统处理的客户请求的数量。

③ 并发用户（Concurrency User）：单位时间内，同时向服务端发送请求的客户数。

④ 资源利用率（Resource Usage）：各种系统资源的使用程度。

资源利用率的相关指标如下。

① 服务器 CPU 占用率（ProcessorTime），一般平均达到 70%时，服务就接近饱和。

② 可用内存数（Memory Available Mbyte）。如果测试时发现可用内存不断减少就要注意，则可能是内存泄露。

③ 物理磁盘读写时间（Physicsdisk Time）。

从用户的角度来说，软件性能就是软件对用户操作的响应时间。当用户单击一个按钮、发出一条指令或是在 Web 页面上单击一个链接时，从用户单击开始到应用系统把本次操作的结果以用户能察觉的方式展示出来所消耗的时间就是用户对软件性能的直观感受。以 Web 应用为例，响应时间可以分解为多个组成部分，如图 5-36 所示。

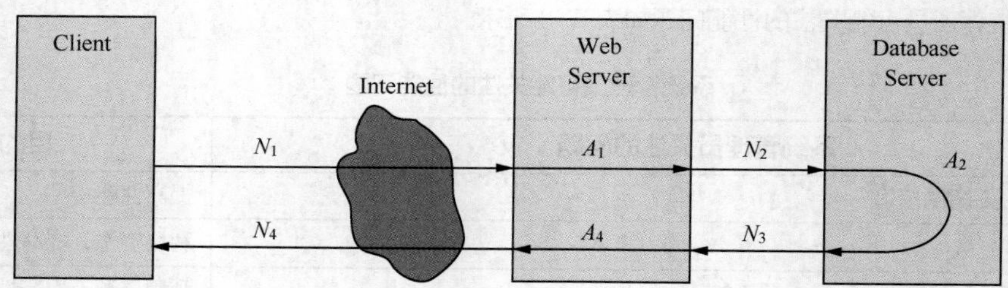

图 5-36 Web 应用响应时间分解

由图 5-40 可知，响应时间 = 网络响应时间+ 应用程序响应时间。进一步细分可知，响应时间 =(N1+N2+N3+N4)+(A1+A2+A3)。对于电子商务网站来说，在美国和欧洲，一个普遍被接受的响应时间标准为 2/5/10 秒。也就是说，在 2 秒之内给客户响应会被用户认为是“非常有吸引力的”，在 5 秒之内响应客户会被认为是“比较不错的”，而 10 秒是客户能接受的等待响应的上限，如果超过 10 秒还没有得到响应，那么大多数用户不会继续等待，而是放弃操作。

响应时间可以分为多个类型。

一般响应时间是指完成一些常规操作（如增加、删除、修改、查询等）需要的响应时间。测试时可以选择一些事务的实例来执行即可。

特殊响应时间是指完成一些特殊的操作需要的响应时间，需要分别定义。测试时也需要单独设计并逐项测试。

与响应时间有关的术语如下。

① 连接时间：客户机和服务器建立连接的时间。

② 发送时间：客户机向服务器发送服务请求的时间。

③ 处理时间：服务器处理客户机请求所需要的时间。

④ 接收时间：客户机接收服务器响应数据的时间。

⑤ 呈现时间：客户机处理接收数据并呈现需要的时间。

（7）性能测试的细分。性能测试可以进一步细分为多种类型。并发测试是一种性能测试，主要测试当有多个用户并发访问同一个应用、模块或者数据时是否会产生隐藏的并发问题，如内存泄露、线程锁、资源争用问题，几乎所有的性能测试都会涉及并发测试。

除了并发测试之外，性能测试还有其他细分类别。常见的如负载测试、压力测试等。

负载测试：测试当负载逐渐增加时，系统各项性能指标的变化情况，从而可以明确在各种工作负载下系统的性能，指导系统的部署和应用。

压力测试：测试系统在当前软硬件环境下所能承受的最大负载，有助于找出系统瓶颈，以促进系统的性能改进。

（8）性能测试的测试用例设计。在性能测试中，设计测试用例时可以重点考虑以下几点。

① 验证预期性能指标的测试用例。

② 与并发用户相关的测试用例。

③ 与强度测试、大数据量测试有关的测试用例。

④ 网络性能测试用例。

⑤ 服务器性能测试用例系统调优。

（9）性能测试与性能优化。性能测试的目的之一，就是要通过测试来发现性能问题，并进行系统性能的优化。可以进行的优化如下。

① 对应用软件、中间件、数据库等的优化。一般而言，对数据库的调优的效果要好于程序调优。

② 对服务器系统参数配置进行优化。

③ 升级客户端、服务器硬件、改善网络性能或路由等。

（10）性能测试工具。在性能测试中，往往要模拟很多个用户同时访问系统，精确记录响应时间，实时监控系统资源使用情况等，这些工作都很难靠手工来完成，所以性能测试需要用多种测试工具。性能测试工具要完成的工作可以分为三项：负载生成、客户应用运行和资源监控，如图 5-37 所示。有的集成测试工具可以同时完成上述的多项工作。

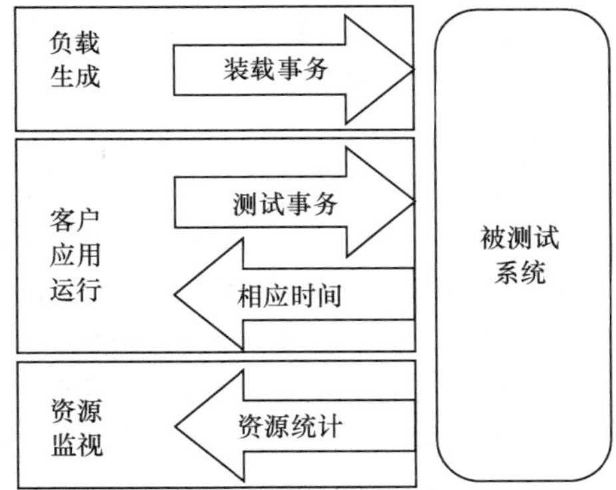

图 5-37　性能测试工具要完成的工作

常用的性能测试工具如表 5-5 所示。

表 5-5　常用性能测试工具

公司	Rational	MI	Compuware	Segue	Empirix
工具	Rational Team Test	Astra LoadTest, LoadRunner, Active Test, LoadRunner TestCenter	QALoad, QACenter Performance Edition	SilkPerformer	e-load

3. 并发测试

并发测试是一种性能测试，主要测试当有多个用户并发访问同一个应用、模块或数据时是否会产生隐藏的并发问题（如内存泄露、线程锁、资源争用等问题），几乎所有的性能测试都会涉及并发测试。

一般只需针对软件容易出现并发、使用频繁的核心功能模块进行并发测试。在高并发的情况下，测试系统会不会出现问题，能不能稳定运行，以及能否保持较好的响应速度。并发测试的目的，一方面是为了获得确切的并发性能指标，另一方面就是为了发现并发可能引起的问题。

在具体的性能测试工作中，并发用户往往都是借助工具来模拟的。如果真的让成百上千人实际操作计算机来做并发测试的话，环境要求、测试成本都很高、测试时间也会比较长，很多情况下基本不可行。另外，也没有这个必要。

（1）并发用户数。对一个系统进行并发测试时，需要先确定用户并发数，明确这个系统会有多少用户并发访问系统。而确定用户并发数，还需要分析用户对系统的使用情况并进行估算。

例如，某公司 OA 系统注册账号数（或用户总数）有 2000 个；最高峰在线 500 个。但是最高峰在线 500 个，并不等于最多会有 500 个并发用户，即在线人数不等于并发人数。

500 人中，可能有 40%只是在浏览公司首页新闻、公告板等，40%用户打开了公司 OA 系统但没有进一步的操作，这两类操作几乎不对服务器产生持续的压力；另外的 20%用户在进行业务流程操作（如查询、修改数据等）。在这种情况下，只有后面的 20%用户在对服务器造成实质性的性能影响。

如果我们把查询、修改数据作为一个业务，那么可以把并发执行这些业务的用户称为并发用户，并把他们的数量计为用户并发数。

对并发用户数的计算有两个公式：

计算平均并发用户数：

$$C=\frac{nL}{T} \tag{5-1}$$

计算并发用户峰值数：

$$C'\approx C+3\sqrt{C} \tag{5-2}$$

式（5-1）中，C 是平均的并发用户数；n 是登录会话（Login Session）的数量；L 是登录会话的平均长度；T 指考察的时间段长度。

式（5-2）则给出了并发用户数峰值的计算方式，其中，C'指并发用户数的峰值，C 就是公式（5-1）中得到的平均的并发用户数。该公式的得出是假设用户登录会话的产生符合泊松分布而估算得到的。

假设有一个管理信息系统，该系统有 3000 个注册用户，平均每天大约有 400 个用户要访问该系统。对于一个典型用户来说，一天之内用户从登录到退出该系统的平均时间为 4 小时，用户只在每天工作时间段 9:00～17:00 的 8 小时内使用该系统。由公式（5-1）和式（5-2）可得：

平均并发用户数：$C=400\times4/8=200$

并发用户峰值数：$C'\approx 200+3\sqrt{200}\approx 242$

另外关于并发用户数，还有一个简单的估算法，即将每天访问系统用户数的 10%作为平均的并发用户数，最大的并发用户数可在平均并发用户数上乘以 2 或 3。

（2）并发测试。确定用户并发数之后，即可实施相应的并发测试。例如，已计算得出某软件系统登录模块每秒最大并发用户数为 100，那么可以采用性能测试工具模拟 100 个并发用户来执行登录操作，测试系统响应时间是否还在允许范围内。

4．安全测试

安全测试用于检验软件产品对非法侵入的防范能力。软件产品的安全必须能够经受各方面的攻击。安全测试是指在软件产品开发基本完成到发布阶段，检验软件产品是否符合安全需求定义和软件产品质量标准的过程。

在安全测试的过程中，测试人员扮演非法入侵者的角色，采用各种方法攻击系统的安全防线。从理论上讲，只要给予足够的时间和资源，任何系统都能被侵入。因此，系统安全设计原则是将系统设计为想攻破系统而付出的代价应大于侵入系统之后得到的信息价值，使非法侵入者无利可图。常见的非法入侵手段有以下 3 种。

（1）尝试通过外部手段截获或破译系统口令。

（2）使用甚至专门开发，能够攻击目标对象的软件工具来实施攻击，试图破坏系统的保护机制。

（3）故意引发系统错误，导致系统失败，并企图趁系统恢复时侵入系统。

安全测试的目的如下。

（1）提升软件产品的安全质量。

（2）尽量在发布前找到安全问题，并予以修补，降低成本。

（3）度量安全。

（4）验证安装在系统内的保护机制在实际应用中能否对系统进行保护，使系统不被非法入侵、不受各种因素的干扰。

安全测试与其他的测试类型有如下区别。

（1）目标不同：其他测试以发现缺陷为目标，安全测试则是以发现安全隐患为目标。

（2）假设条件不同：其他测试假设导致问题的数据是用户不小心造成的，接口一般只考虑用户界面。安全测试假设导致问题的数据是攻击者处心积虑构造的，需要考虑所有可能的攻击途径。

（3）思考域不同：其他测试以系统所具有的功能、性能等为思考域。而安全测试的思考域不但包括系统的功能，还有系统的机制、外部环境、应用与数据自身安全风险和安全属性等。

（4）问题发现模式不同：测试以违反功能定义、性能指标等为判断依据。安全测试以违反权限与能力的约束为判断依据。

软件的安全漏洞会带来陷患，例如，WannaCry 是一种“蠕虫式”的勒索病毒软件，由不法分子利用美国国家安全局泄露的安全漏洞“永恒之蓝”进行传播。2017 年 5 月，WannaCry 蠕虫在全球范围大爆发，感染了大量的计算机，该蠕虫感染计算机后会向计算机中植入敲诈者病毒，导致大量文件被加密。受害者的计算机被黑客锁定后，病毒会提示支付价值相当于 300 美元的比特币才可解锁。

5. 界面和交互测试

界面是软件与用户交互的最直接的层，界面的好坏决定用户对软件的第一印象。设计良好的界面能够引导用户自己完成相应的操作，起到向导的作用。用户通过界面和软件系统进行交互，需要测试这种交互是否能够正常完成。现在的软件绝大多数都是图形用户界面（GUI），需要测试的内容包括界面显示、操作和交互等。

（1）系统界面显示。

① 系统界面能否在不同显示配置的客户端正确地显示出来。例如，在不同分辨率的屏幕设置下，系统界面显示是否正确。

② 系统界面在可能不同的字符编码环境配置下能否正确地显示出来。

③ 系统界面呈现中可能采用了一些特效，这些特效在不同的客户端能否正确地呈现出来。

④ 系统界面切换是否流畅自然。

（2）界面操作和交互。

① 系统界面窗口能否正常操作，如改变大小、移动、关闭。

② 系统界面中的下拉式菜单、快捷菜单、工具栏、滚动条、输入框、按钮、图标和其他控件等能否正常操作。

③ 多次或不正确按鼠标（或触屏）是否会产生无法预料的结果。

④ 是否有必要的提示信息，提示信息是否简明、准确、完备。提示信息对于引导用户正确使用软件来说很重要。例如，用户操作出错后，应提示出错的位置和原因。

（3）其他形式的数据输入。如果有其他数据输入形式，需要测试这种数据输入能否正常实现。

① 光学标记/识别。光学标记/识别在表格中使用。用户在表格的一个区域中打标记□或■，然后让表格通过一个光敏读入设备，其中用暗标记■表示“是”，用亮标记□（未标记过）表示“否”。

② 光学字符识别。光学字符识别系统可让计算机通过模式比较来识别一些具有不同字体和大小的印刷体。

③ 磁性墨水字符识别。磁性墨水字符是指在银行支票上的帐号和分类号所使用的字符。

④ 条形码。条形码由许多粗细不等的竖线组成的标签，这些竖线条在特定位置上出现或不出现就表示某个特定的数据。

⑤ 手写输入、语音输入等。手写输入、语音输入有明显的优点，它可用于不便使用键盘的场合，输入速度也较快。

6. 其他系统测试项目

（1）安装测试。安装测试是一种软件测试活动，用来验证软件在正常情况下是否能够顺利安装，在安装后是否能立即正常运行；在异常情况下，安装不应出现不良后果，并应给出必要的提示或警告。异常情况包括磁盘空间不足、缺少目录创建权限等。

安装测试需要重点关注的是，在安装过程中，软件给用户的提示是否清楚明了、安装的操作是否容易、安装过程是否太冗长、系统设置是否正确、安装完成后软件是否能正常运作、安装过程有没有干扰计算机中其他的程序等。

很多软件都是免费的，一些免费软件出于商业目的，会捆绑安装其他软件，从软件测试的角度来说，应当通过测试来发现这样的行为。

（2）卸载测试。卸装测试要考虑卸装过程中，系统的提示是否清楚明了、操作是否简单、卸装是否彻底、卸载后系统设置是否恢复到安装前状态等。

软件卸装通常遇到的问题是卸装不彻底，比如安装时创建的文件夹没有清除、在注册表里面的设置没有清理干净等。为达到某种目的，有的软件会在卸载之后继续保留部分内容，有的软件卸载后可能会删除公共文件影响其他软件的使用。在进行卸载测试时尤其应当注意这些问题。

（3）兼容性测试。兼容性测试是针对被测软件与其他软件之间，以及被测软件与不同硬件之间的兼容性进行的测试。兼容测试应包括以下内容。

① 与操作系统的兼容性。

② 与硬件的兼容性。

③ 与其他软件的兼容性。

④ 与数据库的兼容性。

⑤ 与软件所用到的各种数据的兼容性。

兼容性测试做得不好而导致严重后果的典型案例之一是美国迪士尼公司“狮子王”游戏。1994 年，迪士尼公司发布了它给孩子们的第一款多媒体光盘游戏“狮子王”。该游戏销量巨大，是那一年圣诞节孩子们的“必买游戏”。但结果却是一败涂地，12 月 26 日迪士尼的客户服务热线就开始响个不停，很多人买了光盘回去之后，根本无法在自己家的计算机上运行起来。其原因是，迪士尼没有对当时市场上不同型号的 PC 机上做足够的测试，导致游戏软件与很多 PC 机不兼容。

（4）负载测试。负载测试也属于性能测试，主要测试当负载变化时系统各项性能指标的变化情况。通过负载测试，可以明确系统在各种工作负载下的性能，指导系统的部署和应用。

负载测试是对软件系统模拟施加各种负载，通过不断加载或其他加载方式来观察不同负载下系统的响应时间、数据吞吐量、系统资源（如 CPU、内存）占用等情况，检验系统的行为和特性，以发现系统可能存在的各种性能问题。负载测试中，加载的方式有多种，如图 5-38 所示。

① 一次性加载：一次性加载一定数量的用户，并在预定的时间段内持续运行。例如，模拟早晨上班时用户集中访问系统或登录网站时的情景。

② 递增加载：有规律地逐渐增加用户，每隔一段时间增加一些新用户。借助这种加载方式的测试，容易发现性能的拐点，即性能瓶颈的位置。

③ 高低突变加载：某个时间用户数量很大，突然降级到很低，然后过一段时间，又突然加到很高，反复几次。借助这种负载方式，容易发现资源释放、内存泄露等方面的问题。

④ 随机加载：由随机算法自动生成某个数量范围内的负载数，然后动态加载。

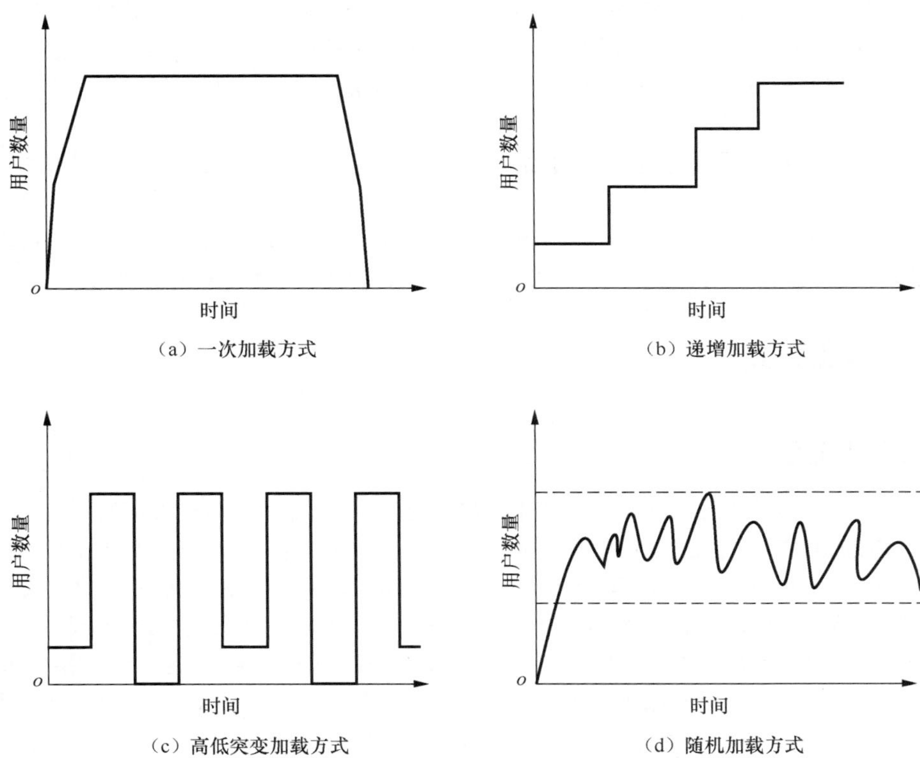

（a）一次加载方式

（b）递增加载方式

（c）高低突变加载方式

（d）随机加载方式

图 5-38　负载测试中的多种加载方式

压力测试可以被看作是负载测试的一种，即持续增强负载下的负载测试。压力测试是要通过持续增强负载来找出系统的瓶颈或者不能接受的性能点，以此来明确系统能提供的最大服务级别。通过压力测试可以知道系统能力的极限，有时需要通过压力测试找出系统瓶颈之所在，然后改进系统，提升系统能力。

（5）恢复测试。恢复测试是指采取各种人工干预方式强制性使软件出错，使其不能正常工作，进而检验系统的恢复能力。

恢复测试主要检查系统的容错能力。当系统出错时，能否在指定时间间隔内修正错误并重新启动系统。恢复测试首先要采用各种办法强迫系统失败，然后验证系统是否能尽快恢复。对于自动恢复来说，需验证重新初始化、检查点、数据恢复和重新启动等机制的正确性；对于人工干预的恢复系统来说，还需估测平均修复时间，确定其是否在可接受的范围内。

在恢复测试中，需要考虑的典型问题如下。

① 某种条件导致的故障，其后果是怎样的。

② 故障出现后，系统能否恢复到故障前正确的状态。

③ 恢复的机制和过程是否可靠。

④ 恢复过程所需要的时间和成本是否在可承受的范围之内。

重要的信息系统都应当进行恢复测试。例如，在电子交易时代，我们的银行存款、网上消费等，很多都已经没有纸质凭证了，而只是以数据的形式记录在计算机中，如果存放这些数据的计算机设备出现故障，并且数据没有备份，又无法恢复，那么谁又能证明我们到底有多少存款，或者进行了那些消费呢？

（6）疲劳强度测试与大数据量测试。疲劳测试的目的是要明确系统长时间高负载工作时的性能。疲劳测试是指在系统稳定运行下，模拟最大或者恰当的负载、长时间（一般是连续 72 个小时以上）运行系统，通过综合分析执行指标和资源监控情况来分析系统的稳定性，明确系统长时间高负载工作时的性能指标和变化过程。

在各种管理信息系统、电子交易系统的长期使用中，数据累积量很大。而随着大数据应用越来越普遍，需要及时处理的数据量也越来越大。对于这样的系统，应当做大数据量测试，以防止由数据量过大，超过系统处理能力而导致出现问题。

大数据量测试，有的可以通过专门的测试工具来完成，有的可以通过编写测试程序并结合测试工具来实现。大数据量测试分为两种形式。

① 独立的数据量测试：针对某些系统的存储、传输、分析、统计、查询等业务进行大数据量测试。

② 综合数据量测试：与压力性能测试、负载性能测试、疲劳性能测试相结合的综合测试。

5.4 验收测试

5.4.1 验收测试简介

在对软件进行完系统测试之后，应当说对软件的功能、性能、安全性等基本上都进行了较为充分的测试。但这还不够，因为软件开发和测试人员不可能完全预见用户实际使用软件的各种情况和各种具体的细节要求。例如，用户可能错误地理解功能、误操作，或输入一些特殊的数据组合，也可能对软件设计者自认为简单明了的输出信息迷惑不解。因此，软件是否能真正满足最终用户的需求，应由用户进行“验收测试”。

验收测试是指，站在用户角度，测试即将正式发布、投入使用的软件产品是否符合用户需求。验收测试是在软件产品完成了单元测试、集成测试和系统测试之后，正式发布之前所进行的最后一次质量检验活动。它是软件测试的最后一个阶段，也称为交付测试。验收测试如图 5-39 所示。

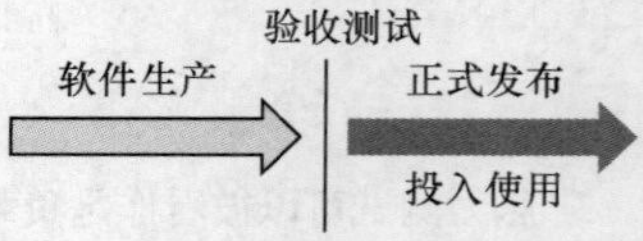

验收测试

软件生产

正式发布

投入使用

图 5-39 验收测试

验收测试不只是检验软件某个方面的质量，而是要对软件质量进行全面的检验，并评估该软件是否合格，是否能投入实际使用。

通过验收测试，要明确回答两个关键问题：一是所开发的软件产品是否符合预期的各项要求；二是用户是否乐意接受和使用该软件。验收测试的目的是要测试和验证软件是否能够满足用户的需求，确保软件已经准备就绪，能够投入实际使用，可以让最终用户将其用于实现既定的功能，并达到性能、安全性等各个方面要求，能够完成相应的业务。

验收测试是一项站在最终用户立场的软件测试工作，应当由最终用户或者扮演、模拟最终用户来执行测试过程。验收测试可以由测试人员和质量保证人员共同参与，但应以最终用户为主导，从用户角度考虑问题、发现问题并提出意见和建议。

验收测试的一般过程如下。

（1）明确验收项目，规定验收测试通过的标准。

（2）确定验收测试方法。

（3）确定验收测试的组织机构和可利用的资源。

（4）选定测试结果分析方法。

（5）制订验收测试计划并进行评审。

（6）设计验收测试使用的测试用例。

（7）审查验收测试的准备工作。

（8）执行验收测试。

（9）分析测试结果。

（10）做出验收结论，明确通过验收或不通过验收。

5.4.2 验收测试的分类

根据使用用户的情况，软件可以分为专用软件和通用软件，针对这两类不同的软件，可以采用不同的验收测试策略。对于用户数量众多的通用软件来说，可以采用α测试+β测试的方式；而对于针对特定用户的专用软件来说，则可以采用最终用户正式验收的方式。

1. α测试和β测试

一个通用软件产品，可能拥有成千上万的用户，甚至更多。例如，腾讯QQ的注册账号数达到数以亿计。对于这样的软件来说，不可能要求每个用户都来对软件产品进行验收测试。此时多采用α测试和β测试的过程，用来发现那些似乎只有最终用户才能发现的问题。

α测试是在软件公司内部模拟软件产品的真实运行环境，由软件公司组织内部人员，模拟各类用户行为，对即将面市的软件产品进行测试，试图发现并修改错误。此时的软件版本可称为α版，也叫内测版（内部测试版）。α测试的关键在于，要尽可能逼真地模拟实际运行环境和用户对软件产品的实际操作，并尽最大努力涵盖所有可能的用户操作方式和行为。

通过α测试后的软件产品需要继续进行β测试，此时的软件版本被称为β版，也叫公测版（公开测试版）。β测试是指软件开发公司组织或者借助各方面的典型用户在软件的具体工作环境中实际使用β版本，通过接收或者收集用户的错误报告、异常情况信息、意见建议等，来发现软件中的问题，以便进一步对软件进行改进和完善。

β测试不能由程序员或测试员完成，而必须由最终用户来实施完成，否则的话达不到应有的测试效果。β测试一般由用户自发完成，测试过程较为自由松散，没有限制和约束。同时，β测试是由各个用户独立完成，缺乏统一的计划和设计，测试可能不全面，也可能存在大量重复的测试，只能依靠巨大的用户数量来提高测试的效果。

β测试反馈的问题、意见和建议并不是专职测试人员撰写的测试报告，需要加以整理和分析，有的可能毫无价值，只能被忽略掉；有的可能具有特殊性或者带有很强的主观性，只代表特殊情况或者是少数用户的感受和想法，但这样也可以发现更多软件在适应各种情况或满足不同用户感受等方面的缺陷和不足。

β测试方式的优点主要有以下几个方面。

（1）可以节约大量测试成本。β测试由于引入用户参与软件测试工作，可以充分利用用户资源节约成本。例如，某软件在β测试环节，共收到来自3万名用户使用该测试版本的有效反馈，梳理出软件问题1000个，而成本几乎为0。但如果要让3万名测试员来对该软件版本进行测试，或者是要通过测试员来找出这1000个软件问题，测试成本可能数以十万、百万计。

（2）可以大幅度缩短测试时间。β测试通过引入大量用户来并行完成测试过程，可以在短时间内实现对软件的大量测试，从而能够缩短测试所需的时间。例如，某 App 在β版推出之后一周之内，累计测试运行就达16万小时，约相当于单机测试18.26年。

（3）可以获得大范围用户反馈，以利于软件的改进和完善。β测试通过大量并且分散的用户参与，可以广泛获得来自不同用户的信息反馈，这些反馈代表不同的软件执行环境条件和不同用户的观点，有利于综合各种情况、集思广益，以便对软件进行改进和完善。

（4）可以尽快填补市场空间，占领市场。在有用户需求的时候，一个并不完善的软件产品，总还是要好过没有这样的产品，在某种应用刚开始兴起的时候，快速开发出相应产品，然后以β版的形式推出，可以快速填补市场空间，占领市场。

（5）对于收费软件来说，可以通过免费的β版，吸引和培养用户。对于收费软件而言，有的用户不愿意贸然花钱购买。而通过推出β版，可以吸引用户先免费试用，等到收费的正式版推出时，用户可能已经喜欢或者习惯于使用该软件，从而会花钱购买。

2. 用户正式验收测试

针对特定用户的专用软件，用户面很小，并且可能还涉及复杂的现场安装、部署、调试等，应当采用最终用户正式验收的方式。如某汽车生产企业的 ERP 软件、某钢铁厂的生产控制软件等，这样的软件基本上都是针对某个用户定制的，一个软件版本可能只有一个用户，软件投入正式使用之前，还需要到现场进行有针对性的安装和部署，其他用户的验收测试结果并不能直接认同，而只能由该软件的最终用户在具体的应用场景下来对其进行验收测试。

最终用户的正式验收测试是一项很严格的工作，应当由最终用户来组织执行，或者由最终用户选择人员组成一个客观公正的验收测试小组来执行。测试要有计划、分步骤，按照严格规范的流程来操作，大型软件项目更应如此。验收测试计划应规定测试的种类和测试进度安排。验收测试设计要明确通过执行什么样的测试过程和测试用例，能够验证软件产品与软件需求是否一致。用户正式验收测试应该着重考虑软件产品是否满足软件需求中所规定的所有功能和性能，文档资料是否完整、人机界面是否友好，其他方面如可扩展性、兼容性、错误恢复能力和可维护性等是否令人满意。用户正式验收测试的结果有两种可能，一种是软件各项功能、性能等指标都满足软件需求，用户可以接受，软件产品可以正式投入使用；另一种是软件不满足软件需求，用户无法接受，该软件还不能正式交付。

5.5 回归测试

5.5.1 回归测试简介

1. 回归测试的概念

回归测试是指，在对软件代码进行修改之后，重新对其进行测试，以确认修改是正确的，没有引入新的错误，并且不会导致其他未修改的代码产生错误。回归测试并不是软件测试工作中跟在验收测试之后的第五个测试阶段，而是在软件开发的各个阶段都可能会进行多次回归测试，如图 5-40 所示。回归测试的目的是为了检查验证软件修改的正确性以及修改对其他部分的影响。

图 5-40 回归测试

在软件生命周期中的任何一个阶段，只要软件发生了修改，就有可能出现各种各样的问题，例如修改本身可能就是错误的，或者修改本身虽然没有出错，但可能产生了副作用，导致软件未被修改的部分出现了问题，不能正常工作。因此，在软件进行修改后对其进行回归测试是十分有必要的。

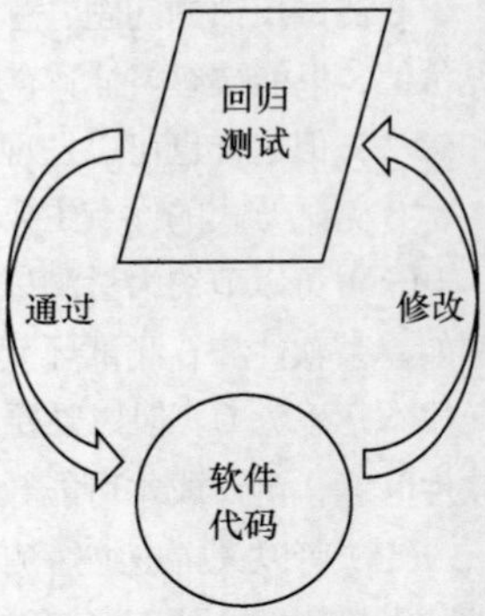

2. 回归测试的两种情况

回归是指回到原来的状态，通常被认为是“程序重新确认”。软件的改变可能是由于发现了错误并做了修改，也有可能是因为加入了新的模块。典型的回归测试通常既包括纠正型回归测试，也包括增量型回归测试。纠正型回归测试是指对程序修改后进行回归测试，而增量型回归测试是指程序增加新特性后进行回归测试。

3. 回归测试的对象

回归测试需要测试的对象不仅仅是软件中修改的部分，还需要对整个软件重新进行测试。因为即使是软件中发生了修改的部分自身没有错误，但这种修改可能导致软件中其他没有修改过的部分不能像原来那样正常工作。

例如，某软件修改了登录模块，原来的版本只能用手机号码登录，新版本改成了允许用手机号码或者昵称登录。软件修改后，单独测试登录模块没有发现问题，但在用户留言模块发现了问题。原因是，留言模块中用户标识字段只有 11 位，因为原来版本中用户都是用 11 位手机号码登录的，现在当用户用昵称登录，并且昵称超过 11 位时，用户标识会被截断，导致留言保存后就关联不到用户了。

4. 关于回归测试的认识误区

关于回归测试，容易有以下三个认识误区。

第一，回归测试并不是软件测试工作中跟在验收测试之后的第五个测试阶段，而是在软件开发的各个阶段都有可能会进行多次回归测试。

第二，回归测试不是一项全新的测试活动，它是为检查软件是否在修改出现错误，而再次对其进行测试的过程，回归测试中的很多工作是重复的。

第三，回归测试的对象不仅仅是软件中增加的、修改的部分，而是整个软件，只不过测试的重点是增加的、修改的部分。

5.5.2 实施回归测试

回归测试作为软件生命周期的一个组成部分，在整个软件测试工作中占有很大的工作量比重。在增量式开发、快速迭代开发、极限编程等开发模式以及版本快速更新的运维模式中，回归测试进行得更加频繁，有的甚至要求每天都进行若干次回归测试。因此，通过选择正确的回归测试策略来提高回归测试的效率和有效性是很有意义的。

1. 回归测试的特点

回归测试当中，除对新增加或修改的代码进行测试时，可能会要增加新的测试外，其他可以复用以前已经做过的测试，这样可以节约一部分工作量。例如，测试前一版本时用的测试方案、测试设计、测试用例等都可以直接或者修改后重复使用。回归测试通常是前面已经执行过的测试过程的重复，通过自动化的回归测试，可以降低测试成本，节约测试时间，这在实践中应用十分普遍。可以说复用和自动化是回归测试的两大特点。

2. 测试用例库

对于一个软件开发项目来说，项目的测试组在实施测试的过程中可将所开发的测试用例保存到“测试用例库”中，并对其进行维护和管理。

当得到一个软件的基线版本时，用于基线版本测试的所有测试用例就形成了基线测试用例库。在需要进行回归测试的时候，就可以根据所选择的回归测试策略，从基线测试用例库中抽取合适的测试用例组成回归测试包，通过运行回归测试包来自动化执行回归测试。

3. 回归测试的应用场景

回归测试主要的应用场景包括两大类。

（1）增量开发、迭代开发、极限编程等开发模式。

（2）软件修改、版本升级、多版本运行等运维模式。

4. 回归测试策略

回归测试需要投入相当的时间、经费和人力成本，应当加强对回归测试的计划、设计和管理。为了在给定的预算和进度下，尽可能高效率地完成回归测试，并达到相应目标效果，需要依据一定的策略选择相应的回归测试包，并适时的对测试用例库进行维护。

第一，回归测试的重心应当是关键性模块，包括发生修改的模块和与发生修改的模块存在偶合的模块，这样可以提高测试的针对性。

第二，要提高自动化水平。在实际工作中，回归测试可能需要反复进行，测试任务量大，当测试者一次又一次地完成相同的测试时，会非常厌烦，因而需要实现自动化；回归测试过程存在大量的重复测试，也适合于采用自动化的方式来完成。因此，回归测试中应提高自动化程度，以节约测试成本、缩短测试时间、避免人的厌烦情绪。

第三，应对测试用例库进行维护，以提高测试效果。为了满足客户需求，适应市场要求，软件在其生命周期中会频繁地被修改和不断推出新的版本。软件修改后，测试用例库中的一些测试用例可能会失去针对性和有效性，还有一些可能已经完全不能运行。为了保证测试用例的有效性，必须对测试用例库进行维护，包括追加新的测试用例来测试软件新增的功能或特征。

第四，优选回归测试包。在整个软件生命周期中，即使是一个得到良好维护的测试用例库也可能相当大，如果每次回归测试都重新执行整个测试用例库，这基本上是不切实际的。因此，需要根据情况优选一个缩减的回归测试包来完成回归测试。例如，采用代码相依性分析等安全的缩减技术，就可以决定哪些测试用例可以被删除而不会让回归测试的效果受到影响。

5. 回归测试过程

在有测试用例库和回归测试包选择策略的情况下，回归测试可遵循以下基本过程来进行。

（1）明确软件中被修改的部分。

（2）从原基线测试用例库 T0 中，排除所有不再适用的测试用例，得到一个新的基线测试用例库 T1。

（3）依据一定的策略从 T1 中选择测试用例，完成对被修改后软件的测试。

（4）根据需要，增加新的测试用例集 T2，用于测试 T1 无法充分测试的内容，主要是软件新增的功能或特性等。

（5）执行 T2 完成对修改后软件的进一步测试。

上述步骤中，步骤（2）和步骤（3）是测试验证修改是否影响了原有的功能或特性，步骤（4）和步骤（5）是测试验证修改本身是否达到目标要求。

习 题

一、选择题

1. 软件测试是软件质量保证的重要手段，下述哪种测试是软件测试的最基础环节？（　　）

A. 集成测试　　B. 单元测试　　C. 系统测试　　D. 验收测试

2. 增量式集成测试有 3 种方式：自顶向下增量测试方法、（　　）和混合增量测试方式。

A. 自下向顶增量测试方法　　B. 自底向上增量测试方法

C. 自顶向上增量测试方法　　D. 自下向顶增量测试方法

3. 在软件测试步骤按次序可以划分为（　　）。

A. 单元测试、集成测试、系统测试、验收测试

B. 验收测试、单元测试、系统测试、集成测试

C. 单元测试、集成测试、验收测试、系统测试

D. 系统测试、单元测试、集成测试、验收测试

4. 软件验收测试合格通过的标准不包括（　　）。

A. 软件需求分析说明书中定义的所有功能已全部实现，性能指标全部达到要求。

B. 至少有一项软件功能超出软件需求分析说明书中的定义，属于软件特色功能。

C. 立项审批表、需求分析文档、设计文档和编码实现一致。

D. 所有在软件测试中被发现的严重软件缺陷均已被修复。

5. 下列关于 alpha 测试的描述中正确的是（　　）。

A. alpha 测试一定要真实的最终软件用户参加

B. alpha 测试是集成测试的一种

C. alpha 测试是系统测试的一种

D. alpha 测试是验收测试的一种

6. 编码阶段产生的错误主要由（　　）检查出来的。

A. 单元测试　　B. 集成测试　　C. 系统测试　　D. 有效性测试

7. 单元测试一般以（　　）为主。

A. 白盒测试　　B. 黑盒测试　　C. 系统测试　　D. 分析测试

8．单元测试的测试用例主要根据（　　）的结果来设计。

A．需求分析　　B．源程序　　C．概要设计　　D．详细设计

9．集成测试的测试用例是根据（　　）的结果来设计。

A．需求分析　　B．源程序　　C．概要设计　　D．详细设计

10．集成测试对系统内部的交互以及集成后系统功能检验了何种质量特性（　　）。

A．正确性　　B．可靠性　　C．安全性　　D．可维护性

11．（　　）的目的是对即将交付使用的软件系统进行全面的测试，确保最终软件产品满足用户需求。

A．系统测试　　B．集成测试　　C．单元测试　　D．验收测试

12．单元测试中用来模拟被测模块调用者的模块是（　　）。

A．父模块　　B．子模块　　C．驱动模块　　D．桩模块

13．在自底向上测试中，要编写（　　）。

A．测试存根　　B．驱动模块　　C．桩模块　　D．底层模块。

14．以下哪种软件测试属于软件性能测试的范畴（　　）。

A．接口测试　　B．压力测试　　C．单元测试　　D．正确性测试

15．下列关于 α 测试的描述中，正确的是（　　）。

A．α 测试采用白盒测试技术　　B．α 测试不需要从用户角度考虑问题

C．α 测试是系统测试的一种　　D．α 测试是验收测试的一种

16．下列软件属性中，软件产品首要满足的应该是（　　）。

A．功能需求　　B．性能需求

C．可扩展性和灵活性　　D．容错纠错能力

17．按照测试组织划分，软件测试可分为开发方测试、第三方测试及（　　）。

A．集成测试　　B．单元测试　　C．用户测试　　D．灰盒测试

18．软件可靠性是指在指定的条件下使用时，软件产品维持规定的性能级别的能力，其子特性（　　）是指在软件发生故障或者违反指定接口的情况下，软件产品维持规定的性能级别的能力。

A．成熟性　　B．易恢复性　　C．容错性　　D．稳定性

19．下面哪项对验收测试的描述不正确？（　　）

A．与系统测试不同的是以客户业务需求为标准来进行测试

B．测试人员多由客户方担任，也可以客户委托第三方来进行验收测试

C．由资深的开发和测试人员来进行测试

D．不仅仅要验收程序，还要验收相关的文档

20．对于软件的 β 测试来说，下列哪些描述是正确的？（　　）

A．β 测试就是在软件公司内部展开的测试，由公司专业的测试人员执行的测试。

B．β 测试就是在软件公司内部展开的测试，由公司的非专业测试人员执行的测试。

C．β 测试就是在软件公司外部展开的测试，由非专业的测试人员执行的测试。

D．β 测试就是在软件公司外部展开的测试，由专业的测试人员执行的测试。

21．在程序测试中，用于检查程序模块或子程序之间的调用是否正确的静态分析方法是（　　）。

A．操作性分析　　B．可靠性分析　　C．引用分析　　D．接口分析

22．用于考查当前软硬件环境下软件系统所能承受的最大负荷并帮助找出系统瓶颈所在的是（　　）。

A．压力测试　　B．容量测试　　C．负载测试　　D．疲劳测试

二、填空题

1. 集成测试以________说明书为指导，验收测试以________说明书为指导。
2. 软件验收测试可分为 2 类：________、________。
3. ________指软件系统被修改或扩充后重新进行的测试。
4. ________是在软件开发公司内模拟软件系统的运行环境下的一种验收测试。
5. ________的依据是软件规格说明书。

三、判断题

1. 单元测试通常由开发人员进行。（　　）
2. 测试应从“大规模”开始，逐步转向“小规模”。（　　）
3. 负载测试是验证要检验的系统的能力最高能达到什么程度。（　　）
4. 为了快速完成集成测试，采用一次性集成方式是适宜的。（　　）
5. 验收测试是站在用户角度的测试。（　　）
6. 自底向上集成需要测试员编写桩模块。（　　）
7. β 测试是集成测试的一种。（　　）
8. 如何看待软件产品内部的缺陷，开发者和用户的立场是一致的。（　　）

四、解答题

1. 试针对如下程序代码设计测试脚本。

```
public class GCD {
    public int getGCD(int x,int y){
        if(x<1||x>100)
        {   System.out.println("数据超出范围!");
            return -1;      }
        if(y<1||y>100)
        {   System.out.println("数据超出范围!");
        return -1;          }
        int max,min,result = 1;
        if(x>=y)
        {   max = x;
            min = y;     }
        else
        {   max = y;
            min = x;     }
        for(int n=1;n<=min;n++)
        {   if(min%n==0&&max%n==0)
            {       if(n>result)
                    result = n;         }       }
        System.out.println("因数:"+result);
        return result;                          }
```

（1）设计测试脚本，对 GCD 类的 getGCD 方法实现语句覆盖测试。

（2）设计测试脚本，对 GCD 类的 getGCD 方法实现条件覆盖测试。

2. 设有程序段 ModuleA 和 ModuleB 如下。

```
public class ModuleA {
      public static double operate(double x) {
            // 模块A内部进行处理
            // …
```

```
            double r = x/2;
            // 调用模块B
            double y = ModuleB.operate(r);
            // 继续处理
            // …
            return y;      }    }
    public class ModuleB {
        public static double operate(double r) {
            // 模块B内部进行处理
            // …
            double temp = Pi*r * r * r *4/3;
            // 继续处理
            // …
            double y = temp;
            return y;     }  }
```

（1）阅读程序，请说明这两段程序合起来的功能是什么。

（2）已知变量 x 一开始就有一定的误差Δx，试分析 ModuleB.operate(x)执行完毕后，返回结果 y 的相对误差有多大？

3. 设有两段代码 ModuleA 和 ModuleB 如下，它们由不同的程序员开发。

（1）试分析对这两段代码进行集成测试时会出现什么问题？

（2）试设计两个测试数据，一个能发现这一问题，另一个则不能发现这一问题。

```
    public class ModuleA {
        /**
         * 实现把 str1 中包含的 str2 去掉后的内容返回的功能
         * @param str1 字符串1
         * @param str2 字符串2
         * @param 返回处理的结果
         */
        public String operate(String str1, String str2) {   return str1.replace
(str2, "");     }
        }
      public class ModuleB {
        private ModuleA moduleA;
            public void setModuleA(ModuleA moduleA) {   this.moduleA =
moduleA;   }
        /**
         * 模块B的具体处理操作中，调用了模块A的接口
         */
        public String operate(String str1, String str2) {
            // str1 待替换的目标串
            // str2 原串
            return moduleA.operate(str1, str2);   }  }
```

4. 试分析集成测试与系统测试的区别。

5. 某连锁机构网站有注册账号 50000 个，平均 1 天大约有 12000 个用户要访问该系统，用户一般在 7 点～22 点使用该系统，在一天的时间内，用户使用系统的平均时长约为 0.5 小时。假设用户登录访问该系统符合泊松分布，为进行并发测试，请估算系统的平均并发用户数 C_avg 和并发用户峰值数 C_max。

PART06

第6章

面向对象测试

6.1 面向对象特点对测试的影响

面向对象的开发模型不同于传统的瀑布模型，它将开发过程分为面向对象分析（OOA）、面向对象设计（OOD）及面向对象编程（OOP）三个阶段。面向对象分析阶段产生整个问题空间的抽象描述，在此基础上，进一步归纳出适用于面向对象编程语言的类和类结构，最后形成代码。面向对象具有封装、继承、多态等特性，并且开发过程是迭代的，面向对象的特性对软件测试有很大影响。

6.1.1 封装对测试的影响

封装就是把对象的属性和方法结合成一个整体，尽可能掩盖其内部的细节。封装后的对象，只知道输入和输出，无法了解内部的操作过程，限制了对象属性对外的透明性和外界对它的操作权限。这一特征简化了对象的使用，但同时也给测试结构的分析、测试路径的选取、测试数据的生成等带来了困难，如图 6-1 所示。

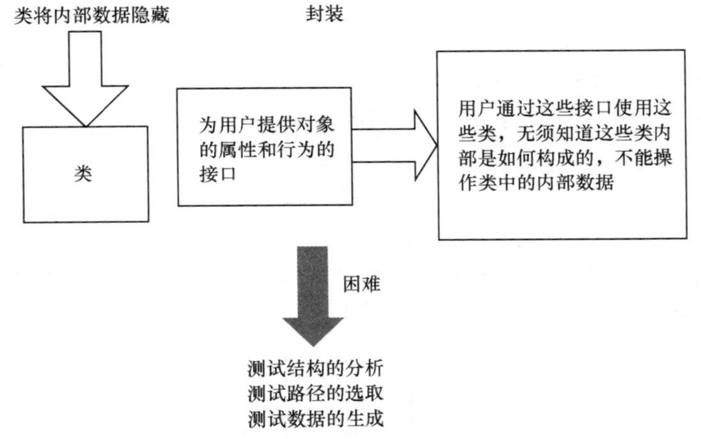

图 6-1　封装对测试的影响

6.1.2 继承对测试的影响

继承是类之间的一种联系，类可以通过派生生成新类，派生出的新类称为子类。通过继承机制，子类可以继承父类的特点和功能，这一特征为缺陷的扩散提供了途径，如果父类带有缺陷，派生出的子类也会带有缺陷，如图 6-2 所示。继承使代码的重用率得到了提高，但同时也使缺陷的传播概率增加。

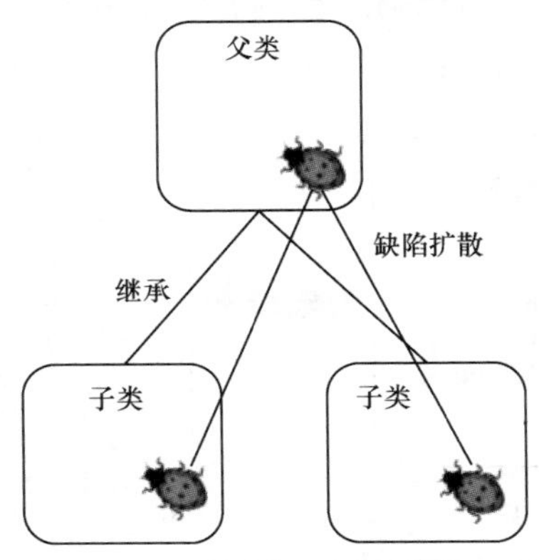

图 6-2　继承对测试的影响

另外，子类可以具有自己独有的特点和功能，子类是在新的环境中存在的，所以父类的正确性不能保证子类的正确性，如图 6-3 所示。

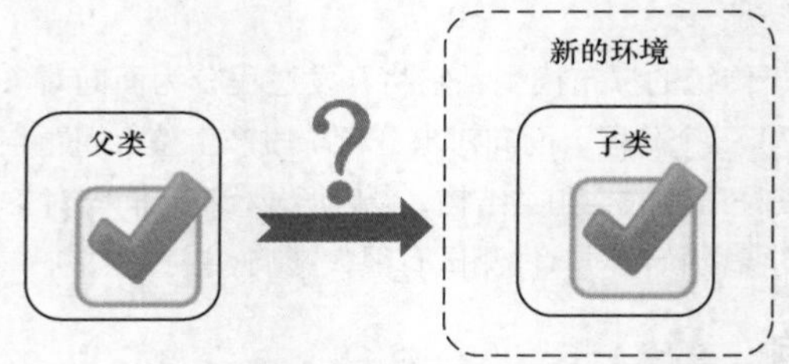

图 6-3 父类的正确性不能保证子类的正确性

6.1.3 多态对测试的影响

多态是同一个操作作用于不同的对象，可以有不同的解释，产生不同的执行结果。多态性增强了软件的灵活性和重用性，同时也使测试的工作量成倍增加，如图 6-4 所示。多态和动态绑定增加了软件运行中可能的执行路径，而且给面向对象软件带来了不确定性，给测试覆盖带来了困难。

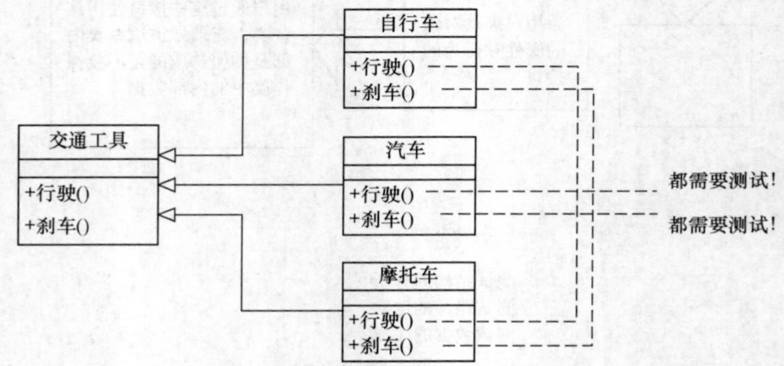

图 6-4 多态性使测试工作量成倍增加

6.1.4 复杂的依赖关系对测试的影响

在面向过程程序中存在的依赖关系有变量间的数据依赖、模块间的调用依赖、变量与其类型间的定义依赖、模块与其变量间的功能依赖。在面向对象软件中，除存在上述依赖关系外，还存在以下的依赖关系：类与类间的依赖；类与操作间的依赖；类与消息间的依赖；类与变量间的依赖；操作与变量间的依赖；操作与消息间的依赖；操作与操作间的依赖等。面向过程程序的依赖关系与面向对象程序的依赖关系如图 6-5 所示。

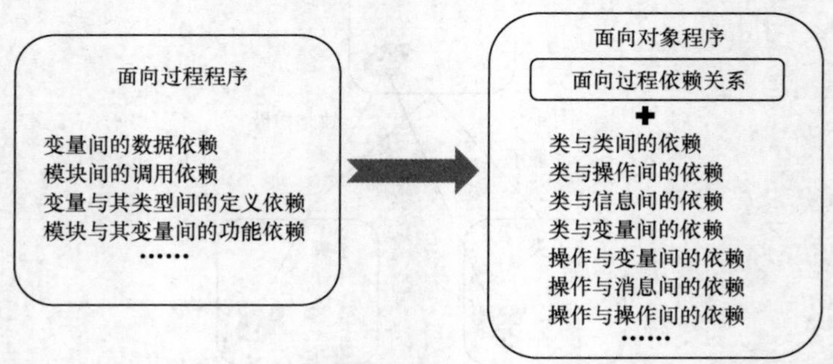

图 6-5 面向过程程序的依赖关系与面向对象程序的依赖关系

面向对象这些复杂的依赖关系给测试带来了很多问题。例如，在传统的面向过程程序中，对于某个函数 Function()，只需考虑函数 Function()本身的行为和特性即可。而在面向对象程序中，还要同时考虑它的基类函数 Base::Function()和它的继承类函数 Derived::Function()的行为和特性。

6.2 面向对象测试技术

6.2.1 面向对象测试技术简介

面向对象软件测试技术是根据面向对象的软件开发过程，结合面向对象的特点提出来的。它包括以下技术。

（1）分析与设计模型测试技术。

（2）类测试技术（用于单元测试）。

（3）对象交互测试技术（用于集成测试）。

（4）类层次结构测试技术（用于集成测试）。

（5）面向对象系统测试技术。

面向对象程序的结构不再是传统的功能模块结构，原有集成测试所要求的逐步将开发的模块搭建在一起进行测试的方法已经不适用，而需要采用对象交互测试技术和类层次结构测试技术。

面向对象测试包括三个环节：面向对象分析的测试、面向对象设计的测试、面向对象编程的测试。面向对象测试可分为三个阶段：面向对象单元测试、面向对象集成测试、面向对象系统测试。面向对象测试环节和阶段如图 6-6 所示。

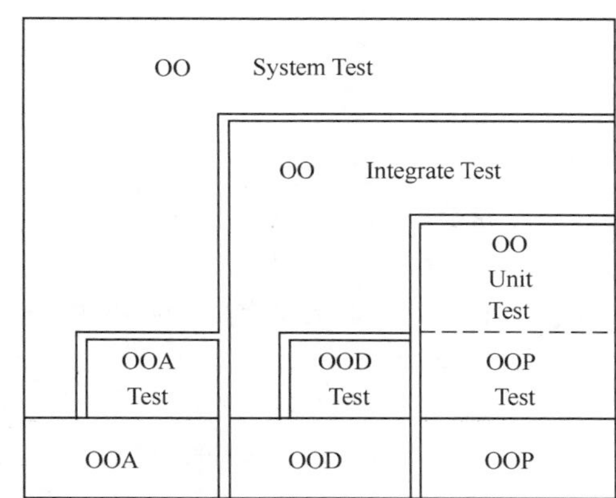

图 6-6 面向对象测试环节和阶段

6.2.2 类测试

1. 类、对象和消息

面向对象软件产品的基本组成单位是类。从宏观上来看，面向对象软件是各个类之间的相互作用。在面向对象系统中，系统的基本构造模块是封装了数据和方法的类和对象，而不再是一个个能完成特定功能的功能模块。

每个对象有自己的生存周期和状态。消息是对象之间相互请求或协作的途径，是外界使用对象方法及获取对象状态的唯一方式。在消息的触发下，对象的功能是由对象所属类中定义的方法与相关对象的合作共同完成的，且在不同状态下对消息的响应可能完全不同。

工作过程中对象的状态可能被改变，产生新的状态。对象中的数据和方法是一个有机的整体，测试过程中不能仅仅检查输入数据产生的输出结果是否与预期的吻合，还要考虑对象的状态，以及在不同状态下对消息的响应情况。

2. 类测试

类测试是由那些与验证类的实现是否与该类的说明完全一致的相关联的活动组成的。该类测试的对象主要是指能独立完成一定功能的原始类。如果类的实现正确，那么类的每一个实例的行为也应该是正确的。

类测试的目的是要确保一个类的代码能够完全满足类的说明所描述的要求。

一个对象能维持自己的状态，而状态一般来说也会影响操作的含义。但要测试到操作和状态转换的所有组合情况一般是不可能的，而且也没必要。此时可以结合风险分析，选择部分组合。

类所实现的功能，都是通过类的成员函数来执行的。在测试类的功能实现时，应该首先保证类成员函数的正确性。

单独的看待类的成员函数，与面向过程程序中的函数或过程没有本质的区别，几乎在所有传统的单元测试中使用的方法，都可以在类成员函数测试中使用。

进行类测试的时间一般在完全说明一个类，并且准备对其编码后，此时根据类的说明就可以制订类测试计划、设计测试用例等。如果开发人员还负责该类的测试，那么尤其应该如此。应该在软件的其他部分使用该类之前来执行对类的测试。防止因未经测试的类被使用而导致缺陷传导和扩散。

在有的开发过程中，一个类的说明和实现在一个工程的进程中可能会发生变化，每当一个类的实现发生变化时，就应该执行回归测试。

类测试通常由开发人员来进行，因为他们对代码非常熟悉。但由同一个开发者来进行类测试也有缺点，即如果他对类说明有任何错误理解，都会影响测试的作用和效果。因此，最好由同一个项目组的另外一个开发人员来进行类测试，包括编写测试计划，对代码进行独立检查等。这样可以避免自己难以发现自己的错误这样的问题。

习题

一、选择题

1. 面向对象软件测试不包括（　　）。

A. 分析与设计模型测试技术　　B. 类的封装技术

C. 类测试技术　　D. 对象交互测试技术

2. 以下表述中错误的是（　　）。

A. 类测试工作的时间一般在完全说明一个类，并且准备对其编码后。

B. 应该在软件的其他部分使用该类之后来执行对类的测试。

C. 在测试类的功能实现时，应该首先保证类成员函数的正确性。

D. 应防止因未经测试的类被使用而导致缺陷传导和扩散。

二、填空题

1. 封装这一特征简化了对对象的使用，但同时也给________、________、________等带来了困难。

2. 通过继承机制，子类可以继承父类的特点和功能，这一特征为________提供了途径。

3. ________是由那些与验证类的实现是否和该类的说明完全一致的相关联的活动组成的。

4. 类测试的目的是要确保一个类的代码能够完全满足________所描述的要求。

5. 每当一个类的实现发生变化时，就应该执行________。

三、判断题

1. 虽然类的实现正确，但类的每一个实例的行为不一定是正确的。（　　）

2. 软件测试等于程序测试。（　　）

3. 设计－实现－测试，软件测试是开发后期的一个阶段。（　　）

4. 类测试应测试到操作和状态转换的所有组合情况。（　　）

四、解答题

什么是多态，多态对测试有什么影响？

PART07

第7章

自动化测试

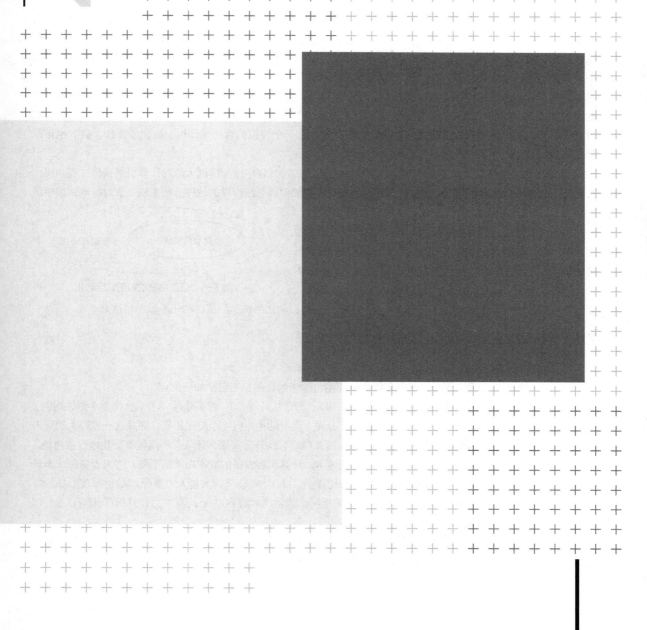

7.1 自动化测试技术和工具

7.1.1 自动化测试简介

什么是自动化测试呢？自动化测试是指由测试工具来自动执行某项软件测试任务，它是相对手工测试而言的。自动化测试通过开发的软件分析和测试工具、编写的测试脚本等，来实现软件分析和测试过程的自动执行，是把原本由人来执行的测试行为转化为机器自动执行的一种软件测试方式。自动化测试具有良好的可重复性、高效和准确等特点。为什么要有软件测试自动化呢？主要有以下几大原因。

首先，当软件测试的工作量很大时，靠手工很难完成。例如，静态测试中要对某个共有几百万行代码的软件进行代码检查，看是否符合编码规则；或者动态测试中要对某个软件执行几万个测试用例，这样的测试工作如果完全要依靠手工操作，无疑是很难完成的。

其次，测试中的许多操作是简单重复劳动，并要求准确细致，手工完成容易出错，并且让人产生厌倦情绪，影响工作质量和效率。例如，重复执行某一测试过程，输入不同的数据，并要求准确细致记录测试过程和结果，这样的工作由人来完成会有一定的出错率，并容易让人产生厌倦情绪，既影响效率，又会进一步增加出错的概率；而如果让计算机来自动完成，则出错率会低几个数量级，效率也会高很多。

最后，有些测试工作手工难以完成，必须要借助自动化手段才能实现，同时还可以降低成本。例如，要对某软件做大规模的并发测试，需要几千个客户端同时打开使用，这样的测试靠手工来完成很难做到，成本也会非常高。而如果采用自动化工具，则只需要产生出几千个模拟的客户端即可，既便于操作，成本也可以降低很多。

自动化测试的基本原理主要分为两类：一是通过设计的特殊程序模拟测试人员对计算机的操作过程和操作行为，一般用来实现自动化黑盒测试；二是开发类似于高级编译系统那样的软件分析系统，来对被测试程序进行检查、分析和质量度量等，一般用来实现自动化白盒测试。

需要注意的是，有的文献中区分自动化测试和测试自动化为两个不同的概念，如图 7-1 所示，认为自动化测试的范围较小，而测试自动化除了包括自动化测试之外，还包括测试辅助工作的自动化，如把原本需要由人工来完成的测试管理、统计分析等工作通过程序来自动完成。本书中，对自动化测试和测试自动化不做严格区分。

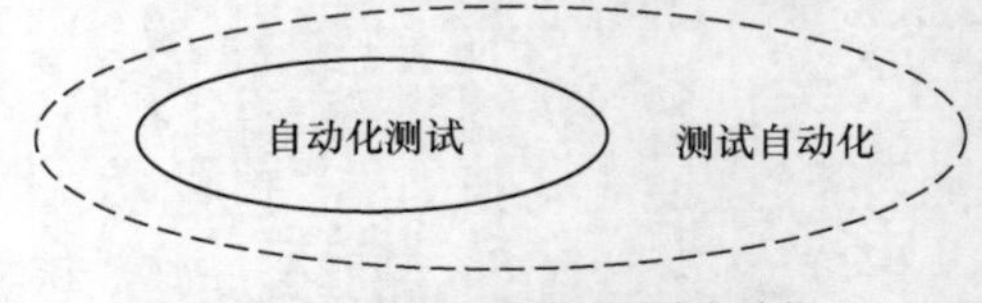

图 7-1 自动化测试和测试自动化

7.1.2 自动化测试的优点、局限性和适用情况

1. 自动化测试的优点

自动化测试相较于手工测试具有很多优点，应用也越来越普遍，它包括如下优点。

（1）可以大幅度提高测试执行的速度，提高效率，节省时间。例如，对某软件，手工执行 1 个测试用例，输入测试数据，记录测试过程和结果，大约需要 1 分钟，而自动化执行 1 个测试用例，完成这一过程大约只需要 1 毫秒。采用自动化测试可以节约测试时间，缩短软件项目的开发周期，让软件产品能够更快地投放市场。

（2）可以代替手工操作，节约人力资源，降低成本。计算机等设备的成本在不断下降，而人力资源成本却在持续上升，自动化测试通过用计算机自动执行来代替手工操作，可以节约大量人力资源，从而降低测试成本。例如，对某软件，1 个人 1 天可以执行 300 个测试用例，综合成本约 600 元；而 1 台计算机 1 天可以执行 3 万个测试用例，综合成本却不到 20 元。

（3）可以提高测试的准确度和精确度。在不断重复的测试过程中，输入数据、记录过程和结果，人是很容易出错的，而计算机却可以做到准确无误。另外，人的反应时间大约在 0.1 秒左右，这样的话在测试工作中，人的精确度也是有限的。例如，测试软件的响应时间，靠人来测试只能精确到十分之一秒左右，而自动化测试可以精确到毫秒，甚至纳秒。

（4）能更好地利用时间资源和计算机等资源。自动化测试的执行是不受上下班时间限制的，甚至可以 24 小时不间断，这样可以充分利用时间资源，缩短测试工作所需要的总时间。自动化测试执行时间的灵活性，使得所需的计算机资源等也可以灵活配置。例如，白天计算机等设备用于软件开发，而下班后则可用于执行测试任务，这样也能更充分地利用计算机等资源。

（5）提升测试能力，完成手工难以完成的测试任务。手工测试是有很大局限性的，很多性能测试、实时系统测试、安全测试等难以通过手工来完成，此时必须依靠自动化测试手段执行相关测试。例如，负载测试时，需要不断调整控制负载的大小，这靠手工操作很难完成。

2. 自动化测试的局限性

自动化测试有它的优点，也有其局限性。

（1）自动化测试并不比手工测试发现的缺陷更多。自动化测试主要是把测试的执行过程交给了计算机来自动完成，而能发现多少缺陷主要是测试设计决定的。简单地说，在相同的测试设计、执行相同的测试数据的情况下，自动化执行和手工执行测试发现的缺陷是一样多的。自动化测试只是提高了测试执行的效率，而不能提高测试的有效性。

（2）自动化测试脚本或程序自身也需要进行正确性检查和验证。自动化测试脚本或程序也是由人开发出来的，也存在出错的可能性，因而也需要对其进行正确性检查和验证。

（3）自动化测试对测试设计的依赖性很大。自动化测试要能够顺利执行并达到测试目的，它对测试设计的依赖性很大，要事先设计测试规程、测试数据、搭建测试环境。由于测试设计的质量更为关键，因此自动化测试工具本身只是起到辅助作用。

（4）自动化测试比手工测试更加“脆弱”，并需要进行维护。自动化测试有非常具体的执行条件，执行过程也是固定的。当被测试程序有修改或者测试环境条件有变化时，可能就无法执行了，非常“脆弱”。为适应程序的修改、扩充，或环境条件的变化，自动化测试脚本和代码需要不断进行维护。

（5）自动化测试也需要相应的成本投入。实现自动化测试需要进行测试人员培训、测试工具购买、测试环境部署、测试脚本或程序开发等，也会有相应的成本投入，尤其是初期，比手工测试的开销更大。

对自动化测试，要防止陷入以下几个认识误区。

（1）自动化测试可以完全取代手工测试。自动化测试虽然应用越来越普遍，但并不能完全取代手工测试。一是测试分析和设计的过程很难完全依靠计算机来自动完成，而且测试人员的经验和对错误的猜测能力也是软件工具难以替代的。二是对软件的界面感受、用户体验等的测试是无法自动完成的，人的审美观和心理体验是工具所不能模拟的。三是有些执行结果的正确性检查难以完全实现自动化，人对是非的判断和逻辑推理能力是目前自动化工具所不具备的。

（2）测试用例可以完全由测试工具自动生成。可以依靠测试工具自动生成一部分测试用例，但还需要测试设计人员全面考虑、深入分析，有针对性地再设计一些测试用例，以提高测试的完备性和有效性。

（3）自动化测试可适用于任何测试场景。实际上，有些测试场景并不适合采用自动化测试。如果测试过程执行次数很少，那么采用自动化测试的话就不划算，因为自动化测试环境搭建、测试开发脚本成本很高。如果软件运行很不稳定，那么自动化测试过程可能很难顺利完成。如果是需要通过人的主观感受来进行评判的测试，那么就不适合采用自动化测试，因为自动化测试工具无法给出有效的结论。如果是涉及物理交互的测试，也无法自动化完成，因为测试过程中需要人的参与。

（4）采用自动化测试后效率立刻提高。一开始实行自动化测试的时候，需要学习测试工具的使用、编写测试脚本等，效率不但不会马上提升，反而要花费更多的时间。只有在测试过程反复执行的时候，测试工作效率才会提高，自动化测试的效益才会显现出来。

3. 自动化测试的适用情况

把测试工作交给计算机自动执行，实现自动化测试，或者进一步拓展到测试自动化，主要适用于以下情况。

（1）重复执行，输入大量不同数据的测试过程。

（2）回归测试。

（3）用手工测试完成难度较大的测试，如性能测试、负载测试、压力测试等。

（4）自动生成部分测试数据。

（5）测试过程及测试结果的自动记录。

（6）测试结果与预期结果的自动比对。

（7）测试结果的汇总、统计分析、缺陷管理和跟踪。

（8）测试项目管理，如工作进展状况统计。

（9）测试报表和报告的生成等。

7.1.3 自动化测试工具

随着技术的发展，自动化测试工具越来越多，使用也越来越广泛，可以从不同的角度对自动化测试工具进行分类。根据测试方法不同，自动化测试工具可以分为白盒测试工具、黑盒测试工具；根据测试的对象和类型不同，自动化测试工具可以分为单元测试工具、回归测试工具、功能测试工具、性能测试工具、Web 测试工具、嵌入式测试工具、页面链接测试工具、数据库测试工具、测试设计与开发工具、测试执行和评估工具、测试管理工具等。

自动化测试工具能够完成的工作大致可以分为以下几类。

（1）记录业务测试流程并生成测试脚本程序。

（2）模拟测试员的各种测试操作。

（3）用有限的资源生成高质量虚拟用户。

（4）测试过程中监控软件和硬件系统的运行状态。

（5）模拟特定的运行条件、外部环境和资源。

（6）对测试过程和结果进行记录和统计分析。

下面简单介绍一些常用的自动化测试工具。

（1）功能测试工具。功能测试工具用于测试程序能否正常运行并达到预期的功能要求，代表产品有 QuickTest Professional。

（2）性能测试工具。性能测试工具用于测试软件系统的性能，代表产品有 LoadRunner。

（3）白盒测试工具。白盒测试工具用于对代码进行白盒测试，代表产品有 XUnit 系列工具，如 Junit。

（4）测试管理工具。测试管理工具用于对测试进行管理，包括对测试计划、测试用例、测试实施等进行管理，还能进行产品缺陷跟踪管理、产品特性管理等。代表产品有 IBM Rational 公司的 TeamManager、HP Mercury Interactive 公司的 Test Director 等。

使用自动测试应注意以下几个问题。

首先，不要对自动化测试产生不现实的期望，测试工具不能解决所有的问题，对测试工具寄予过高的期望，最终将无法如愿。

其次，不要盲目建立大型自动化测试，在缺乏自动化测试实践经验、软件变化大的情况下更是如此。

第三，建立自动化测试时要考虑它的可复用性和可维护性，如果用一次或者少数几次就不能用了，显然是得不偿失的。

第四，要分析对测试任务进行自动化执行的可行性，并合理选择测试工具。

7.2 自动化黑盒测试

黑盒测试的执行环节，就是反复运行被测软件，输入数据，记录结果，并把实际执行结果和预期结果进行对比，来检查软件执行是否正确。采用自动化的手段来实现这种重复的黑盒测试执行过程，称为黑盒测试的自动化，或自动化黑盒测试。

7.2.1 自动化黑盒测试的基本原理

我们要实现某一执行过程的自动完成，通常可以通过编写代码来实现。例如，以下为实现数据更新的一段 Java 代码。

```
…
connect=DriverManager.getConnection(sConnStr,"sa","123");
stmt=connect.createStatement();
stmt.executeUpdate(sql);
stmt.close();
connect.close();
…
```

以上代码主要完成数据库连接、执行 SQL 语句、关闭连接等操作。这段代码多次执行，就可以自动地重复完成这一过程。类似地，我们也可以通过编写代码来实现黑盒测试执行过程的自动完成，这被称为脚本技术。例如，以下为一段测试脚本，用于实现对被测软件的一次自动化执行，为便于理解，脚本中对各个语句行的操作内容进行了注释。

```
startApp("ClassicsJavaA");            // 启动应用软件 ClassicsJavaA
tree2().click(atPath("Composers->Bach->Violin Concertos"));
   // 在显示的目录树中依次选择 Composers、Bach、Violin Concertos
…
placeAnOrder().inputKeys("{Num3}{Num4} {Num1}{Num2}{Num3}{Num4}");
                                      //  输入数字“341234”
确定().click();                        //  单击“确定”按钮
classicsJava(ANY,MAY_EXIT).close(); //  关闭应用软件 ClassicsJavaA
```

这段代码重复执行，就可以自动地重复完成这一测试过程。

测试脚本是一组可以在测试工具中执行的指令集合，它是计算机程序的一种形式。通过测试脚本可以控制测试过程的自动化执行。我们可以直接用脚本语言来编写测试脚本，就像编写其他高级语言程序一样，但这要求编写者对脚本语言非常熟悉。有一种办法可以让并不熟悉脚本语言的软件测试人员也可以方便地得到测试脚本，那就是录制技术。

1. 脚本录制

脚本录制是指测试人员在支持脚本录制的测试软件中，把对被测软件的测试过程手工执行一次，执行过程中，测试软件会把测试的每一步操作转换为脚本语言代码并记录下来，并最终得到可以自动完成整个测试过程的测试脚本，如图 7-2 所示。

通过录制来得到测试脚本，可以减少脚本编程的工作量。录制是将用户的每一步操作都记录下来。要记录操作的位置或者是操作对象，操作的位置即用户界面的像素坐标，操作对象可以是窗口、按钮、滚动条等。还要记录相应的操作，如输入、单击、事件触发、状态变化或是属性变化等。所有的记录会转换为一种用脚本语言所描述的过程，即指令集合或脚本程序。概括起来，脚本可以分为以下几种类型。

（1）线性脚本：指顺序执行的脚本，一般是通过录制手工执行测试过程直接得到的脚本。

（2）结构化脚本：类似于高级语言程序，是具有各种逻辑结构（顺序、分支、循环）的脚本，而且可以具有函数调用功能。

图 7-2 测试脚本录制

（3）数据驱动脚本、关键字驱动脚本、共享脚本等。

2. 脚本回放

脚本录制好后，只要执行脚本，就可以把测试过程重做一遍，这被称为回放，如图 7-3 所示。也就是说，回放就是通过执行测试脚本来自动重做测试过程。

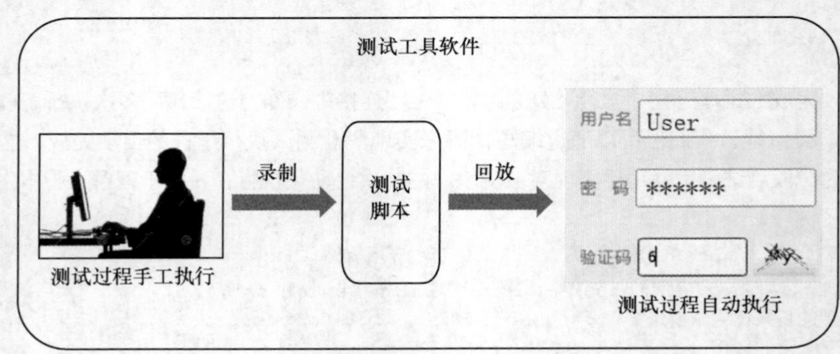

图 7-3 录制与回放过程

回放时，脚本语言所描述的过程会转换为屏幕上的操作，并可以将被测软件的输出结果记录下来，以便同预先给定的标准结果进行比较，判断测试通过还是不通过。通过脚本回放，测试过程可以自动进行，这样可以大大减轻黑盒测试的工作量，在迭代开发的过程中，也能够很好地进行回归测试。

7.2.2 自动化黑盒测试的相关技术

自动化黑盒测试中会用到一些相关技术，主要包括脚本优化、数据验证点、数据驱动、虚拟用户技术等。只有理解、掌握并且能够合理应用这些技术，才能很好地实现自动化黑盒测试。

1. 脚本优化

可以对由录制生成的脚本进行修改和优化。在录制过程中，一些对测试而言没有意义的操作，如鼠标的滑动等，也会被录制到测试脚本中，可以把这些内容删除，以提高测试的效率。可以把分支、循环、函数调用等逻辑结构加入到测试脚本中，类似于结构化程序设计，以增强测试脚本的功能。例如，某段测试脚本中，以下代码行经分析对测试而言没有意义，应当删除。

```
…
memberLogon().dragToScreenPoint(atPoint(209,9),toScreenPoint(209, 10));
                                                    //  无用的窗口拖动
classicsCD().doubleClick(atPoint(533,368));         //  无用的鼠标双击
classicsCD().Click(atPoint(515,320));               //  无用的鼠标单击
…
```

2. 数据验证点

借助于在脚本中插入数据验证点，可以在脚本回放时进行数据检查验证，以判断测试过程中的中间结果或最终的测试结果是否正确。例如，以下测试脚本代码段插入了数据验证点。

```
public class OrderBachViolin extends OrderBachViolinHelper
{     public void testMain(Object[] args)
      {     startApp("ClassicsJavaA");

            tree2().click(atPath("Composers->Bach->Location(PLUS_MINUS)"));
            tree2().click(atPath("Composers->Bach->Violin Concertos"));
            placeOrder().click();

            ok().drag();
            quantityText().click(atPoint(35,15));
            placeAnOrder().inputKeys("{Num1}{Num0}");
            …
            //下一行插入数据验证点，检验被测软件计算得到的总金额是否等于预期值
            _15090().performTest(OrderTotalAmountVP());
            …
            placeOrder2().click();
            确定().click();
            classicsJava(ANY,MAY_EXIT).close();
      }
}
```

数据验证点除可以判断测试过程或结果是否正确外，还可以实现脚本代码执行和界面显示之间的同步。例如，某个测试流程为：前一个界面执行后，弹出后一个界面，然后在后一个界面单击“ok”按钮。但可能当脚本代码执行到要在后一个界面单击“ok”按钮时，后一个界面“ok”按钮还没有显示出来，此时，应在实现单击“ok”按钮的代码行之前插入数据验证点，检查后一个界面“ok”按钮是否已经显示出来。测试脚本如下。

```
…
tree2().click(atPath("Composers->Bach->Location(PLUS_MINUS)"));
tree2().click(atPath("Composers->Bach->Violin Concertos"));
placeOrder().click();
//插入数据验证点，检验下一个操作界面上的“ok”按钮是否已经显示出来
placeOrder2().performTest(okButtonPropertiesVP());
ok().click();
…
```

3. 数据驱动

把测试脚本一成不变地重复执行很多次意义并不大，通过为测试脚本配置数据驱动，可以在重复执行测试脚本的过程中，每次输入不同的测试数据，以实现大量测试数据的自动测试执行。如图 7-4 所示，测试脚本的数据驱动就是在脚本中把输入数据设置为变量，并配置一张变量的取值表。数据驱动设置好后，执行测试脚本时可以从变量的取值表中依次取出每一行作为输入数据，来完成测试。

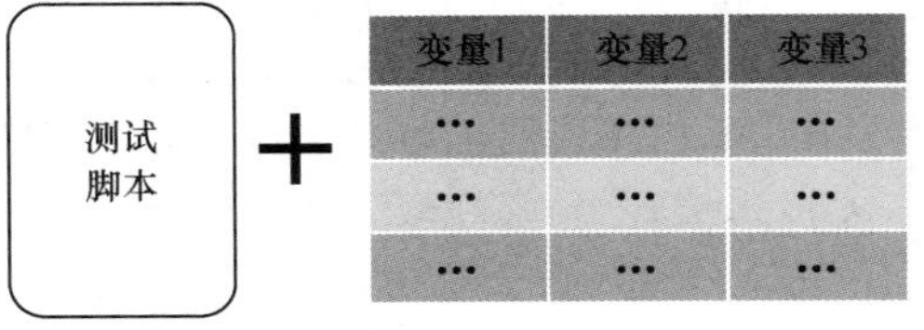

图 7-4　数据驱动设置

有了测试脚本的数据驱动，虽然测试过程是一样的，但测试输入的数据并不相同，每一次测试都能达到不同的测试目的。

4. 虚拟用户技术

在性能测试中，往往需要测试当有多个用户并发访问被测软件时，其性能是否可以达到实际需求。此时，并发用户往往都是借助工具来模拟的。相应的技术被称为虚拟用户技术。

LoadRunner 提供了多种虚拟用户技术，通过这些技术可以在使用不同类型的客户端/服务器体系结构时生成服务器负载。每种虚拟用户技术都适合于特定体系结构并产生特定的虚拟用户类型。例如，可以使用 WebVuser 模拟用户操作 Web 浏览器，使用 Tuxedo Vuser 模拟 Tuxedo 客户端与 Tuxedo 应用程序服务器之间的通信，使用 RTE Vuser 操作终端仿真器。各种虚拟用户技术既可单独使用，又可一起使用，以创建有效的负载测试方案。

7.3 自动化白盒测试

自动化白盒测试的基本原理，就是构造类似于高级编译系统那样的分析工具对程序代码进行检查和分析。分析工具一般针对不同的高级语言来构造，在工具中定义类、对象、函数、变量和常量等各个方面的规则。在分析时，对代码进行扫描和解析，找出不符合编码规则和编程规范的地方，给出错误或警告信息；它还可以生成系统的调用关系图等，并根据某种质量模型评价代码的质量。

7.3.1 自动化白盒测试工具 Logiscope

Logiscope 是法国 Telelogic 公司推出的用于软件质量保证和软件测试的产品。其主要功能是对软件做质量分析和测试以保证软件的质量，并可做认证、反向工程和维护，特别是针对要求高可靠性和高安全性的软件项目和工程。

在软件设计和开发阶段，使用 Logiscope 可以对软件的体系结构和编码进行确认，可以在尽可能的早期阶段检测那些关键部分，找出潜在的错误。可以在构造软件的同时，定义测试策略；也可以帮助程序员编制符合标准的文档，改进不同开发组之间的交流。

在测试阶段使用 Logiscope，可以使测试更加有效。它可针对软件结构，度量测试覆盖的完整性，评估测试效率，确保满足要求的测试等级。Logiscope 还可以自动生成相应的测试分析报告。

在软件的维护阶段，可以用 Logiscope 验证已有的软件是否是质量已得到保证的软件。对于状态不确定的软件，Logiscope 可以迅速提交软件质量的评估报告，大幅度减少理解性工作，避免非受控修改所引发的错误。

Logiscope 采用基于国际标准度量方法（如 Halstead、McCabe 等）的质量模型对软件进行分析，从软件的编程规则、静态特征和动态测试覆盖等多个方面，量化地定义质量模型，并检查、评估软件质量。

Logiscope 的优点如下。

（1）提供开发环境集成，很容易访问和运行 Logiscope。

（2）开发者可以随时检查其工作。

（3）只有达到要求的测试等级，软件才可以离开测试阶段。

（4）软件的维护工作是受控的，避免非受控修改所引发的错误。

（5）项目主管能把全部测试结果自动编制到日常报告中。

（6）质量工程师或测试工程师可以把项目作为一个整体，自动编写详细的质量或测试报告。

目前，Logiscope 产品在众多企业得到了广泛的应用，其用户涉及通信、电子、航空、国防、汽车、运输、能源及工业过程控制等众多领域，包括如下企业或单位。

（1）欧洲的卫星生产厂商 Matla Marconi Space。

（2）直升机生产厂商 Eurocopter。

（3）世界最大的粒子物理研究实验室 CERN。

（4）航空航天领域的 Aérospatiale、Alcatel Space、Boeing、CNES、Northrop Grumman。

（5）IBM、GE、PHILIPS。

（6）国内的华为公司、中兴公司等。

7.3.2 Logiscope 的功能

Logiscope 有三项独立的功能，以三个独立的工具的形式出现，即 Audit、RuleChecker、TestChecker，它们之间在功能上没有什么联系，彼此较为独立。Audit 和 Rulechecker 提供了对软件进行静态分析的功能，TestChecker 提供了测试覆盖率统计的功能。

Audit：软件质量分析工具，可评估软件质量及复杂程度，提供代码的直观描述，自动生成软件文档。

RuleChecker：代码规范性检测工具，包含大量标准规则，用户也可定制创建规则。根据测试工程中定义的编程规则自动检查软件代码错误，可直接定位错误，自动生成测试报告。

TestChecker：测试覆盖率统计工具，基于源码结构分析，进行测试覆盖分析，显示没有测试的代码路径。可以直接反馈测试效率和测试进度，协助进行衰退测试；可以支持不同的实时操作系统、支持多线程；可以累积合并多次测试结果，自动鉴别低效测试和衰退测试；可以自动生成定制报告和文档。

1. Audit

Audit 是审查程序代码质量的。软件的质量因素包括功能性、可靠性、易用性、效率、可维护性、可移植性这六个方面（ISO/IEC 9126）。质量因素、质量标准一般是固定的，但质量度量元不是固定的，可以根据不同的情况变化而变化。软件质量模型就是一个将程序信息由底层到高层、由细节到概括的一个过程模型，它由简单、可测量的数据入手，最后分析概括出软件的特征。Audit 也是按照这种分层、量化的方式来审查代码质量的。

Audit 通过一个文本文件来定义质量模型。在为被测代码建立测试项目的过程中，有一步是要求用户选定一个质量模型，Audit 默认提供一个质量模型文件“LogiscopeHOME/Logiscope/Ref/Logiscope.ref”。质量模型描述了从 Halstead、McCabe 的质量方法学引入的质量因素、质量准则和质量度量元。质量模型文件首先定义了若干个度量元，并为这些度量元设定了数值范围。接着通过组合若干个度量元形成质量准则。再通过组合质量准则，形成最后的质量因素评价。这个过程与软件质量模型中由底层到高层、由细节到概括的结构恰好对应。

质量模型是一个三层的结构组织，三个层次如下。

（1）质量因素（Factor）。质量因素是从用户角度出发，对软件的质量特性进行总体评估。一个质量因素由一组质量准则来评估。

（2）质量准则（Criteria）。质量准则从软件设计者角度出发，设计为保障质量因素所必须遵循的法则。一个质量准则由一组质量度量元来验证。

（3）质量度量元（Metrics）。质量度量元从软件测试者角度出发，验证是否遵循质量准则。

Logiscope 从系统（Application）、类（Class）和函数（Function）三个层次详细规定了上述质量特性及其组成关系。以 C++程序的类（Class）层为例，具有两个质量因素，即可维护性（Maintainability）、可重用性（Reusability）；4 个质量准则，即可分析性（Analyzability）、可修改性（Changeability）、稳定性（Stability）、可测试性（Testability）。

质量度量元较多，在此不再详细描述。

静态分析 Audit 部件将软件与所选的质量模型进行比较，生成软件质量分析报告；显示软件质量等级的概要图形，对度量元素和质量模型不一致的地方做出解释并提出纠正的方法；通过对软件质量进行评估及生成控制流图和调用图，来发现可能发生错误的部分，一旦发现，可以使用度量元及控制流图、调用图等做进一步分析。

Audit 具体功能如下。

（1）质量报告。Logiscope 根据质量模型，生成相应的软件质量分析报告（HTML 格式）。

（2）质量度量元。质量度量元可清楚分析和观察每个类或方法中的质量度量元的数值，判断其是否合法。

（3）质量准则。质量准则可清楚分析和判断各质量因素所含有的质量准则的数值和合格性。

（4）质量因素。质量因素针对系统层、类层和函数层，分别分析质量因素的合格性和所占百分比。

（5）程序控制流图。控制流图显示算法的逻辑路径，其图形适用于评价函数的复杂性。

（6）程序调用图。程序调用图表示过程和函数之间的关系，非常适用于检查应用系统的设计。

（7）Kiviat 图。Kiviat 图使质量等级与所选择的参考模型之间的一致性对比更加可视化。

2. RuleChecker

Logiscope 提供编码规则与命名检验，这些规则是根据业界标准和经验所制定的，是企业共同遵循的规则与标准，可以避免程序员不良的编程习惯以及不同的软件开发组织和团队之间编程风格不一致所导致的困扰和问题。RuleChecker 预定义了数十条编程风格检测规则，有关于结构化编程的，也有面向对象编程的，等等。具体而言，最常见的规则举例如下。

（1）命名规则，如变量名首字母大写等。

（2）控制流规则，如不允许使用 GOTO 语句等。

（3）Logiscope 还提供规则的裁剪和编辑功能，预定义的规则可以根据实际需要进行选择，也可以按照自己的实际需求更改和添加规则，可以用脚本和编程语言定义新的规则。测试执行时 RuleChecker 使用所选规则对源代码一一进行验证，指出所有不符合编程规则的代码，并对应列出所违反的规则。

3. TestChecker

TestChecker 为测试覆盖率分析工具，提供语句覆盖、判定覆盖、MC/DC 覆盖和基于应用级的 PPP 覆盖。分析这些覆盖率信息可以提高测试效率，协助进行进一步测试。同时，Logiscope 支持对嵌入式系统的覆盖率分析。

TestChecker 产生每个测试的测试覆盖信息和累计信息。用直方图显示覆盖比率，并根据测试运行情况实时更新，随时显示新的测试所反映的测试覆盖情况。TestChecker 允许对所有的测试运行依据其有效性进行管理。用户可以减少那些用于非回归测试的测试。被执行过的函数，一旦做了修改需要重新运行时，Logiscope 将会标出。

在测试初期，覆盖比率迅速增加，象样的测试工作一般能达到 70%的覆盖率。但是，要提高此比率是十分困难的，主要是由于后续的测试可能覆盖了与前面的测试相同的路径或位置。此时，需要对测试策略做一些改变，要检测没有执行的逻辑路径，设计适当的测试用例来覆盖这些路径。将 TestChecker 与静态分析结合使用能够帮助用户分析未测试的代码。用户可以显示所关心的代码，并通过对执行未覆盖的路径的观察得到有关的信息。信息以图形（控制流图）和文本（伪代码和源文件）的形式提供，两者之间有导航关联。

习 题

一、选择题

1. 下列（　　）不是软件自动化测试的优点。

   A. 速度快、效率高　　B. 准确度和精确度高

   C. 能节约测试工作的人力成本　　D. 能完全代替手工测试工作

2. 关于自动化测试局限性的描述，以下描述错误的是（　　）。

   A. 自动化测试不能完全取代手工测试　　B. 自动测试比手工测试发现的缺陷少

   C. 自动化测试不能提高测试覆盖率　　D. 自动化测试对测试设计依赖性极大

3. 以下不适用自动化测试的情况为（　　）。

   A. 负载测试　　B. 回归测试　　C. 界面体验测试　　D. 压力测试

二、填空题

1. 自动化测试中，实现对中间结果进行检查的技术是________，实现重复执行脚本并每次输入不同测试用例的技术是________。

2. 自动化测试的基本原理大致分为两类：一是通过设计的特殊程序模拟测试人员对计算机的操作过程和操作行为，一般用来实现________；二是开发类似于高级编译系统那样的软件分析系统，来对被测试程序进行检查、分析和质量度量等，一般用来实现________。

3. 自动化测试只是提高了测试执行的________，而不能提高测试的________。

三、判断题

1. 只要采用自动化测试，工作效率将马上提高。(　　)

2. 所有的测试工作都可以实现自动化。(　　)

3. 自动化测试的执行是不受上下班时间限制的，甚至于可以 24 小时不间断。(　　)

4. 在相同的测试设计、执行相同的测试数据的情况下，自动化测试比手工测试发现的缺陷多。(　　)

5. 测试用例可完全由测试工具自动生成。(　　)

6. 自动化测试可适用于任何测试场景。(　　)

四、解答题

1. 试分析应用自动化测试技术应注意哪些问题。

2. 试分析以下测试脚本每一行代码的功能是什么。

```
startApp("校园招聘");
tree().click(atPath("学校->专业->班级"));
…
学号().inputKeys("{Num1}{Num8}{Num1}{Num2}{Num3}{Num4}
                 {Num1}{Num2}{Num3}{Num4}");
查询().click();
校园招聘(ANY,MAY_EXIT).close();
```

3. 试结合实例阐述数据验证点在使用时可以达到哪些不同的效果。

PART08

第8章

软件评审

8.1 软件评审简介

8.1.1 软件评审的概念

早在 1972 年，费根（M. E. Fagan）就在软件开发过程中采用代码审查（Code Inspection）方法，这使当时 IBM 公司开发的软件产品在质量和生产效率方面都有很大提高，取得了显著的效果。这一做法在软件界产生了很大影响，许多人也开始积极采用代码审查方法。

代码审查是指对计算机源代码系统化地进行审查，常以软件同行评审的方式进行。其目的是找出在软件开发初期未发现的错误，提升软件质量。代码审查常以不同的形式进行，如结对编程、非正式的代码浏览、正式的代码检查。

通过代码审查我们可以发现诸如格式化字符串攻击、资源竞争、内存泄露、缓存溢出等方面的问题和隐患，对其进行修改以便提高安全性、可靠性等。基于 Subversion、Mercurial、Git 或其他软件的线上软件库可以允许协同审查代码。有些协同代码审查工具还可以简化代码审查的过程。

代码审查提高了代码质量，但是，软件开发中不仅只是在编码阶段可能出现差错，有许多问题往往出现在软件设计中，甚至问题的源头可以进一步回溯到需求分析，即软件缺陷在很多情况下是对需求的理解不到位造成的，为了消除这些可能存在的软件缺陷，就必须在需求分析和软件设计环节都要进行相应的审查工作。如今审查或评审已成为一种软件质量控制和软件质量保证的有效方法，不仅将其应用于代码、设计和需求，甚至将其扩展到管理工作当中。

需要说明的是，在软件评审得到广泛应用后，各个软件开发组织和软件项目实施的形式和做法有所不同，也给了不同的称呼。如审查（Inspection）、评审（Review）、正式评审（Formal Review）、同行评审（Peer Review）、同伙评审（Buddy Review）、走查、遍查（Walkthrough）。

尽管它们的实施形式和称呼不同，但并没有本质的区别。软件评审是对软件元素的一种评估手段。它和软件测试一样，是保证软件质量的一种主要途径。

按照 IEEE 的定义，软件评审是软件开发组之外的人员或小组，对软件需求、设计或代码，进行详细审查的一种正式评价方法。其目的是发现软件中的缺陷，找出违背执行标准的情况以及其他问题。

在软件生存期的每个阶段都可能引入缺陷。在某一阶段中出现的缺陷，如果得不到及时的纠正，到后续阶段就会放大和扩散。实践证明，提交给测试阶段的产品中包含的缺陷越多，经过同样时间的测试之后，产品中仍然潜伏的缺陷也越多。因此，必须将查找缺陷的工作提前。在软件过程的每个阶段，都要进行严格的软件评审，尽量不让缺陷传导到下一阶段。

8.1.2 软件评审的作用

软件评审的目的是检验软件开发、软件评测各阶段的工作是否齐全、规范，各阶段产品是否达到了规定的技术要求和质量要求，以决定是否可以转入下一阶段的工作。软件评审是软件质量控制和软件质量保证的重要手段。软件评审和软件测试结合起来，能取得很好的效果。在某些环节，软件评审的作用不可替代，效果非常显著。

费根在软件评审方面的贡献是突出的，他在总结大量的实践数据后得到的结论是："用测试数据运行被测试程序这种方法只能发现软件开发中约 20%的问题，而认真进行评审却可以发现 80%的问题。"

许多研究表明，在某些情况下，评审方法往往优于其他质量验证手段。对于大中型软件项目而言，软件评审尤其重要。大中型软件的质量更多的取决于需求分析和软件设计质量，而不仅仅是编码。需求分析、软件设计的质量一般无法通过软件测试来检查，只能依靠软件评审来检查、验证。

总体来说，在软件开发过程中，评审可以让我们获得以下收益。

（1）规范软件过程。通过评审，可以规范软件过程，提高软件过程质量。

（2）保证软件质量。在整个软件开发过程中，每一个阶段都有可能引入缺陷。通过对每一个阶段性软件产品，尤其是不便于进行软件测试的阶段性软件产品进行评审，可以及时发现可能引入的缺陷，保证质量，防止缺陷传导到后续的环节。有些问题和缺陷，难以通过测试来发现，而通过评审却可以发现，如对标准的遵循、架构的合理性、设计的适用性等。通过评审可以保证各个阶段性产品质量，进而提高最终软件产品的质量。

（3）提高软件生产率。通过评审可以尽早发现软件缺陷，修复缺陷的工作量小、时间短，并可以减少后续可能需要返工的时间，还可能减少软件测试的时间；反之，随着开发工作的推进，缺陷在后期将更难被发现，而且早期引入的缺陷也必然会放大和扩散，难以修复，甚至需要推翻重来，这将造成软件项目生产效率低下。

（4）降低软件质量成本。越早发现问题、解决问题，成本越低。通过评审及时发现软件缺陷，可以降低修复缺陷的成本。通过评审可以保证软件阶段性产品的质量，降低后续的测试成本，并降低软件失效的概率，从而从整体上降低软件质量成本。

（5）实现项目监控，标志阶段完成。通过在各个阶段进行评审，可以及时获得客观、可信的项目信息，实现对项目进度和质量等的监控。同时，每次评审通过的软件元素都是后续工作的基线，标志着一个阶段的完成，可以进入下一个阶段。

（6）通过评审学习和积累。参加评审的人员可以通过评审互相交流和学习，从评审发现的问题中吸取教训；通过分析问题和缺陷的原因，可以学到新的知识，并使人们在以后的工作和项目中避免出现类似的问题。可以将评审发现的典型缺陷和问题列成检查表，用于以后的评审工作等。

（7）生产更易维护的软件。评审可以促进软件相关各方对所开发软件的理解，可以使团队更熟悉软件产品和开发过程，便于今后对软件进行维护。同时，评审可以促进软件文档的建设和存档，便于软件的维护。

8.1.3 软件评审的特点

软件评审具有以下特点。

（1）评审的目的在于发现隐藏的软件缺陷。

（2）参加评审的人，应当以软件项目开发组以外的同行人员为主，软件项目组成员参加评审，只是为了介绍被评审的对象，回答评审人员的提问等，促进评审人员对被评审对象的理解和认识。

（3）被评审的对象，通常指的是软件开发中的各种技术产品，如需求规格说明、软件设计文档、源程序、测试计划和用户手册等。有时某些项目管理文件和事项，也可能作为评审的对象，如软件开发计划等。

（4）评审有多种形式。正式评审要以评审会的形式进行。非正式评审可以由评审人员各自进行，由评审人员提出书面评审意见并签名，以体现评审的责任。

8.2 软件评审活动

不同的软件开发组织和软件项目，实施软件评审的做法有所不同，主要的分阶段软件评审活动有需求评审、概要设计评审、详细设计评审、代码评审、测试评审、验收评审等。需求、设计和代码评审活动的要点见表 8-1。

表 8-1　　需求、设计和代码评审的要点

评审活动	主要工作	目的	成果要求
需求评审	对软件需求进行分析、审查、评估	确保软件需求满足用户要求，并且可行	通过评审的需求描述
设计评审	对软件设计进行分析、审查、评估	保证软件设计可支持系统需求，并可将其转化为计算机软件系统	通过评审的软件设计

续表

评审活动	主要工作	目的	成果要求
代码走查	对源程序进行非正式检查、分析，并模拟程序的执行	发现编码问题，找出缺陷	经过初步检查验证的软件代码
代码审查	对源程序进行正式检查、分析	找出缺陷，使其符合详细设计	经过检查验证的软件代码，准备进行测试

8.2.1 需求评审

1. 需求评审的内容

软件需求是软件开发的最重要的一个步骤，需求的质量很大程度上决定了项目质量或产品质量。需求评审是所有的评审活动中最难的一个，也是最容易被忽视的一个。

需求评审的内容如下。

（1）软件需求说明书是否覆盖用户的所有要求（用户需求调研报告、软件需求说明书）。

（2）软件需求说明书和数据要求说明书的明确性、完整性、一致性、可测试性、可跟踪性（软件需求说明书、数据流图、数据字典）。

（3）项目开发计划的合理性（用户方、公司技术委员会、项目组等）。

（4）文档是否符合有关标准的规定。

2. 如何做好需求评审

做好需求评审，可从以下方面入手。

（1）分层次评审。用户的需求可以进行如下分层。

① 目标性需求。目标性需求定义了整个系统需要达到的目标。

② 功能性需求。功能性需求定义了整个系统必须完成的任务（中层管理人员关注）。

③ 操作性需求。操作性需求定义了完成每个任务的具体的人机交互（具体操作人员关注）。

（2）正式评审与非正式评审结合。

正式评审：开评审会，将需求涉及人员集合在一起，并定义好参与评审人员的角色和职责。

非正式评审：不需要将人员集合在一起，而是通过电子邮件、网络会议等多种形式开展。

（3）分阶段评审。在需求形成的过程中进行分阶段的评审，而不是在需求最终形成后再进行评审。将原来需要进行的大规模评审拆分成各个小规模的评审。这样降低了需求返工的风险，提高了评审的质量。

（4）精心挑选评审人员。需求评审可能涉及的人员如下。

需方：高层管理人员、中层管理人员、具体操作人员、IT 主管、采购主管。

供方：市场人员、需求分析人员、设计人员、测试人员、项目经理等。

这些人员所处的立场不同，对同一个问题的看法也是不相同的，不同的观点可能形成互补。要保证不同类型的人员都要参与进来，否则很可能会漏掉了很重要的需求。不同类型的人员中要选择那些真正和系统相关的，对系统有足够了解的人员，否则评审的效率会降低。

（5）对评审员进行培训。在很多情况下，评审员是某领域专家而不是评审活动的专家，没有掌握评审的方法、技巧、过程等，因此需要培训。对主持评审的管理者等也需要进行培训。参与评审的人员应围绕评审的目标来进行，控制评审节奏，提高评审效率。

（6）充分利用需求评审检查单。检查单可以帮助评审员系统全面地发现需求中的问题，检查单随着工程经验的积累逐渐丰富和优化。

① 需求检查单：包括需求形式检查单和需求内容检查单。

② 需求形式检查：由质量保证人员负责，主要检查需求文档的格式是否符合质量标准。

③ 需求内容检查：由评审员负责，主要检查需求内容是否达到了系统目标、是否有遗漏、是否有错误等。

（7）建立标准的评审流程。需求评审需要建立正规的需求评审流程，按照流程中规定的活动进行。

（8）做好评审后的跟踪工作。针对评审人员提出的问题要进行分析，确定哪些问题必须纠正，并给出理由与证据；然后提出书面的需求变更申请，进入需求变更的管理流程，并落实需求变更的执行。在需求变更完成后，要进行复审。如果评审完毕后，没有对问题进行跟踪，就无法保证评审结果的落实，这样会使前期的评审努力付之东流。

（9）充分准备评审。

评审质量与评审会议前的准备活动关系密切。评审准备中常见问题如下。

① 需求文档在评审会议前并没有提前下发给参与评审会议的人员，没有留出更多的时间让参与评审的人员阅读需求文档。

② 没有执行需求评审的前提条件，将要被评审的需求文档中存在大量低级错误，或者是在评审前没有进行有效沟通，需求文档中存在严重的错误。

③ 没有在评审之前检查落实每项准备工作。

8.2.2 概要设计评审

概要设计评审的开始时间为软件概要设计结束后，其主要内容如下。

（1）总体结构。

（2）外部接口。

（3）主要部件功能分配。

（4）全局数据结构。

（5）各主要部件之间的接口。

概要设计评审一般应主要考查以下几个方面。

（1）概要设计说明书是否与软件需求说明书的要求一致。

（2）概要设计说明书是否正确、完整。

（3）系统的模块划分是否合理。

（4）系统接口定义是否明确。

（5）文档是否符合有关标准规定。

表 8-2 所示为概要设计评审报告示例。

表 8-2　　概要设计评审报告示例

项目名称		项目编号	
评审日期		评审性质	□评审　□复审
阶段名：（请在需要评审的内容左侧“□”内打“√”） □合同评审　□立项　□开发计划　□需求规格分析　□概要设计 □详细设计　□编码　□测试　□验收　□变更评审			
评审材料：《概要设计说明书》			
评审内容： 根据评审材料《概要设计说明书》及系统开发已经完成的模型，对 ××× 项目的概要设计工作进行评审，主要包括几个方面： （1）可追溯性：确认该设计是否覆盖了所有已确定的软件需求，且可追溯到某一项目需求。 （2）接口：确认该软件的内部接口与外部接口是否已经明确定义。			

续表

(3)风险：确定该设计在现有技术条件下和预算范围内是否能按时实现。 (4)实用性：确认该设计对需求的解决方案是否实用。 (5)可维护性：确认该设计是否考虑未来的维护。				
评审小组意见	职务	姓名	评审意见	签名
	组长			
	成员			
	成员			
	成员			

8.2.3 详细设计评审

详细设计评审开始时间为软件详细设计阶段结束后，一般主要应考查以下几个方面。

(1)详细设计说明书是否与概要设计说明书要求一致。

(2)模块内部逻辑结构是否合理，模块之间的接口是否清晰。

(3)数据库设计说明书是否完全，是否正确反映详细设计说明书的要求。

(4)对设计的检查、验证是否全面、合理。

(5)文档是否符合有关标准规定。

表 8-3 所示为详细设计评审检查表示例。

表 8-3　详细设计评审检查表示例

项目名称		评委姓名	
评审检查日期		评审检查用时（小时）	
主要检查内容		意见	
详细设计书	详细设计是否覆盖了所有的总体设计条目？		
	详细设计和总体设计之间是否存在冲突？总体设计是否经过相应的变更？		
	每一个单元的关键算法、关键数据结构是否清楚？		
	设计是否可以实现？		
	设计是否有遗漏和缺陷？		
	单元测试样例是否形成，样例是否合理？		
	单元测试方案是否可行？		
需求追溯	详细设计中的每一条目是否都能追溯到总体设计中对应条目？		
发现的问题清单			
编号	问题		
1			
2			
……			
评审检查结论	□通过　□有条件通过　□不通过 备注：		

8.2.4 数据库设计评审

在数据库设计阶段结束后，应对数据库设计进行评审，以评价数据库设计的适宜性。对一些高并发、数据访问量大的软件而言，数据库设计对系统性能影响很大。数据库设计评审一般要考查以下几个方面。

（1）概念结构设计。

（2）逻辑结构设计。

（3）物理结构设计。

（4）数据字典设计。

（5）安全保密设计。

表 8-4 所示为数据库设计评审表示例。

表 8-4 数据库设计评审表示例

序号	检查项目	通过	不通过
1	数据库设计是否满足软件设计的一般要求？ 注：数据库设计应该满足软件设计的一般要求		
2	数据库设计是否与其他设计内容一致？ 注：作为软件设计的一部分，数据库设计应该与其他设计内容保持一致		
3	设计是否充分考虑了新系统与现有系统的关系，与现有系统的接口是否被充分考虑？ 注：在数据库设计中应该充分考虑新系统与现有系统的关系，与现有系统的接口应被充分考虑		
4	如果基础数据的一部分来源于其他系统，那么是否有工具或方案实现快速导入？ 注：如果有必要，应该设计工具或者方案将来源于其他系统的数据快速导入数据库		
5	反规范化（违反 3NF）的设计是否有明确的说明，理由是否充分？ 注：反规范化的设计有时是必要的，但是要注明理由。通常的理由包括： （1）为了提高查询效率，在频繁查询但不频繁更新的表中增加冗余列。 （2）为了提高查询效率，将大容量表做水平分割（分割列）。 （3）为了方便进行统计，引入派生列。 …… 如无恰当理由，所有设计均应遵循 3NF		
6	对反规范化（违反 3NF）设计部分的数据完整性是否进行了充分的考虑？ 注：反规范化的设计可能产生数据冗余，因此应该视具体情况建立一定的机制（如触发器、过程）保证反规范化数据的完整性		
7	孤立表的设计理由是否充分？ 注：设计中应该对孤立表的设计理由做出明确的说明		
8	为保证查询和更新效率，是否对大容量表（千万行以上或 100 列以上）做了必要的设计？ 注：通常在大容量表上采用的设计包括： （1）将大容量表设计成分区表； （2）将大容量表作水平分割（分割行）或垂直分割（分割列）； ……		
9	是否避免深度超过三层的视图？ 注：为了保证效率，视图的深度一般不超过三层，可以建立临时表降低视图的深度		
10	是否遵循统一的命名规范？ 注：对所有数据库元素应该采用统一的命名规范		

续表

序号	检查项目	通过	不通过
11	表、列、视图、触发器、过程的注释是否完整？ 注：应在表和列上建立中文说明；应在复杂视图的脚本中增加注释；应该在触发器和过程脚本中增加注释		
12	命名是否避免使用数据库的保留字？ 注：命名应绝对避免使用数据库的保留字		
13	数据类型是否存在溢出的可能？ 注：检查数据的逻辑取值范围是否超出数据的设计类型，重点检查 integer、smallint、char 型字段		
14	数据类型的长度是否保留了未来扩展的余量？ 注：数据类型应保留一定的扩展余量。由此产生的典型问题包括电话号码升位、身份证升位、千年虫等		
15	在作为查询条件的列上是否建立了 NOT NULL 约束？如果没有，理由是否充分。 注：如果把为建立 NOT NULL 约束的列作为查询条件，查询结果中往往会漏掉取值为 NULL 的列		
16	是否谨慎地使用日期型字段？ 注：外部输入或导入的日期应使用 varchar 型或 char 型字段。典型的问题是：如果有的日期精确到日，有的日期只精确到年，那么这些数据在日期型字段中得不到准确的记录		
17	主键是否采用系统生成的键？如果不是，理由是否充分。 注：现在的设计越来越倾向于使用系统生成的键作为主键，而不使用带有业务含义的主键，由系统生成的主键字段通常包括自增长列、序列、GUID		
18	是否将可能变动的字段作为主键？ 注：如果不使用系统生成的键，那么应该避免将可能变动的键作为主键		
19	如果外键字段未建立 NOT NULL 约束，那么理由是否充分。 注：外键字段要么引用关联的主键，要么置空的外键字段有确定的业务含义，因此最好将这类的“业务含义”定义在外键关联表中，并且在外键字段上建立 NOT NULL 约束		
20	是否使用数据库的约束机制实现数据的完整性？ 注：应该尽量利用数据库的约束机制（如键、非空、唯一、Check、触发器等），而不是应用程序，保证数据的完整性		
21	索引是否正确地建立在查询操作频繁的表上？ 注：应该索引建立在查询操作频繁的表上。建立索引的常用原则还包括： （1）使索引最可能被用在 Where 子句中。 （2）查询时不应对索引列作为函数运算，否则应建立函数索引。 （3）在大型表上建立索引有可能降低查询效率，可以将大表建立分区索引。 ……		
22	索引是否建立在大容量字段上？ 注：应尽量避免将索引建立在 Name，Lob 或大文本这类的大容量字段上		
23	索引是否建立在小数据表（少于 5 个块）上？ 注：在小容量表上建立索引没有意义		
24	是否将索引建立在独立的表空间上？如果不是，理由是否充分。 注：将索引建立在独立的表空间上能够提高查询效率		

续表

序号	检查项目	通过	不通过
25	是否依据一定的原则，恰当地划分了表空间？ 注：划分表空间的一般原则包括： （1）将访问方式相同的字段（如 Lob 字段）储存在一起。 （2）将系统数据和业务数据分开存储。 （3）将数据和索引分开存储。 （4）将频繁增长变化和相对静止的数据分开存储。 ……		
26	是否有系统级和程序级的用户、角色和权限的设计？ 注：应该在数据库系统和应用程序级分别设计用户、角色和权限		
27	是否进行了必要的设计，保证应用程序的数据库连接参数（包括用户名、密码等）独立、安全？ 注：应用程序通过数据库连接参数访问数据库。数据库连接参数应分别独立于应用程序和业务数据库，密码应加密。数据库连接参数的独立性和安全性应在设计中体现		
28	是否建立了数据库的备份和恢复策略？ 注：应该建立数据库的备份和恢复策略。通常既可以用数据库的功能实现，也可以用应用程序实现		
29	如果有移植的要求，那么是否对移植性做了充分的考虑？ 注：如果有移植需求，那么应该慎重使用函数、过程、触发，并且要单独的移植方案		
30	其他检查的内容：		

8.2.5 测试评审

测试评审主要对软件测试的如下各个环节进行评审。

（1）软件测试需求规格说明评审。

（2）软件测试计划评审。

（3）软件测试设计评审。

（4）软件测试记录评审。

（5）软件测试报告评审。

对各环节测试评审的主要要求如下。

（1）测试是否全面、合理。

（2）测试文档是否符合有关标准规定。

（3）应对各测试用例进行详细的定义和说明。

（4）测试执行前测试用例、环境、测试软件、测试工具等准备工作是否全面、到位。

（5）在测试过程中，填写“软件测试记录”。发现软件问题，则填写“软件问题报告单”。

（6）测试记录包括测试的时间、地点、操作人、参加人、测试输入数据、期望测试结果、实际测试结果及测试规程。

（7）测试报告应有统计分析，翔实可信。

8.2.6 验收评审

验收评审是评审的最后一个阶段，是对产品的最终评定。

验收评审的评审人员可以包括软件开发人员、项目经理、用户、管理人员、项目承办方与交办方上级领导等。

验收评审的内容主要有：开发的软件系统是否已达到软件需求说明书规定的各项技术指标；使用手册是否完整、正确；文档是否齐全，是否符合有关标准等。

8.3 软件评审技术和工具

不同的软件评审活动，可能会用到不同的评审技术和工具，基本的评审技术如下。

（1）缺陷检查表或问题对照表。事先把可能出现的缺陷列成一张缺陷检查表，或者把常见的问题列成一张问题对照表。然后按照缺陷检查表或问题对照表对软件阶段性产品进行检查，看是否存在这样的缺陷和问题。检查表应适合所评审的对象，并应定期予以维护，以覆盖各种可能出现的问题。基于检查表的技术的主要优点是对典型缺陷类型的系统化覆盖。但需要注意的是，在评审中不应简单地遵循检查表，还应力争发现检查表之外的缺陷。

（2）规则集。把应当遵循的规则事先做成规则集，然后按照规则集检查软件阶段性产品，看是否都符合规则要求。缺陷检查表或问题对照表是软件不能怎么样，而规则集是软件应该怎么样。

（3）场景分析技术。分析软件应用的场景，明确其具体要求，再按照这些要求检查软件，看是否能满足要求。基于场景的评审，向评审人员提供了关于如何评判工作产品是否符合要求的结构化指南，支持审评人员根据工作产品的预期使用情况对工作产品进行“预演”。与检查表条目相比，这些场景为评审提供了更好的指导，有助于识别特定类型的缺陷。与基于检查表的评审一样，为了不遗漏其他类型的缺陷，评审不应受限于文档中已有的场景。

（4）多角度分析，权衡和折衷。一个软件有多个利益相关者，典型的利益相关者包括最终用户、市场人员、设计人员、开发人员、测试人员等。从不同的利益相关者角度分析软件，就会得出不同的目标和要求，有时这些目标和要求是互相制约的，甚至是互相矛盾的，这就需要综合考虑目标、要求、成本、技术等各种因素，并进行必要的权衡和折衷。

常用的评审工具如下。

（1）Gerrit。Gerrit 是一种免费、开放源代码的代码审查工具软件，只需通过网页浏览器，同一个软件团队的程序员，可以相互审阅彼此的程序代码，决定是否能够提交。

（2）Jupiter。Jupiter 是一个开源的代码审查工具，集成在 Eclipse 下执行代码审查工作。可以把 Jupiter 的工作划分为 3 个阶段，分别是：Individual Phase 个人阶段，表示个人审查阶段；Team Phase 团队阶段，表示团队审查阶段；Rework Phase 修复阶段，表示修改 Bug 阶段。

（3）SourceMonitor。SourceMonitor 是一款免费的软件，可以对 C、C++、C#、Java、VB、Delphi 和 HTML 等多种语言的源代码进行相关质量度量。

8.4 软件评审的组织和相关因素

8.4.1 软件评审的组织

正式的软件评审一般以评审会的形式进行。成立评审组，召开评审会，经过作品介绍、问答、评审员会商等环节，给出评审结果。如果评审中发现了问题，还要对问题进行分析和跟踪。一般来说，软件评审小组人员及职责如下。

（1）组织管理者（Superintendent）。组织评审会议，确保评审活动有效开展，必要时在各种观点之间进行协调。

（2）评审组长（Moderator）。评审组长一般由资深专家担任，在评审活动中起主导作用，应针对被评审的软件产品提出意见和建议，并对评审结果负责。

（3）评审员（Reviewer、Inspector）。评审员可以是领域专家、项目工作人员、对软件产品感兴趣的利益相关者或者具有特定技术或业务背景的个人。他们应识别被评审工作产品中的问题和缺陷。他们可以代表不同的观点，如代表测试人员、开发人员、用户、业务分析员等观点。

（4）作者（Author）。创建需要被评审的软件产品，根据评审结果修正被评审软件产品中的问题和缺陷。

（5）记录员（Recorder）。收集记录评审活动中发现的问题和缺陷，记录评审会议决定，填写相关评审文档等。

有些评审活动中，一个人可以扮演多个角色，每个角色相关的活动也会因评审类型不同而有所不同。此外，随着支持评审过程的技术工具的出现，一些活动和工作可以借助相应工具来完成。

8.4.2 软件评审的相关因素

为了成功地进行评审，必须合理组织评审活动，采用适当的评审技术和工具。此外，还有一些其他因素将影响评审的结果。

与组织工作相关的软件评审成功因素如下。

（1）每次评审都有明确的目标，评审计划期间定义并使用可度量的质量标准。

（2）采用与目标相一致的评审类型，并适合软件工作产品和参与者的类型和水平。

（3）所使用的任何评审技术，如基于检查表的或基于角色的评审，都适合在被评审工作产品中进行有效的缺陷识别。

（4）使用的任何检查表都涉及主要风险。

（5）庞大的文件应拆分成小块进行编写和评审，以便通过向作者提供关于缺陷的早期和频繁的反馈来进行质量控制。

（6）管理层支持评审，在充分重视的情况下安排评审。

（7）参加者有足够的时间准备。

（8）为评审活动留出足够的时间。

与评审人相关的软件评审成功因素如下。

（1）选择合适的人员参与评审以实现目标，例如具有不同技能或视角的人员，被评审的文档将作为他们工作的输入。

（2）测试员被视为有价值的评审人员，他们为评审做出贡献，并学习工作产品，从而使他们能够更有效并更早的准备测试。

（3）参与者投入足够的时间和精力研究细节。

（4）评审分小块进行，以便评审人员在个人评审和/或审查会议（举行时）期间能集中注意力。

（5）发现的缺陷得到认可、赞赏和客观处理。

（6）会议管理良好，与会者认为这是有价值的使用他们的时间。

（7）评审应该在相互信任的气氛中进行，评审结果将不用于评价参与者。

（8）参与者避免使用让其他参与者感到厌烦、恼怒或敌意的肢体语言和行为。

（9）提供充分的培训，特别是为审查等更正式的评审类型提供培训。

（10）鼓励学习和过程改进文化。

习 题

一、选择题

1. 对软件文档的要求不包括（　　）。

A. 完整性　　B. 美观性　　C. 一致性　　D. 易理解性

2. 软件设计阶段的质量控制主要采取的方式是（　　）。

A. 评审　　B. 白盒测试　　C. 黑盒测试　　D. 动态测试

3. 以下不属于软件评审内容的是（　　）。

A. 管理评审　　B. 技术评审　　C. 文档评审　　D. 人员评审

4. 以下不是评审工具的是（　　）。

A. Gerrit　　B. Jupiter　　C. JaCoCo　　D. SourceMonitor

二、填空题

1. 评审会议结束后，应当整理得到________作为存档材料。

2. 对评审会议发现的问题和缺陷要进行分析和跟踪，有的缺陷________，有的缺陷则必须________。

3. 验收评审的内容主要是：开发的软件系统是否已达到________规定的各项技术指标；________是否完整、正确；________是否齐全，是否符合有关标准等。

4. 按照 IEEE 的定义，________是软件开发组之外的人员或小组，对软件需求、设计或代码，进行详细检查的一种正式评价方法。

5. 除软件测试外，________是另一种软件质量控制和软件质量保证的有效方法。

6. 大中型软件的质量更多的取决于________和________质量，而不仅仅是编码质量。

7. 正式评审一般以________的形式进行。

三、判断题

1. 技术评审既是一种技术手段，也是一种质量管理手段。（　　）

2. 详细设计评审是所有的评审活动中最难的一个。（　　）

3. 评审的主要目标在于检测错误、核对与标准的偏离。（　　）

4. 数据库设计一般要求遵循 4NF。（　　）

5. 应选择那些最复杂和最危险的部分进行评审。（　　）

6. 应该将发现缺陷的工作推后，最后再处理，这样效率高。（　　）

四、解答题

1. 试分析通过评审可以有哪些收效。

2. 什么是软件评审，主要的分阶段软件评审活动有哪些？

PART09

第9章

软件质量与质量保证

9.1 软件错误及分类

9.1.1 各种软件错误

软件中可能会出现的错误各式各样。首先让我们通过一些因错误引发的事故，来直观的体验一下软件错误的外在表现和不良后果。

1. ATM 机“红包”

2009 年元旦刚过，在英国的曼彻斯特，有一台 ATM 机，人们取钱的时候发现，实际出款额是取款额的 2 倍。许多人闻讯赶来排队取款。6 小时内被取走了 1 万英镑。人们戏称这是 ATM 机在发“新年红包”。后经查明，故障原因是 ATM 机程序错误。英国在赫尔市、威尔士等地也发生过类似事件。

2. “千年虫”问题

“千年虫”可以说是计算机发展史上的一个经典案例。“千年虫”的源头历史久远，为解决“千年虫”全球都如临大敌，花费巨大，并且类似的“万年虫”将来可能还会魅影重现。

“千年虫”问题是指在某些使用计算机程序的智能系统（包括计算机系统、自动控制芯片等）当中，由于只使用两位十进制数来表示年份，因此当系统涉及跨世纪的日期处理运算时就会出现错误的结果，进而引发各种各样的系统功能紊乱，甚至崩溃。

世界上第一台通用电子计算机 ENIAC 1946 年诞生于美国宾夕法尼亚大学，当时采用两位数字表示年份，也就是默认年份的前两位为“19”，例如，“05”年，表达的就是 1905 年。但是当时间跨越百年，到了 2000 年以后，那么“05”到底是“1905”年，还是“2005”年呢？此时含义就会出现混淆，并且与之相关的计算就会出现错误。例如，一个人的出生年份在计算机系统中登记的是 80 年，现在是 00 年的，他现在的年龄应该是多大呢？如果没有预防措施，而是按照年份相减的方式简单计算的话，那么他的年龄就是-80 岁；类似的还有，98 年存钱，2000 取钱，结果算出来的利息是负数等。

简单的说，千年虫是计算机系统在日期表达和处理上的一个缺陷，原因是仅采用 2 位数表示年份，当进入新的世纪时，就无法有效区分年份，而与之相关的计算就会出现紊乱和错误，如图 9-1 所示。

图 9-1　千年虫问题的简单理解

广泛地讲，“千年虫”还包括以下两个方面的问题：一方面，在一些计算机系统中，对于闰年的计算和识别会出现问题，不能把 2000 年识别为闰年，即在该计算机系统的日历中没有 2000 年 2 月 29 日这一天，而是直接由 2000 年 2 月 28 日过渡到了 2000 年 3 月 1 日；另一方面，在一些比较老的计算机系统中，在程序中使用了数字串 99（或 99/99 等）来表示文件结束、永久性过期、删除等一些特殊意义的自动操作，这样当 1999 年 9 月 9 日（或 1999 年 4 月 9 日，即 1999 年的第 99 天）来临时，计算机系统在处理到内容中有日期的文件时，就会遇到 99 或 99/99 等数字串，从而出现将文件误认为已经过期或者执行将文件删除等错操作，引发系统混乱甚至崩溃。

据美国一家顾问公司估算，全球花在防备千年虫发作上的费用高达 6000 亿美元。这一估算数字是否准确有待考证，但全球为此大费周章，花费巨额成本，却是不争的事实。

看到“千年虫”的严重后果，我们不禁要问，一开始发明和使用计算机的专家学者为什么要设定成用两位数来表示年份呢？原因很简单，早期计算机存储器的成本很高，如果用四位数字表示年份，就要多占用存储器空间，就会使成本增加，因此为了节省存储空间，计算机系统的编程人员采用两位数字表示年份。随着计算机技术的迅猛发展，虽然后来存储器的价格降低了，但在计算机系统中使用两位数字来表示年份的做法却由于惯性而被沿袭下来，年复一年，直到新世纪即将来临之际，大家才突然意识到用两位数字表示年份将无法正确辨识公元 2000 年及其以后的年份。1997 年，信息界开始拉起了“千年虫”警钟，并很快引起了全球关注。

费尽周折，虽然有不少“千年虫”发作的案例，但总体而言，全球还是平稳度过了 2000 年。然而用 4 位数表示年份，也不是一劳永逸的，类似的“万年虫”问题就在未来等着我们，因为当人类跨越 10000 万年时，年份混淆可能又会魅影重现。

3．美国火星气候轨道探测器坠毁

1998 年 12 月 11 日，美国发射火星气候轨道探测器。参与这个项目的一个 NASA 的工程小组使用的是英制单位，而没有采用预定的公制单位，这造成探测器的推进装置无法正常运作。正是因为这个错误，探测器从距离火星表面 130 英尺（约 40 米）的高度垂直坠毁。此项工程成本耗费 3.27 亿美元，这还不包括损失的时间，该探测器从发射到抵达火星将近一年时间。

4．阿丽亚娜 5 型火箭处女秀发射悲剧

1996 年 6 月 4 日，阿丽亚娜 5 型运载火箭首次发射，原计划将 4 颗太阳风观察卫星运送到预定轨道，但因软件错误引发的问题导致火箭在发射 39 秒后偏轨，从而激活了火箭的自毁装置。阿丽亚娜 5 型火箭和其搭载的卫星瞬间灰飞烟灭。

后来查明的事故原因是：阿丽亚娜 5 型的发射系统代码直接重用了 4 型的相应代码，而 4 型的飞行条件和 5 型的飞行条件截然不同。此次事故损失 3.7 亿美元。

9.1.2 程序正确性的标准

有问题的软件、错误的程序会导致严重的后果，那么什么样的程序是正确的呢？程序的正确性有不同的标准。按照由弱到强，我们可以这样来描述程序的正确性。

（1）程序编写无语法错误。

（2）程序执行中未发现明显的运行错误。

（3）程序中无不适当的语句。

（4）程序运行时能通过典型的有效测试数据，而得到正确的预期结果。

（5）程序运行时能通过典型的无效测试数据，而得到正确的结果。

（6）程序运行时能通过任何可能的数据，并给出正确结果。

程序正确性的标准不同，那么对应的要求就不同，要求程序编写无语法错误，只需程序通过编译即可；要求程序运行时能通过任何可能的数据，并给出正确结果，这样的要求很不容易达到，甚至可以说是根本无法保证达到。

9.1.3 软件错误的分类

按照来源，软件中的错误大体上可以做如下分类。

（1）软件需求错误。

（2）功能和性能错误。

（3）软件结构错误。

（4）数据错误。

（5）软件实现和编码错误。

（6）软件集成错误。

（7）软件系统结构错误。

（8）测试定义与测试执行错误。

为了分析软件错误的来源，需要做大量的统计工作。例如，对某一个包含有 687 7000 行代码的软件，在进行完单元测试、集成测试和系统测试之后，经统计共发现错误 1 6209 个。平均每千行代码有错误 2.36 个。某软件错误分类统计如表 9-1 所示。

表 9-1　　某软件错误分类统计

错误分类	错误数	百分比（%）
软件需求错误	1317	8.1
功能和性能错误	2624	16.2
软件结构错误	4082	25.2
数据错误	3638	22.4
软件实现和编码错误	1601	9.9
软件集成错误	1455	9.0
软件系统结构错误	282	1.7
测试定义与测试执行错误	447	2.8
其他类型错误	763	4.7

按照错误后果的严重程度，软件中的错误可以分为如下几类。

（1）较小错误。

（2）中等错误。

（3）较严重错误。

（4）严重错误。

（5）非常严重错误。

（6）最严重错误。

需要注意的是，错误本身的大小与其所导致后果的严重程度并不成比例。例如，1963 年美国金星探测火箭的飞行控制软件中，有一段 FORTRAN 语句，其中：

```
DO 5 I =1, 3
```

被误写成：

```
DO 5 I =1.3
```

这里只是将“,”错写成“.”，结果这一疏忽竟造成极为严重的后果，火箭发射失败，损失 1000 万美元。

9.2　程序中隐藏错误数量估计

由于我们无法对软件进行穷举测试，因此即使是经过测试的软件，其中也会有隐藏的错误。那么一个软件中究竟还隐藏有多少错误呢？这个问题无法准确回答，但是利用测试的统计数据，在合理的数学模型基础上，我们可以对软件中隐藏的错误数量进行估计，如图 9-2 所示。

图 9-2　对软件中隐藏的错误数量进行估计

9.2.1　种子模型法

我们先来看一种简单的对程序中隐藏错误数量进行估计的方法，这种方法基于种子模型（Seeding Models）。关于种子模型，先来看一个实际问题。对于一个养鱼的池塘来说，如何估计其中鱼的总数。全部捞上来数一下吗？这样做成本太高，而且也没有这个必要。一种简单的方法是：撒一网，捕捞上来 F_a 尾鱼，作上标记，放回到池塘中；等其与未作标记的鱼充分混合，几天以后，再从池中任意取出一些鱼样，得到带标记的鱼 F_x 尾，无标记者 N_x 尾。设池塘中没有标记的鱼的总数 N_a 。

根据等比关系：

$$\frac{F_a}{N_a + F_a} = \frac{F_x}{N_x + F_x}$$

可以计算得到 N_a 的估计值为：

$$N_a = \frac{F_a}{F_x} N_x$$

由 N_a 可得池塘中鱼的总数 N ：

$$N = N_a + F_a$$

模仿上述方法，假设在开始测试以前，软件中的错误数为 N_a 。首先，往程序中人为插入 F_a 个错误。经过一段时间的测试工作以后，发现的错误可以分为两类，一类为人为插入的错误，属于 F_a 中；另一类为软件中原来就有的错误，属于 N_a 中。不计人为插入的错误，则软件中错误数 N_a 的估算值为：

$$N_a = \frac{F_a}{F_x} N_x$$

N_a 减去已经被发现且不是人为插入的错误数，即可得到程序中尚未被发现隐藏的错误数量估计值（不含人为插入的错误）。

基于种子模型，对程序中隐藏的错误数量进行估计，这一方法在应用时存在如下两个实际困难。

（1）人为植入错误较为困难。

（2）错误被发现的难易程度不一样，被插入的错误并不一定能代表各种可能的错误，估算结果不一定准确。

例如，在开始测试前，我们向程序中人为插入 10 个错误，这些错误都是已知类型的常见错误，经过一段时间的测试工作以后，这 10 个错误都被发现了。这样一来，根据计算公式，软件中隐藏的错误数估算值为 0，这显然有一定的局限性。

9.2.2 Hyman 估算法

为了帮助理解，先来做一个类比。张三和李四两人都到某个城市游玩，他们每人随机选取 5 个景点参观游览，如果他们选取的 5 个景点重合度高说明什么问题，重合度低又说明什么问题呢？经过分析不难得知，如果他们随机选取的 5 个景点重合度高，则说明他们可以选择的余地小，也就是总的景点数量少；在极端情况下，如果这个城市只有 5 个景点，那么他们的选择一定是完全重合的。而如果重合度低，则说明总的景点数多，他们可以选择的余地大。

与此类似，Hyman 估算法由两组或者两个测试员同时互相独立地测试同一程序的两个副本，用 T 表示测试时间，记 $T=0$ 时，程序中原有错误总数是 B_0；记 $T=t$ 时，B_1 为第一个人发现的错误；B_2 为第二个人发现的错误；B_a 为两人都发现的错误。

参照种子模型，对于第一个人而言，把第二个人发现的错误看成是做了标记的样本，这样一来，总的错误数估算值为：

$$B_0 = \frac{B_2}{B_a} B_{x1}$$

对于第二个人而言，参照种子模型，把第一个人发现的错误看成是做了标记的样本，总的错误数估算值也是这个结果。

Hyman 估算模型被软件行业广泛应用，但是，当两组测试人员具有较高的相关性时，Hyman 估算方法会有较大的误差。

9.2.3 回归分析

假设有变量 X 和 Y，事先并不知道它们之间的定量关系，但有几组已知数据，$X=1$ 时，$Y=2$；$X=3$ 时，$Y=6$；$X=5$ 时，$Y=10$。根据这些数据，我们很容易简单地推出 $Y=2X$。这就是一种最为简单的线性回归分析。

回归分析（Regression Analysis）指的是确定两个或两个以上变量间定量关系的一种统计分析方法。回归分析包括以下两个步骤。

1. 得出回归函数，画出回归曲线

根据已知数据，确定变量之间的函数关系，并画出回归曲线图。

例如，已知软件项目 A 在不同的测试时间点上的几组累计错误数数据，如图 9-3（a）中的数据点所示。我们可以借助数学工具将这些离散的点拟合得到函数关系，并进而画出曲线图，如图 9-3（b）所示。

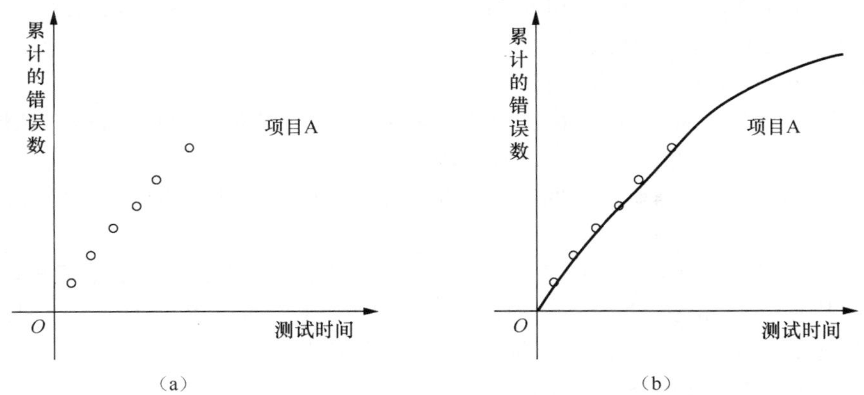

图 9-3 根据离散的点拟合得到函数关系，并进而画出曲线图

2. 根据回归函数预测错误数

得出回归函数，画出回归曲线之后，回归分析的第二个步骤就是预测任一时间点的错误数。此时，只需要把测试时间参数代入回归函数即可计算总的错误数，然后用总的错误数减去已经发现的错误数，就可估算软件中隐藏的错误数。

设有两个软件项目 A 和 B，根据它们各自几组在不同的测试时间点上的累计错误数数据，拟合回归曲线，如图 9-4 所示。那么项目 A 和 B，哪一个的质量更好呢？

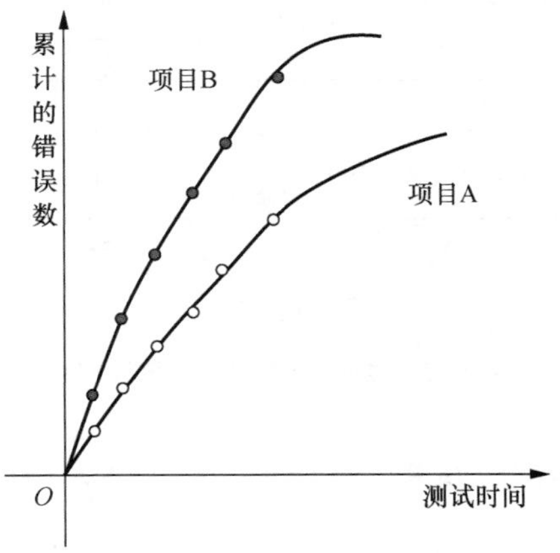

图 9-4 软件项目 A 和 B 的错误数回归曲线

由回归曲线可知，在任一测试时间点上，项目 B 累计的错误数都多于项目 A，从这个角度来说项目 A 的质量好于项目 B。

9.3 软件质量

9.3.1 软件质量基本概念

《质量管理和质量保证术语》（ISO 8402—1994）对质量所下的定义是质量是反映实体（产品、过程或活动等）满足明确和隐含需要的能力的特性总和。《软件工程 产品质量》（GB/T 16260—2006）中对质量的定义的质量是实体特性的总和，表明实体满足明确或隐含要求的能力。

实体（Entity, Item）是“可单独描述和研究的事物”，实体可以是活动或过程，可以是产品，可以是组织、体系或人，也可以是上述各项的任何组合。

需求（Requirements）包括“明确需要”和“隐含需要”。

为使“需求”可以实际运用，一般应将其转化为质量要求。质量要求是指“对需要的表述或将需要转化为一组对实体特性的定量或定性的规定要求，以使其实现并进行考核”。

软件质量，就是软件符合明确叙述的功能和性能需求、文档中明确描述的开发标准，以及软件和隐含特征相一致的程度。

软件产品质量可以通过测量内部属性、外部属性，或者通过测量使用质量的属性来进行度量评价。

内部质量是基于内部视角的软件产品特性的总体。外部质量是基于外部视角的软件产品特性的总体。使用质量是基于用户观点的软件产品用于指定的环境和使用条件时的质量。

软件产品质量生存周期模型如图 9-5 所示。

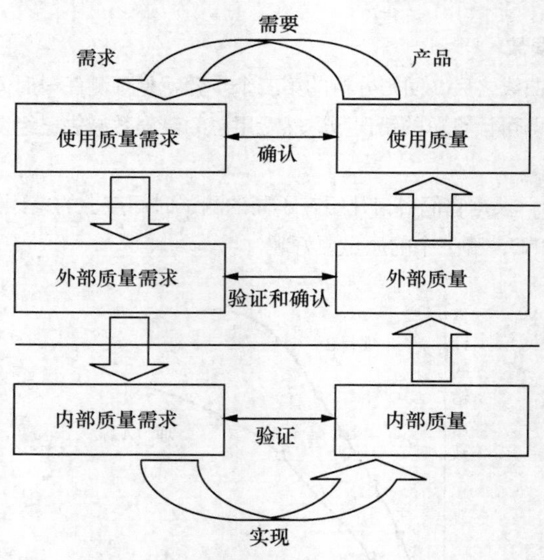

图 9-5 软件产品质量生存周期模型

软件质量又可以分为设计质量和符合质量。设计质量是指设计者为一件软件产品规定的特征。符合质量是指软件符合设计规格的程度。

9.3.2 相关概念

1. 质量保证和质量控制

质量保证（Quality Assurance，QA）和质量控制（Quality Control，QC）的主要区别是：QA 是保证产品质量符合规定，QC 是建立体系并确保体系按要求运作，以提供内外部的信任。

QC 和 QA 相同点是：QC 和 QA 都要进行验证。例如 QC 按标准检测产品就是验证产品是否符合规定要求，QA 进行内审就是验证体系运作是否符合标准要求；又如，QA 进行产品稽核和可靠性检测，就是验证产品是否已按规定进行各项活动，是否能满足规定要求，以确保交付的产品都是合格和符合相关规定的。

2. 验证和确认（V&V）

验证（Verification）是通过检查和提供客观证据证实规定的需求已经满足。确认（Validation）是通过检查和提供客观证据证实某一规定预期用途的特殊需求已经满足。这两者很相似，也很容易混淆，但有差别。

验证就是要证实我们是不是在按照已经定好的标准正确的制造产品。这里强调的是过程的正确性，标准是事先已经明确好的。

确认就是要证实我们是不是制造了正确的产品。这里强调的是结果的正确性，正确的产品可能只有一个预期的目标，而没有既定的严格规范的标准。换句话说，验证要保证“做得正确”，而确认则要保证“做的东西正确”。验证和确认的区别如图 9-6 所示。

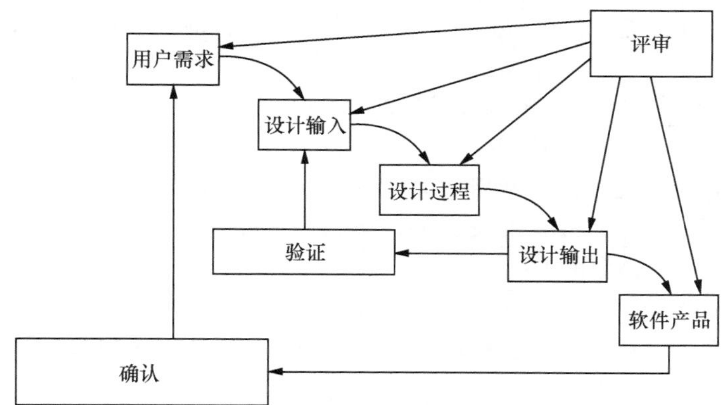
用户需求
评审
设计输入
设计过程
验证
设计输出
软件产品
确认
验证：我们正确地构造了产品吗？（注重过程，由QA负责）
确认：我们构造了正确的产品吗？（注重结果，由QC负责）

图 9-6 验证和确认的区别

9.3.3 软件质量特性

软件质量特性反映了软件的本质。软件基本的质量特性包括功能性（Functionality）、可靠性（Reliability）、易使用性（Usability）、效率（Efficiency）、可维护性（Maintainability）、可移植性（Portability）。

软件质量特性细分如图 9-7 所示。

各软件质量特性的含义如下。

（1）性能（Performance）是指系统的响应能力，即要经过多长时间才能对某个事件做出响应，或者在某段时间内系统所能处理的事件个数。

（2）可用性（Availability）是指系统能够正常运行的时间比例。

（3）可靠性（Reliability）是指系统在应用或者错误面前，在意外或者错误使用的情况下维持软件系统功能特性的能力。

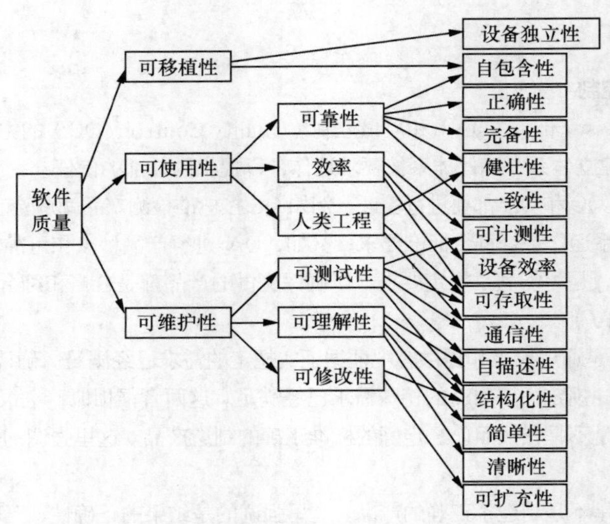

图 9-7 软件质量特性细分

（4）健壮性（Robustness）是指在处理或者环境中系统能够承受的压力或者变更能力。

（5）安全性（Security）是指系统向合法用户提供服务的同时能够阻止非授权用户使用的企图或者拒绝服务的能力。

（6）可修改性（Modification）是指能够快速地以较高的性价比对系统进行变更的能力；

（7）可变性（Changeability）是指体系结构扩充或者变更成为新体系结构的能力。

（8）易用性（Usability）是衡量用户使用软件产品完成指定任务的难易程度。

（9）可测试性（Testability）是指软件发现故障并隔离定位其故障的能力特性，以及在一定的时间或者成本前提下进行测试设计、测试执行的能力。

（10）功能性（Functionability）是指系统所能完成所期望工作的能力。

（11）互操作性（Inter-Operation）是指系统与外界或系统与系统之间的相互作用能力。

9.4 软件质量模型和质量度量

9.4.1 软件质量模型

质量模型是一组特性及特性之间的关系，它是规定质量需求和评价质量的基础。简单地说，软件质量模型就是软件质量评价的指标体系。

1. 三个质量

站在不同的角度，软件的质量可以分为内部质量、外部质量及使用质量三个方面。

内部质量是软件产品内在属性的总和，它决定了产品在特定条件下使用时，满足明确和隐含要求的能力。

外部质量是软件产品在特定条件下使用时，满足明确或隐含要求的程度。

使用质量是指在特定的使用周境下，特定用户使用软件产品，满足其要求，达到有效性、生产率、安全性和满意度等特定目标的程度。

内部质量、外部质量、使用质量如图 9-8 所示。

内部质量和外部质量都是软件产品自身的特性，一般可用同一个质量模型。

(a) 内部质量

(b) 外部质量

(c) 使用质量

图 9-8　内部质量、外部质量、使用质量

使用质量是用户使用软件产品满足其要求的程度。代表性的使用质量模型如图 9-9 所示。

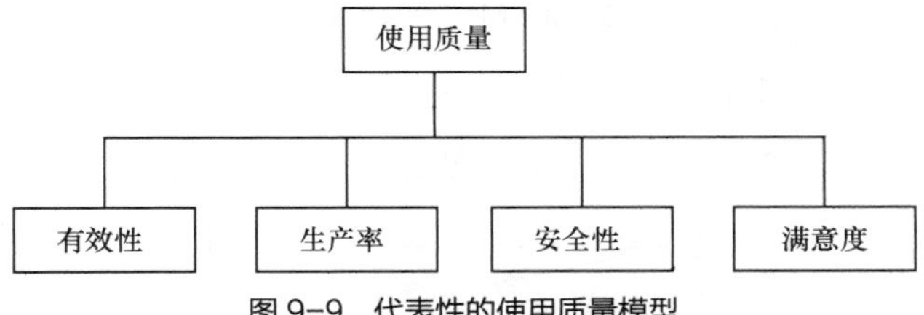

图 9-9　代表性的使用质量模型

下面重点讲内部质量和外部质量的软件质量模型。

2. 常用软件质量模型

关于软件质量模型，业界已经有很多成熟的模型定义，主要的软件质量模型如下。

（1）Jim McCall 软件质量模型。

（2）Barry W. Boehm 软件质量模型。

（3）FURPS/FURPS+ 软件质量模型。

（4）R. Geoff Dromey 软件质量模型。

（5）ISO/IEC 9126 软件质量模型。

（6）ISO/IEC 25010 软件质量模型。

3. Jim McCall 软件质量模型

Jim McCall 软件质量模型，也被称为 GE 模型（General Electrics Model）。它最初起源于美国空军，主要面向的是系统开发人员和系统开发过程。McCall 模型试图通过一系列的软件质量属性指标来弥补开发人员与最终用户之间的鸿沟。

McCall 质量模型使用如下 3 种视角来定义和识别软件产品的质量。

（1）产品修正（Product Revision）。

（2）产品转移（Product Transition）。

（3）产品运行（Product Operations）。

Jim McCall 软件质量模型如图 9-10 所示。

4. ISO/IEC 25010 软件质量模型

ISO/IEC 25010 软件质量模型包含 8 个特征，并且被进一步分解为可以度量的内部和外部多个子特征。这一软件质量度量模型由如下三层组成。

（1）高层（Top Level）：软件质量需求评价准则（SQRC）。

（2）中层（Mid Level）：软件质量设计评价准则（SQDC）。

（3）低层（Low Level）：软件质量度量评价准则（SQMC）。

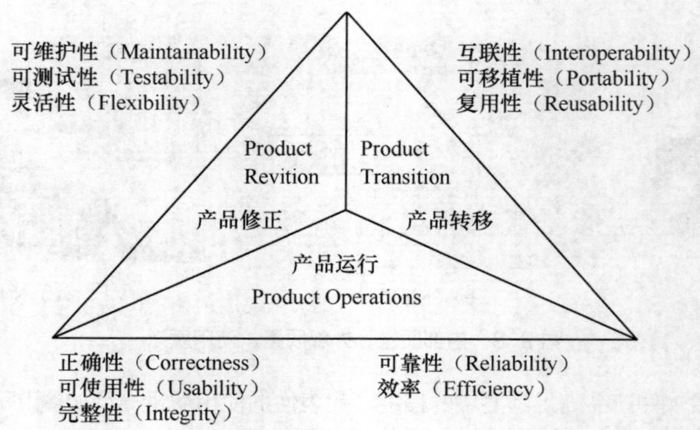

图 9-10　Jim McCall 软件质量模型

ISO/IEC 25010 软件质量模型如图 9-11 所示。

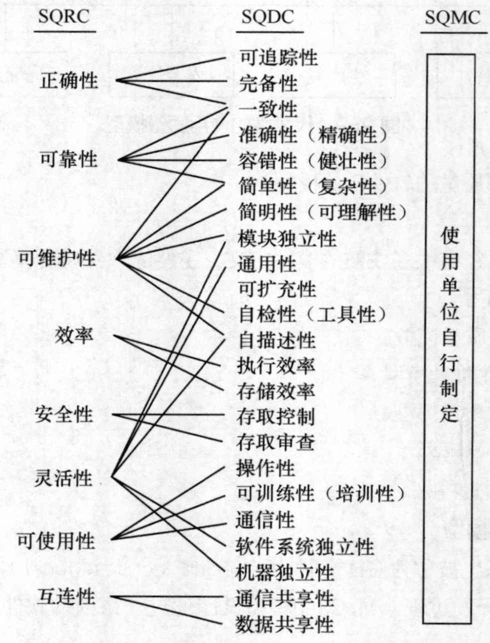

图 9-11　ISO/IEC 25010 软件质量模型

5. 软件质量模型的应用

质量模型是面向所有软件的，因此它的质量属性是面面俱到的。当对一个具体的软件产品或软件项目进行质量度量和评价时，可以根据实际情况和需要，侧重于某些方面或者特性，质量模型中的质量特性、子特性、度量元等不一定都涉及，要根据软件产品本身的特点、领域、规模等因素来选择质量特性、子特性，甚至于可以建立自己的质量模型。

在 ISO/IEC 25010 软件质量模型中，低层软件质量度量评价准则（SQMC）就是由使用单位自行制定的，而不是千篇一律、一概而论的。

9.4.2　软件质量的度量

了解了软件质量模型之后，再来看如何对软件质量进行度量。软件质量特性度量方法有两类：预测型和验收型。预测度量是利用定量或定性的方法，估算软件质量的评价值。验收度量是在软件开发各阶段的检查点，对软件的质量进行确认性检查并得到具体评价值。简单的说一个是事先预测估算，一个是事后检查评价。

1. 度量的目的

软件质量度量的目的包括以下几个方面。

（1）认知和理解。认知和理解软件产品，建立不同产品之间或者同一产品不同版本之间可以进行比较的基线。

（2）评估。评估软件质量目标的实现情况，以及技术和过程的改进对产品质量的影响情况。

（3）预测。在有限资源条件下，基于预测可以建立软件成本、进度和质量目标计划。还可根据度量的实证，预测软件生产和产品的趋势，分析风险，做出质量目标和成本之间的权衡。

（4）改进。通过软件质量度量，帮助识别问题根源，发现可以改进的地方，交流改进的目标和理由，提高产品质量等。

2. 两种度量方式

软件质量度量有两种方式。第一种是定量度量。它适用于一些能够直接度量的特性，如复杂性、出错率等。软件质量定量度量示例如表 9-2 所示。

表 9-2　软件质量定量度量示例

评价准则	度量指标	度量值
程序复杂性	系统复杂性度量 （各模块复杂性度量值之和/模块数量）	3.8
……	……	……

第二种是定性度量，它适用于一些只能间接度量的特性，如可使用性、灵活性等。软件质量定性度量示例如表 9-3 所示。

表 9-3　软件质量定性度量示例

评价准则	度量	需求		设计		编码	
		是/否	值	是/否	值	是/否	值
设计文档的完备性	（1）无二义性引用（输入/功能/输出）	□		□		□	
	（2）所有数据引用都可以从一个个外部源定义、计算和取得	□		□		□	
	（3）所有定义的功能都被使用	□		□		□	
	（4）所有使用的功能都被定义	□		□		□	
	（5）对每一个判定点，所有的条件和处理都已被定义	□		□		□	
	（6）所有被定义、被引用的调用序列的参数一致	□		□		□	
	……	□		□		□	

注：填入定性结论（如是/否）即可。

9.4.3 不同质量之间的关系

如前所述，软件质量分为内部质量、外部质量和使用质量，另外还有一个软件过程质量。不同质量之间的关系如图 9-12 所示。

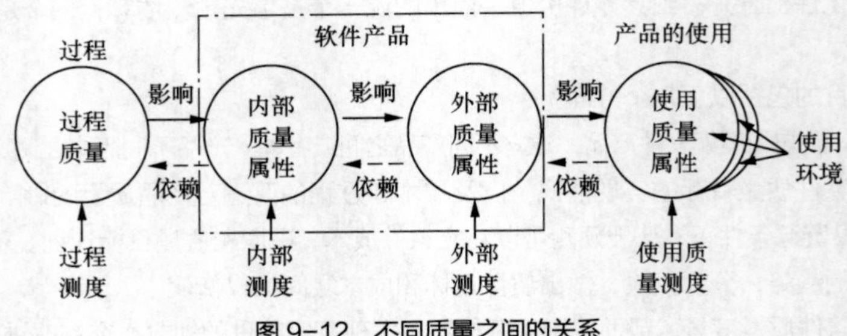

图 9-12　不同质量之间的关系

从图 9-12 中可以看出，软件过程质量是其他质量的基础，其他质量都直接或间接依赖于软件过程质量。因此，要想提高软件产品的质量，必须要对整个软件过程进行严格的质量管理和控制，以过程质量来保证产品质量。

9.5　软件质量管理与质量保证

9.5.1　软件质量管理

质量管理是指确定质量方针、目标和职责，并通过质量体系中的质量策划、控制、保证和改进来使其实现的全部活动。软件质量管理可以说是一个体系，用于实现对一个软件的质量进行全面把控。

20 世纪 70 年代中期，美国国防部曾专门研究软件工程做不好的原因，发现 70%的失败项目是由管理中存在的瑕疵引起的，而并非技术性的原因。他们得出一个结论：管理是影响软件研发项目全局的因素，而技术只影响局部。

软件项目失败的主要原因有：需求定义不明确；缺乏一个好的软件开发过程；没有一个统一领导的产品研发小组；子合同管理不严格；没有经常注意改善软件过程；对软件构架很不重视；软件界面定义不善且缺乏合适的控制等。

在关系到软件项目成功与否的众多因素中，软件度量、工作量估计、项目规划、进展控制、需求变化和风险管理等都是与工程管理直接相关的因素。由此可见，在软件工程中管理至关重要。软件质量管理中的质量，通常指产品的质量。广义的质量管理还包括工作的质量。

软件产品质量是指软件满足明确和隐含需要的能力的特性总和。工作质量是产品质量的保证，它反映了与产品质量直接有关的工作对产品质量的保证程度。

软件质量管理工作是一个系统过程。在实施过程中，软件质量管理工作必须遵循与软件项目质量要求相应的标准，执行相应的过程，符合相应的规范。简单来说，软件质量管理通常分为如下两大块工作。

（1）产品质量管理（如软件测试）。

（2）过程质量管理（如 ISO9000、CMMI、TQC 等），具体工作是软件质量保证（过程策划和检查）、软件配置管理（配置审计和版本控制等）、人员培训等。

从工作环节角度来说，软件质量管理工作内容包括质量规划、质量检验、质量控制、质量评价、质量信息管理等，如图 9-13 所示。

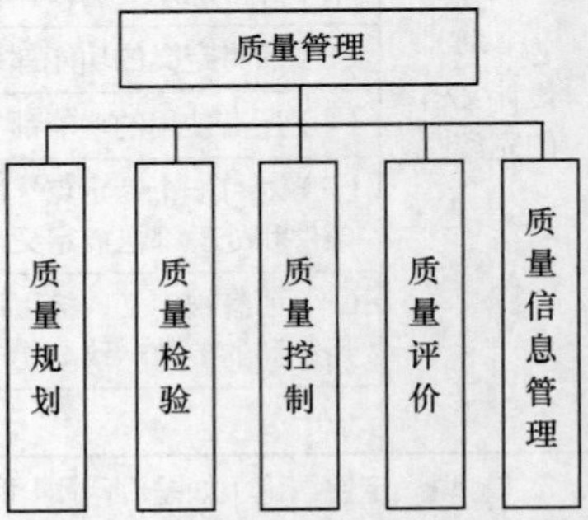

质量管理
质量规划　质量检验　质量控制　质量评价　质量信息管理

图 9-13　质量管理工作内容

在国际标准《系统与软件过程——软件生存期过程》（ISO/IEC 12207：2008）中，与软件质量管理有关的过程如下。

（1）软件质量保证过程。

（2）软件验证过程。

（3）软件确认过程。

（4）软件评审过程。

（5）软件问题解决过程。

9.5.2 软件质量保证

软件质量保证（SQA）是建立一套有计划及系统规范的方法，并以此确保软件质量标准、软件过程步骤、软件工程方法和实践能够正确地被软件项目所采用，从而保证软件质量。它贯穿于整个软件过程。实践证明，SQA 活动，在提高软件质量方面卓有成效。

1. SQA 的总体目标

SQA 组织并不负责制订质量计划和生产高质量的软件产品。SQA 组织的责任是审计软件经理和软件工程组的质量活动，并鉴别活动中出现的偏差。

SQA 的目标是以独立审查的方式，监控软件生产任务的执行，向开发人员和管理层提供反映产品质量的信息和数据，辅助软件工程组生产高质量的软件产品。SQA 的主要工作包括以下几个方面。

（1）通过监控软件的开发过程来保证产品的质量。

（2）保证软件开发过程和生产出的软件产品，符合相应的规程和标准。

（3）保证软件过程、软件产品中存在的问题得到处理，必要时将问题反映给高级管理者。

（4）确保项目组制订的计划、标准和规程适合项目组需要，同时满足评审和审计的需要。

SQA 人员的工作与软件开发工作是紧密结合的。SQA 人员应当与软件开发等人员良好沟通，共同来提高软件质量。SQA 人员与软件开发等人员的合作态度，是完成 SQA 的目标的关键。如果合作态度是敌意的、故意挑剔的，那么 SQA 的目标就难以顺利实现。

2. SQA 活动

SQA 可使软件开发过程对于管理者来说，是清晰可见的，并通过对软件产品和活动进行评审和审核来验证软件是合乎标准的。SQA 人员在项目一开始时就应参与建立标准，制订计划，并进行检查监督等。SQA 活动包括如下内容。

（1）识别软件质量需求，并将其自顶向下逐步分解为可以度量和控制的质量要素，为软件开发、维护各阶段软件质量的定性分析和定量度量打下基础。

（2）参与软件项目计划制订。

（3）制订 SQA 计划。

（4）评审工作产品。

（5）审核项目活动。

（6）生成 SQA 报告。

（7）处理不合格项，跟踪问题。

（8）监控软件过程和产品质量。

3. SQA 的任务

SQA 要保证以下内容的实现。

（1）选定的开发方法被采用。

（2）选定的规程和标准被采用和遵循。

（3）进行独立的审查。

（4）偏离规程和标准的问题被及时发现和反映，并得到处理。

（5）项目定义的每个软件任务得到实际的执行。

概括起来，SQA 的主要任务有以下三个方面。

（1）评审和审核。

（2）记录工作结果并报告。

（3）跟踪问题的处理。

9.5.3 软件质量保证体系

软件质量保证既有一般产品质量保证相同的共性，也有作为软件这种特殊产品，对其进行质量保证的特性。下面来介绍一下通用质量标准体系 ISO 9000 和软件过程能力成熟度模型 CMM。

1. 质量保证标准

质量保证标准，诞生于美国军品使用的标准。美国国防部吸取第二次世界大战中军品质量优劣的经验和教训，决定在军火和军需品订货中实行质量保证，即供方在生产所订购的货品中，不但要按需方提出的技术要求保证产品实物质量，而且要按订货时提出的且已写入合同中的质量保证条款要求控制质量，并在提交货品时提交控制质量的证实文件。这种办法促使承包商进行全面的质量管理，取得了极大的成功。

1978 年以后，质量保证标准被引用到民品订货中来。英国制定了一套质量保证标准，即 BS5750。随后，为了适应供需双方实行质量保证标准和对质量管理提出的新要求，欧美很多国家在总结多年质量管理实践的基础上，相继制定了各自的质量管理标准和实施细则。

为了适应国际贸易往来中民品订货采用质量保证作法的需要，ISO 成立了 ISO/TC176 国际标准化组织质量管理和质量保证技术委员会。该技术委员会在总结和参照世界有关国家标准和实践经验的基础上，通过广泛协商，于 1987 年发布了世界上第一个质量管理和质量保证系列国际标准——ISO 9000 系列标准。该标准的诞生是世界范围质量管理和质量保证工作的一个新纪元，对推动世界各国工业企业的质量管理和供需双方的质量保证，促进国际贸易交往起到了很好的作用。

ISO 在 1994 年提出 ISO 9000 质量管理体系这一概念。ISO 9000 质量管理体系指“由 ISO/TC176 国际标准化组织质量管理和质量保证技术委员会制定的所有国际标准”。该标准可帮助组织实施并有效运行质量管理体系，是质量管理体系通用的要求和指南。

我国在 20 世纪 90 年代将 ISO 9000 系列标准转化为国家标准。随后，各行业也将 ISO 9000 系列标准转化为行业标准。

ISO 9000 质量管理体系标准是一套系统、科学、严密的质量管理的方法，它吸纳了当今世界上先进的质量管理理念，为各类组织提供了一套标准的质量管理模式。

ISO 9000：2008 标准族的核心标准为下列四个。

（1）《质量管理体系——基础和术语》（ISO 9000：2008）。

（2）《质量管理体系——要求》（ISO 9001：2008）。

（3）《质量管理体系——业绩改进指南》（ISO 9004：2008）。

（4）《质量和环境管理体系审核指南》（ISO 19011：2002）。

企业为了避免因产品质量问题而巨额赔款，要建立质量保证体系来提高信誉和市场竞争力。开展质量认证是为了保证产品质量，提高产品信誉，保护用户和消费者的利益，促进国际贸易和发展经贸合作。

ISO 9000 质量体系认证是由国家或政府认可的组织以 ISO 9000 系列质量体系标准为依据进行的第三方认证活动。《质量管理体系——要求》（ISO 9001:2008）是认证机构审核的依据标准，也是拟进行认证的企业需要满足的标准。

ISO 9000 的精髓就是通过预防减少错误。质量是由人去控制的，只要是人，难免犯这样或那样的错误。如何预防犯错、少犯错或尽量不犯错，降低犯错的概率，这就是 ISO 9000 族标准的精髓。预防措施是一项重要的改进活动。它是自发的、主动的、先进的。采取预防措施的能力是质量管理实力的表现。

2. 软件质量保证标准

在计算机发展的早期（20 世纪 50 年代和 60 年代），软件质量保证只由程序员承担。软件质量保证的标准是 20 世纪 70 年代首先在军方的软件开发合同中出现的，此后迅速传遍整个商业界的软件开发中。1984 年，美国国防部资助建立了卡内基·梅隆大学软件研究所（SEI）；1987 年，SEI 发布了第一份技术报告介绍软件能力成熟度模型（CMM）及作为评价国防合同承包方过程成熟度的方法论；1991 年，SEI 发表 1.0 版软件 CMM(SW-CMM)。

CMM 自 1987 年开始实施认证，现已成为软件业权威的评估认证体系。CMM 包括五个等级，一级为初始级，二级为可重复级，三级为已定义级，四级为已管理级，五级为优化级，如图 9-14 所示。

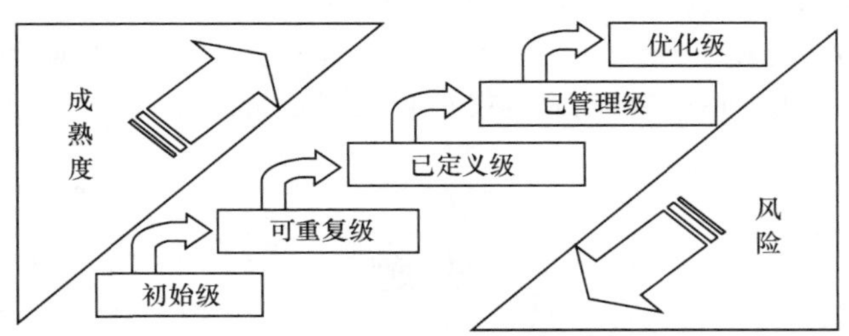

图 9-14　CMM 分为五个等级

CMM 共计 18 个过程域，52 个目标，300 多个关键实践。CMM 是一种用于评价软件承包能力以改善软件质量的方法，侧重于软件开发过程的管理及工程能力的提高与评估。CMM 明确划分各开发过程，通过质量检验的反馈作用确保差错及早排除并保证一定的质量。在各开发过程中实施进度管理，产生阶段质量评价报告，对不符合要求的产品及早采取对策。它是对软件组织在定义、实施、度量、控制和改善其软件过程的实践中各个发展阶段的描述。

CMM 的核心是把软件开发视为一个过程，并根据这一原则对软件开发和维护过程进行监控和研究。

CMM 不但对于指导软件过程改进来说是一个很好的工具，而且把全面质量管理的概念应用到软件上，实现从需求管理、项目计划、项目控制、软件获取、质量保证到配置管理全软件过程的质量管理。CMM 的思想是一切从顾客需求出发，从整个组织层面上实施过程质量管理，完全符合全面质量管理的基本原则，因此，它不仅仅是针对软件开发过程，还是一种高效的管理方法，有助于软件企业最大程度降低成本、提高质量和用户满意度，如图 9-15 所示。

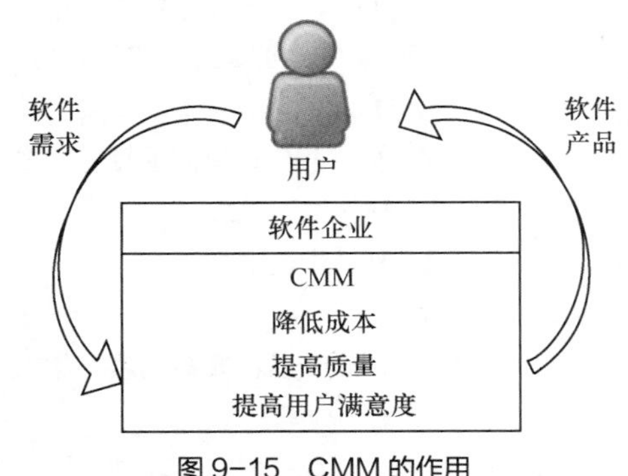

图 9-15　CMM 的作用

实施 CMM 是改进软件质量的有效方法。软件质量保证是 CMM 可重复级中六个关键过程域之一。为实现质量保证目标，软件质量保证过程应当审计软件项目的开发是否遵循了软件开发活动应当遵循的标准和规程，这些标准和规程是为满足软件质量保证关键过程域的要求而定义的。

能力成熟度模型集成（Capability Maturity Model Integration，CMMI）将各种能力成熟度模型整合到同一架构中去，由此建立起包括软件工程、系统工程和软件采购等在内的多个模型的集成，以解决除软件开发外的软件系统工程和软件采购工作中的迫切需求。

3. 软件测试成熟度模型

CMM 没有充分的定义软件测试，没有提及测试成熟度的概念，没有对测试过程改进进行充分说明。仅在第三级的软件产品工程（SPE）KPA 中提及软件测试职能，但对于如何有效提高机构的测试能力和水平来说没有提供相应指导。

研究机构和测试服务机构从不同角度出发提出有关软件测试方面的能力成熟度模型，作为 CMM 的有效补充。

美国国防部提出了 CMM 软件评估和测试 KPA 建议。

Burnstein 博士提出了测试成熟度模型（TMM）。他依据 CMM 的框架提出测试的 5 个不同级别。它描述了测试过程，是软件项目测试部分得到良好计划和控制的基础。

TMM 测试成熟度模型如下。

（1）0 级：测试和调试没有区别，除支持调试外测试没有其他目的。

（2）1 级：测试的目的是为了表明软件能够工作。

（3）2 级：测试的目的是为了表明软件不能够正常工作。

（4）3 级：测试的目的不是要证明什么，而是为了把软件不能正常工作的预知风险降低到能够接受的程度。

（5）4 级：测试不是行为，而是一种自觉的约束（Mental Discipline），不用太多的测试投入即可产生低风险的软件。

习题

一、选择题

1. 软件质量保证与测试人员需要的的基本素质有（　　）。

A. 计算机专业技能　　B. 测试专业技能

C. 行业知识　　D. 以上都是

2. CMM 中文全称为（　　）。

A. 软件能力成熟度模型　　B. 软件能力成熟度模型集成

C. 质量管理体系　　D. 软件工程研究所

3. CMM 将软件组织的软件能力成熟度描述为（　　）。

A. 二级　　B. 三级　　C. 四级　　D. 五级

4. 软件的六大质量特性包括（　　）。

①功能性、可靠性　②可用性、效率　③稳定性、可移植　④多语言性、可扩展性

A. ①②③　　B. ②③④　　C. ①③④　　D. ①②④

5. 软件验证和确认是保证软件质量的重要措施，它的实施应该针对（　　）。

A. 程序编写阶段　　B. 软件开发的所有阶段

C. 软件调试阶段　　D. 软件设计阶段

二、填空题

1. 软件对属于各种质量因素的需求的符合性是由________来测量的。

2. Burnstein 博士提出了________。它描述了测试过程，是软件测试得到良好计划和控制的基础。

3. 按照时间点来区分，软件质量特性度量有两类________和________。

4. CMM 内容包含初始级、________、________、已管理级和优化级五个等级。

5. McCall 模型划分了________、________、________三个维度的 11 个软件质量因素。

6. ________是指软件产品中能满足给定需求的性质和特性的总体。

三、判断题

1. 软件质量保证的独特性是由软件产品不同于其他制造产品的本质决定的。（　　）

2．TMM 分解为 3 个级别，在最高级中，测试不是行为，而是一种自觉的约束，不用太多的测试投入即可产生低风险的软件。(　　)

3．CMMI 并不包括 CMM，更加适用于企业的过程改进实施。(　　)

4．只有客户才会有兴趣透彻定义软件需求以确保他约定的软件产品的质量。(　　)

四、解答题

1．某软件公司为某电影院设计开发了一款票务系统，包括票务管理、账号管理、在线购票、统计分析等功能，该软件计划长期使用，部分模块将用于其他类似软件，软件在使用时应能接入数字化城市平台。试结合软件质量模型分析应从哪些特性来分析评价该软件的质量。

2．试分析 SQA 活动主要包括哪些，并举例说明。

PART10

第10章

测试的组织和管理

随着软件开发规模和复杂程度越来越大，为了做好软件测试工作，必须进行有效的组织和管理。软件测试的组织和管理是指，针对某一软件测试任务，组建临时性的、专门的测试团队，组织相关资源支撑测试工作，运用软件测试知识、方法、技术和工具，对测试项目进行计划、执行、度量分析和管理控制。

软件测试工作组织和管理的对象如图 10-1 所示。它包括人员和资源、过程和进度、测试用例、测试文档、缺陷管理。

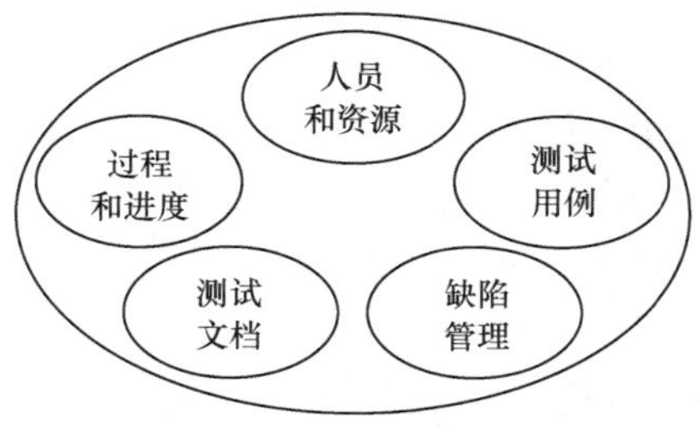

图 10-1　软件测试工作组织和管理的对象

10.1　人员和资源组织

10.1.1　软件测试工作的特点

软件测试工作和软件开发工作相比，有其自身的特点。

（1）软件测试不直接生产软件产品，难以直观体现工作者的工作价值。实际上软件测试的工作价值体现在降低软件失败的风险以及降低软件失败成本。

（2）经验在软件测试中很重要，包括软件开发经验和软件测试经验，没有经验的测试人员可能进行大量测试却发现不了问题，而有经验的测试人员却可能一下子就能发现软件中的问题。

（3）有些测试工作可能没有先例可循，需要测试人员根据实际情况创造性的设计测试方案、执行测试过程、得出可靠的测试结论。而且，即使是完成同样的测试任务，不同的测试人员设计的测试方案、测试用例可能在测试成本和测试效果上也有很大差距，也就是说测试人员的创造性劳动对测试工作很重要。

（4）软件测试是要去发现软件中的问题，有时这些问题并不容易暴露出来，因此细心和耐心对测试人员很重要。

（5）软件测试工作中虽然有一些简单重复劳动，但是随着技术的发展，一些测试工作的专业性也越来越强，对测试人员的知识、能力要求也越来越高。

10.1.2　软件测试人员组织

基于软件测试工作的特点，软件测试人员应当认同软件测试的工作价值，具备细心和耐心，愿意持之以恒的从事软件测试工作。另外，一个好的软件测试团队应当配备不同类型的人员，并合理分工，密切合作，这样才能较好的完成测试工作任务和项目。软件测试团队一般应包括的不同类型的人员如下。

（1）具有远见和创新精神，能创造性工作的测试组织管理和测试设计人员。

（2）负责测试实施，专业技术能力强、经验丰富的专业测试人员。

（3）执行具体测试任务的初级测试人员，在实践中他们可以积累经验、学习提高。

软件测试团队组建后，需要合理分工、密切合作。一般测试团队中的人员角色包括测试经理或测试项目负责人、测试工程师和测试员三种。规模较大有的测试团队中可能还会有测试组长，而对测试环境、测试工具要求较高的测试工作项目中可能还会有负责测试环境、测试工具的专门人员。

1. 测试经理

测试经理的工作职责是计划、组织管理、协调整个测试工作项目，保证测试工作项目保质保量的按期完成，具体工作内容如下。

（1）负责测试团队与外部之间的交互。

（2）招聘、监管及培训员工。

（3）明确测试需求，估算测试工作量，拟定经费预算。

（4）制订测试计划，明确测试方案和流程。

（5）组织协调测试工作所需的各项资源，保障测试项目能正常实施。

（6）跟踪测试工作进度，管理测试项目实施，监督控制测试工作质量。

（7）组织召开相关工作会议。

测试经理需要对任何偏离测试计划中所预计的工作量、成本、进度安排的情况以及最终测试项目的工作质量负责。测试经理需要具备以下知识、能力和素质。

（1）掌握软件测试的方法和技术。

（2）了解被测试软件的业务流程和产品特点。

（3）能合理估算测试工作量和成本。

（4）具备测试分析、测试计划和测试方案制订，测试设计的工作能力和水平。

（5）熟悉测试开发、测试执行、测试报告、缺陷管理、测试评价等软件测试相关工作环节，熟悉各种测试工具、缺陷跟踪工具及其他测试支持工具。

（6）能对测试项目进行有效管理和监控，保证测试项目的工作质量。

2. 测试组长

测试组长负责指导、带领所在的测试小组完成测试任务，其职责如下。

（1）为本测试工作小组提供技术指导。

（2）负责本小组的测试计划执行、员工监管和进度状态报告。

（3）接受最新测试方法和工具的信息，并且将这些知识传达给测试团队。

（4）测试方法、测试工具的选择和使用。

（5）进行测试设计。

（6）实施测试过程。

（7）检查核实对测试需求的覆盖程度。

（8）确保测试文档的完整。

测试组长需要具备以下知识、能力和素质。

（1）掌握测试方法和技术，熟悉测试流程。

（2）具备测试设计、测试工具选择、测试开发、测试报告、缺陷管理等在内的软件测试相关工作能力和水平。

（3）精通各种软件技术，包括编程语言、数据库技术、计算机网络、操作系统等。

（4）熟练掌握各种测试工具的使用。

3. 测试员

软件测试员具体执行测试过程，在测试流程中进行下列活动。

（1）使用相关测试工具软件。

（2）生成测试用例，创建测试数据。

（3）创建测试脚本或者手工执行测试过程。

（4）撰写测试文档。

（5）报告测试结果。

软件测试员需要具备以下知识、能力和素质。

（1）掌握软件测试基本方法和技术，了解软件测试过程。

（2）了解被测软件。

（3）掌握软件开发和软件测试相关工具。

（4）能够执行测试过程。

（5）能够撰写测试报告文档。

有的复杂测试项目，可以配置专门的测试环境专员，专注于配置测试环境，其职责如下。

（1）安装测试工具并建立测试工具环境。

（2）通过使用环境设置脚本，创建测试环境。

（3）创建测试数据库。

（4）在测试过程中维护测试环境和测试数据库。

测试环境专员需要具备以下技能。

（1）精通计算机网络和操作系统。

（2）精通各种软件技术，包括编程和脚本语言、数据库等。

（3）精通各种测试工具等。

10.1.3 软件测试资源组织

除人员外，软件测试工作还需要其他资源支持，主要包括执行测试的计算机和服务器、网络设备、测试工具软件等。

有的软件测试工作项目是和开发团队共用一部分计算机、服务器等设备，这样可以节约资源。

一般而言，测试工具都是专用的，既有开源免费的，也有商业版软件，可以根据需要来合理选择。

10.2 过程和进度管理

10.2.1 软件测试项目的生命周期

一个软件测试项目，其过程可以划分为 6 个环节：测试需求分析、测试计划、测试设计、测试执行与记录、测试总结和报告。

1. 测试需求分析

什么是测试需求？测试需求就是要测试的内容和要求。针对一个软件进行测试，首先需要明确测试需求，才能决定应当怎样进行测试，才能估算需要多少测试时间、需要多少人力资源来完成测试，才能确定测试的环境是什么，完成测试工作需要哪些背景知识和技术工具，以及测试中可能遇到哪些风险等。分析并明确测试需求，是测试工作的起点。

在软件测试项目中，测试需求分析就是要通过分析来明确，要测试哪些内容，测试要求是什么。测试需求越详细精准，表明对被测软件了解越深，对所要进行的测试任务就越清晰，就越有把握保证测试的质量与进度。

获取测试需求的途径主要有以下几种。

（1）由软件文档获取。例如，我们要对一个软件进行系统测试，具体要测试哪些方面、哪些内容可以从软件的系统规格说明书等文档中来获知。系统规格说明书中明确的软件功能、性能指标等就是测试的需求，需要通过测试来逐一验证软件已经实现这些功能，并达到相应的性能指标等。

（2）由测试任务发布方提供。有的情况下，发布测试任务的一方会明确提出需要测试哪些内容，应当达到什么样的测试标准。

（3）根据实际软件总结归纳。有时缺乏被测软件的相关文档，事先也没有明确的测试要求，此时可以根据软件的实际情况来总结归纳测试需求，并完成测试。

（4）基于类似软件获得。例如，一个评测机构需要测评某银行的 App，正好前面测试过另外一家银行类似的 App，那么可以在前面的测试需求基础上来获得本次的测试需求。

在分析测试需求时，应对软件测试需求进行分类、细化和文档化，以便将其作为后续工作的基础。这一点类似于软件开发项目中的软件需求分析。

2. 测试计划

测试计划就是对所有要完成的测试工作及相关事项的事先规划和描述，包括被测试项目的背景，测试目标、范围、方式、人员、资源，进度安排和组织，以及与测试有关的风险等方面。

制订软件测试计划的作用体现在以下几个方面。

（1）通过计划制订来全面把握测试工作，统筹考虑各项安排，事先做好资源合理配置、人员明确分工，进度有序安排，促进测试工作顺利进行。

（2）使软件测试工作有据可依，有章可循，易于管理，杜绝测试工作的随意性。事先有了计划，后面只要按部就班，照计划执行即可。

（3）促进测试项目参与人员彼此之间的沟通和协作。一些重要的事项需要在测试计划文档中明确下来，作为参与人员彼此之间沟通和协作的依据，防止出现表达不明确、理解不一致等情况。

（4）对照计划，定期检查，及早发现和改正软件测试工作中的问题和偏差，如测试项目经费开支是否超出预算、项目进展是否滞后等。

测试计划中一般应有测试目标、测试范围、测试策略、测试配置、人员组织、测试进度安排、测试标准、风险分析等内容。软件测试计划内容要点如表 10-1 所示。

表 10-1　软件测试计划内容要点

序号	条目	内容
1	测试概要	摘要说明所需测试的软件、名词解释及所参考的相关文档
2	测试目标	对测试目标进行简要的描述
3	测试范围	测试计划所包含的测试软件需测试的范围和优先级，哪些需要重点测试，哪些无需测试、无法测试或推迟测试
4	测试策略	针对每个范围内的要素和内容，制定测试策略、选择所使用的测试技术和方法
5	重点事项	列出需要测试的软件的所有的主要功能和测试重点，这部分应该和测试用例设计相对应，并互相检查
6	测试配置	测试所需要的软硬件、测试工具、必要的技术资源、培训、文档等
7	人员组织	需要什么样的人和多少人进行测试，各自的角色和责任，需要进行哪些学习和培训
8	沟通方式	测试组内部、测试组与开发组之间使用什么样的工具、标识和频度进行沟通和确认
9	测试进度	将测试计划合理分配到不同的测试人员，并注意先后顺序。对于长期大型的测试计划来说，可以使用里程碑来表示进度的变化
10	测试标准	测试开始、完成、延迟及继续的标准，包括制定测试开始和完成的标准；某些时候，测试计划会因某种原因（过多阻塞性的 Bug）而导致延迟，问题解决后测试继续
11	发布提交	在按照测试计划进行测试发布后需要交付的软件产品、测试用例、测试数据及相关文档
12	风险分析	需要考虑测试计划中可能的风险和解决方法

3. 测试设计

软件测试的方法和技术有很多，针对某一个具体的测试项目或者测试问题，需要合理地选择测试方法、运用测试技术来设计测试用例。

测试设计的工作内容就是分析明确应当运用哪些测试方法和技术、设计哪些测试用例来完成测试任务、达到测试目的，并尽可能节约测试成本。

例如，为完成某一测试任务，测试团队 A 设计了 2 万个测试数据，团队 B 设计了 1 万个测试数据。如果他们设计的测试数据执行后，确实都能完成测试任务、达到应有的测试效果，那么我们可以说，团队 B 的设计好于 A，因为团队 B 的测试成本大约只有 A 的一半。

在进行测试设计的时候，不仅要考虑软件使用时的一般情况，还要重点考虑可能的情况、特殊的情况和异常的情况；要注意综合运用多种测试方法和技术，取长补短；要提高测试的针对性、有效性和完备性，并降低冗余度。

可以对测试设计进行优化，统计覆盖率，去除冗余。还应对测试设计进行评审，通过评审后才进入后续的执行环节，以确保测试设计的质量。

4. 测试开发

测试开发主要是为了实现测试过程的自动化执行，要在测试工具平台，或者编程环境下，开发测试脚本或者开发控制测试过程的程序代码。随着测试复杂度、专业化程度、自动化程度不断提高，测试开发在软件测试工作中的重要性及所占的比重都越来越大。在针对 JAVA 程序的单元测试中，可能会需要用 Junit 编写测试脚本。例如，以下是一段 Junit 测试脚本。

```
public class NextdayTest {
    Nextday nextday;
    @Before
    public void setUp(){
    nextday=new Nextday();
    }
    @Test
    public void testYear() {
    Year year;
    try{
    year=new Year(0);
    fail("There should be an exception");
    }
        ...
```

在黑盒测试中，可能需要开发自动化功能测试脚本。例如，以下是一段 Rational Fuction Tester 测试脚本。

```
...
startApp("ClassicsJavaA");
tree2().click(atPath("Composers->Bach->Location(PLUS_MINUS)"));
tree2().click(atPath("Composers->Bach->Violin Concertos"));
placeOrder().click();
rememberPassword().performTest(RememberPassword_textVP());
ok().drag();
quantityText().click(atPoint(35,15));
placeAnOrder().inputKeys("{ExtHome}+{ExtEnd}{ExtDelete}{Num1}{Num0}");
cardNumberIncludeTheSpaces().click(atPoint(81,5));
...
```

另外，在所需测试数据很多的情况下，也可以开发相应的脚本或程序，自动生成一部分测试数据，以减轻测试数据生成的工作负担。例如，要对某管理信息系统进行测试，需要 5 万条测试数据，那么可以开发一个程序，先自动生成一部分测试数据。在此基础上，再有针对性地补充一些测试数据，以满足测试需要。

5. 测试执行和记录

测试执行是指搭建好测试环境，借助测试工具等，实际执行具体的测试过程。

搭建良好的测试环境是执行测试的前提。测试环境可分为硬件环境和软件环境。硬件环境包括测试所需的计算机、服务器等；软件环境包括数据库、操作系统、被测试软件、测试工具软件等；有时还要考虑网络环境，如网络带宽、IP 地址设置等。

搭建的测试环境要和执行测试所要求的环境一致；否则，将严重影响测试的执行结果，甚至导致测试无效。

还要注意测试用例的前提条件和特殊规程说明。因为有些测试流程是有顺序的，相应地，测试用例会有一些执行前提或特殊说明。如果忽略这些内容，可能会导致测试用例无法执行。

测试用例要按步骤全部执行，每个测试用例至少执行一次，这样才能保证测试的覆盖度。在测试设计合理的前提下，每个测试用例都是有其作用的，都可以对应到测试需求所要求的某个测试点，因而都需要执行。

测试执行时需要记录执行过程，并仔细对比实际执行状态和结果与预期执行状态和结果是否一致。有的测试工具可以自动记录执行过程并对比结果，这样可以减轻很多工作量。例如，以下为自动化测试工具的一段执行日志，它记录并对比了测试结果。

```
+++ 通过 2018年6月8日 下午04时56分03秒    验证点 [确定Enter_standard] 通过。
    vp_type = object_property
    name = 确定Enter_standard
    script_name = Script3
    line_number = 32
    script_id = Script3.java
    baseline = resources\Script3.确定Enter_standard.base.rftvp
    expected = Script3.0000.确定Enter_standard.exp.rftvp
```

如果实际执行状态或结果与预期不一致，可从多个角度多测试几次，并尽量详细地记录执行出现问题的位置、输入的数据和问题的症状。不要放过任何偶然现象。测试时可能会发现某个测试用例执行后软件出错了，但是再次执行时该错误又不再重现。这样的错误是隐藏最深、最难发现的错误。出现这种情况时，要仔细分析，不要放过任何细节，多测试几次，确认错误是否存在及触发的条件是什么。

测试执行中有不明确的地方应与开发人员进行良好的沟通。最后，应把测试发现的问题详细地写入测试报告。

概括起来测试执行和记录要做好以下几项工作。

（1）做好测试准备，满足测试要求再开始执行测试。

（2）记录测试用例执行过程和结果。

（3）仔细对比实际执行状态和结果与预期执行状态和结果是否一致。

（4）不要放过任何偶然现象，并对发现的问题进行确认。

（5）与开发人员良好的沟通。

（6）根据需要及时更新测试用例。

（7）提交一份优秀的问题报告单。

满足以下条件中的一个或者多个，测试工作可以停止。

（1）测试用例全部执行通过。

（2）测试需求覆盖率达到 100%。

（3）已验证系统满足产品需求规格说明书的要求。

（4）在测试中发现的缺陷已得到修改，各级缺陷修复率达到规定的标准。

（5）缺陷密度（n 个/KLOC）符合软件要求的范围。

6. 测试总结和报告

测试执行完毕后，要对测试结果进行汇总、统计和分析，并完成测试报告。

首先要进行缺陷的汇总，明确共发现了哪些缺陷，给出详细的缺陷报告，统计缺陷的分布情况等。例如，图 10-2 所示为对某小型软件测试后的缺陷分布统计。

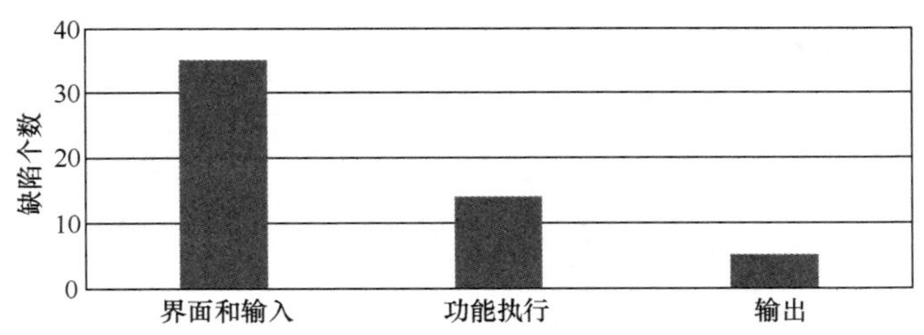

图 10-2 对某小型软件测试后的缺陷分布统计

其次，要分析测试的覆盖度，以明确测试的完全程度，可以用对测试需求的覆盖率、可执行代码的覆盖率或者对某种测试标准的覆盖率来表示。例如，测试需求覆盖率 100%，可执行代码覆盖率 100%，条件组合覆盖率 90%等。

最后，软件质量评测是对被测试软件的功能、性能、可靠性、稳定性等的评价。质量评测建立在对测试结果的评估和对测试确定的缺陷及缺陷修复的分析等的基础之上，应当是可信的和有说服力的。

10.2.2 测试进度管理

测试进度管理就是遵循测试项目生命周期，按照测试计划，在测试实施过程中，不断检查测试工作的进展情况，发现与计划的偏离。例如，检查测试设计的完成情况，检查测试用例的执行比例，检查测试的覆盖率等。如果测试工作进展明显滞后于计划，则需要分析原因，寻找对策，以免影响整个软件项目的交付。

10.3 测试文档、测试用例和缺陷管理

10.3.1 测试文档管理

1. 软件测试文档的重要性

软件开发人员可以用开发的代码来体现他们所完成的工作量和工作价值。软件测试人员如何来体现他们所完成的工作量和工作价值呢？例如，有的软件可能质量较好，对其进行了长时间大量的测试，但发现的问题并不多，这是不是说测试工作就白做了？当然不是，软件测试可以用文档来保存测试工作成果，体现测试工作量和工作价值，作为对软件进行评价的客观依据，并可用于测试复用，如用在回归测试中及类似的软件测试项目中等。

2. 软件测试文档的概念

软件测试文档是对要执行的软件测试及测试的结果进行描述、定义、规定和报告的任何书面或图示信息。它为测试项目的组织、规划和管理提供了一个规范化的架构。

主要的测试文档有测试需求分析、测试计划书、测试方案说明、测试规程说明、测试设计书、测试用例说明、测试日志、测试执行记录、缺陷报告、测试总结报告等。

作为技术文档，各种软件测试文档都有其一定的撰写规范。表 10-2 所示为某知名 IT 企业的“集成测试方案”撰写要点。

表 10-2　　某知名 IT 企业“集成测试方案”撰写要点

集成测试方案
1　引言
2　术语、定义和缩略语
3　概述（测试简介、通过准则、构件清单）
4　测试内容
5　测试方法
6　测试任务
6.1　<××接口>测试
6.2　<××功能>测试
6.3　<××性能>测试
6.4　<××××××>测试
7　其他说明
8　参考文献

3. 软件测试文档的管理

一个软件测试项目，首先，要做到各种测试文档齐全规范，这是测试工作过程和工作成果的体现；其次，对重要的测试文档要进行评审，以提高质量，只有通过评审后才投入实施，开始下一个环节，防止返工；最后，测试文档要长期保存，不仅用作对软件进行最终评价的支撑材料，而且还可用于测试复用，为后续的测试工作奠定基础，节约工作量。

10.3.2　测试用例管理

1. 测试用例的概念

测试用例（Test Case）是为某个特定的目标而编制的一组测试输入、执行条件以及预期结果。

完整的测试用例是对一项特定的软件测试任务的详细描述。它可以体现测试方案、方法、技术和策略。它的内容包括测试目标、测试环境、输入数据、测试步骤、预期结果、测试脚本等，并应形成文档。

最简化的情况下，一个测试用例至少应当包括输入数据和预期结果两部分。

2. 测试用例的设计、管理和优化

对同一个软件进行测试时，按照不同的测试方法和技术，可以设计得到不同的测试用例；按照相同的测试方法和技术，不同的测试人员也可能会设计得到不同的测试用例。测试用例设计是一项体现测试人员能力和水平的设计活动，其核心就是要恰当的设计测试数据，使可能存在的软件缺陷通过程序执行都尽可能地产生软件失败并被外部观察到。

测试用例的设计原则如下。

（1）测试用例应覆盖三类事件。

① 基本事件：参照软件规格说明书，按照需要实现的所有功能来编写，覆盖率 100%。

② 备选事件：程序执行中的备选情况，按照功能点编写。

③ 异常事件：程序执行出错处理的路径，按照功能点编写。

在实际中，备选事件和异常事件的测试用例往往比基本事件的测试用例要多。

（2）用等价类划分方法设计基本的测试用例，将无限测试变成有限测试，这是减少工作量和提高测试效率最有效的方法。

（3）在任何情况下都应当有边界值测试用例，这种测试用例发现程序错误的能力最强。

（4）用错误推测法再追加一些测试用例，这需要依靠测试工程师的智慧和经验。

（5）应对照程序的逻辑，检查已设计测试用例的逻辑覆盖程度。如果没有达到要求的覆盖标准，应当再补充足够的测试用例。

（6）如果程序的功能说明中含有输入条件的组合情况，那么一开始就可以选用决策表驱动法和因果图法。

（7）对于参数配置类的软件来说，采用正交实验法设计较少的测试用例即可达到较好的测试效果。

（8）对于业务流清晰的系统来说，采用场景法来设计测试用例。

为了便于对大量测试用例进行汇总、管理和分析，可以建立测试用例数据库。为了提高覆盖率并减少测试冗余，需要对测试用例进行分析和优化，补充需要的、删除冗余的。例如，把多位测试人员设计的测试用例汇总在一起，通过分析，就可以发现并去除冗余的测试用例，就可以知道现有测试用例是否能覆盖所有测试需求，如果还没有覆盖到所有的测试需求，就需要补充测试用例。

3. 测试用例的评审

当大量的测试用例被设计出来后，为保证其质量，应对其进行评审，评审的要点如下。

（1）测试用例是否覆盖了测试需求的所有功能点。

（2）测试用例是否覆盖了所有非功能性测试需求。

（3）测试用例编号是否和测试需求相对应。

（4）测试设计是否包含了正面和反面的测试用例。

（5）测试用例是否明确了测试特性、步骤、执行条件和预期结果等内容。

（6）测试用例是否包含测试数据、测试数据的生成办法或者输入的相关描述。

（7）测试用例是否具备可操作性。

（8）测试用例的优先级安排是否合理。

（9）是否已经删除了冗余的测试用例。

（10）测试用例是否简洁，是否复用性强，例如，可将重复度高的步骤或过程抽取出来，定义为可复用的标准化测试过程。

4. 测试用例的更新

设计得到测试用例后，还需要不断更新和完善，原因有如下三点。

（1）在后续的测试过程中可能发现前面设计测试用例时考虑不周，需要补充完善。

（2）在软件交付使用后反馈了软件缺陷，而这些软件缺陷在测试时并没有发现，需要补充针对这些缺陷的测试用例。

（3）软件版本的更新及功能的新增等，要求测试用例同步修改更新。

5. 测试用例的作用

测试用例的作用体现在以下几个方面。

（1）发现和跟踪软件缺陷。如果软件中存在缺陷，那么设计的某一个测试用例执行时，就可能发现这一缺陷，并且只要这个缺陷没有被修改处理掉，那么每次执行这个测试用例时就都能够发现这个缺陷。通过这个测试用例可以跟踪这个缺陷，找到问题的源头。

（2）更准确地反映软件的某一特性。通过一组测试用例或一个测试用例集，可以反映软件的某一特性。例如，通过一个安全测试用例集的执行，可以反映一个软件在安全性方面的特性等。

（3）全面地反映软件的性能和质量等。通过执行精心设计的大量测试用例，能够对软件进行全面的测试和验证，并最终反映软件的性能和质量，为软件的质量评价提供依据。

（4）明确故障责任。当软件执行出错，甚至是酿成事故时，通过测试用例可以找到错误，并分析明确问题出在什么地方，该由谁来承担责任。

10.3.3 缺陷管理

软件中的缺陷是软件开发过程中的“副产品”。一个规模很大的软件，通过测试可能会发现成千上万个缺陷。需要对这些缺陷进行有效的管理，可以建立缺陷数据库，也有专门的缺陷管理工具软件可供使用。

首先，要对每一个缺陷进行记录，并描述详细的缺陷内容。缺陷记录应当包含的要点如表 10-3 所示。

表 10-3　缺陷记录应包含的要点

可追踪信息	缺陷 ID	实际的缺陷 ID
缺陷基本信息	缺陷状态	分为“待分配”“待修正”“待验证”“待评审”“关闭”
	缺陷标题	描述缺陷的标题
	缺陷的严重程度	一般分为“致命”“严重”“一般”“建议”
	缺陷的紧急程度	从 1 到 4，1 是优先级最高的等级，4 是优先级最低的等级
	缺陷类型	界面缺陷、功能缺陷、安全性缺陷、接口缺陷、数据缺陷、性能缺陷等
	缺陷提交人	缺陷提交人的姓名和邮件地址
	缺陷提交时间	缺陷提交的时间
	缺陷所属项目/模块	缺陷所属的项目，最好能精确到模块
	缺陷指定解决人	缺陷指定的解决人，在缺陷“提交”状态为空；在缺陷“分发”状态下，由项目经理指定相关开发人员修改
	缺陷指定解决时间	项目经理指定的开发人员修改此缺陷的期限
	缺陷处理人	最终处理缺陷的处理人
	缺陷处理结果描述	对处理结果的描述，如果对代码做了修改，要求在此处体现出修改
	缺陷处理时间	缺陷处理的时间
	缺陷验证人	对被处理缺陷验证的验证人
	缺陷验证结果描述	对验证结果的描述（通过、不通过）
	缺陷验证时间	对缺陷验证的时间
缺陷详细描述	对缺陷的详细描述（对缺陷描述的详细程度直接影响开发人员对缺陷的修改，描述应尽可能的详细）	
测试环境说明	对测试环境的描述	
必要的附件	对于某些文字很难表达清楚的缺陷而言，使用图片等附件是必要的	

对缺陷进行记录，除缺陷 ID、缺陷状态、缺陷标题、严重程度、紧急程度、缺陷类型、缺陷提交人、提交时间、所属项目/模块等基本信息外，还要有缺陷详细描述、测试环境说明以及必要的附件。

其次，要对缺陷进行统计和分析。如分析缺陷主要分布在哪些模块，因为发现缺陷越多的模块隐藏的缺陷可能也越多；分析缺陷产生的原因主要有哪些，以便后续改进；根据已知缺陷数据，基于数学模型分析预测隐含的缺陷等。

再次，要跟踪缺陷的状态。缺陷被发现后，测试人员进行提交；然后分配到项目开发人员进行修改，开发人员完成修改并通过测试验证后缺陷关闭。有的缺陷基于权衡可以不修改，而是采取一些弥补措施，通过评审后也可以关闭。缺陷跟踪就是要确保每个被发现的缺陷最终都能够被关闭，而不是不了了之。

最后，应通过缺陷来反映软件的特性。软件缺陷的多少、缺陷的分布、缺陷的类型等，都可以反映软件的特性。缺陷及缺陷的修复情况，就是对软件的质量进行评价的基础和依据。

习 题

一、选择题

1. 以下哪句话是不正确的？（　　）

A. 测试过的软件就没有缺陷

B. 测试的目的是尽可能多的发现程序中的缺陷

C. 成功的测试在于发现了迄今尚未发现的缺陷

D. 测试是为了验证程序是否符合需求

2. 下列项目中不属于测试文档的是（　　）。

A. 测试计划　　B. 测试用例　　C. 被测程序　　D. 测试报告

3. 软件测试管理不包括（　　）。

A. 测试团队管理　　B. 缺陷管理　　C. 软件需求管理　　D. 测试用例管理

4. 软件测试风险管理包含（　　）和风险控制两方面内容。

A. 风险排序　　B. 风险识别　　C. 风险评估　　D. 风险分析

5. 编写测试计划的目的不包括（　　）。

A. 使测试工作顺利进行　　B. 使项目参与人员沟通更舒畅

C. 使测试工作更加系统化　　D. 使测试内容更少，完成更快

6. 下面哪项内容不包含在测试计划文档中？（　　）

A. 测试策略　　B. 测试用例　　C. 测试时间安排　　D. 测试标准

二、填空题

1. 软件测试项目的生命周期包括测试需求分析、________、________、测试开发、测试执行、测试总结和报告等阶段。

2. 软件测试中，________描述测试的整体方案，________描述依据测试用例找出的问题。

3. ________________________________就是以测试项目为管理对象，通过一个临时性的专门的测试组织，运用专门的软件测试知识、技能、工具和方法，对测试项目进行计划、组织、执行和控制，并在时间成本、软件测试质量等方面进行分析和管理活动。

4. 软件测试文档为测试项目的组织、规划和管理提供了一个________。

三、判断题

1. 测试人员要坚持原则，缺陷未完全修复坚决不予通过。（　　）

2. 在软件测试中，预设输出结果是检验待测系统在特定执行下是否正确的方法。（　　）

3. 发现缺陷越多的模块隐藏的缺陷可能也越少。（　　）

四、解答题

1. 什么是软件测试文档？测试项目中主要的测试文档有哪些？

2. 软件测试工作和软件开发工作相比有哪些特点？

3. 试阐述测试用例的设计原则有哪些。

4. 试分析测试用例为什么需要更新。

PART11

第11章

软件测试热点

11.1 安全测试

11.1.1 安全测试简介

1. 软件安全测试概念和内涵

21 世纪初，随着互联网的发展，Web 系统被大规模应用。SQL 注入及跨站脚本攻击等 Web 脆弱性被发现和快速传播后，人们认识到软件系统的安全保障原来如此薄弱，通过针对性的软件攻击，可轻易产生数据丢失和权限失控等严重的后果。加之软件反编译技术和工具的流行，使得软件逆向和破解变得相对容易，业界开始认识到软件安全保障的重要性。近几年来，软件安全得到更广泛的关注。软件安全测试就是测试软件的安全功能实现是否与安全需求一致。它是验证软件安全机制、安全编码是否充分实现的过程。

软件安全测试是在软件的生命周期内采取的一系列措施，用来防止出现违反安全策略的异常情况和在软件的设计、开发、部署、升级及维护过程中的潜在系统漏洞。

传统的软件测试关注的是软件的功能是否完整实现并与预期一致，以及软件的性能是否满足使用要求，而安全性测试关注的是软件不能做那此它不应该做的事情。关于软件安全测试，有三点应该注意。

一是软件功能上的缺陷并不一定是安全性缺陷，我们用脆弱性来表示安全性缺陷。安全漏洞是指系统在设计、实现、操作、管理上存在的可被利用的缺陷或弱点，安全漏洞一旦被利用可能导致软件受到攻击，进入不安全的状态。安全测试就是识别软件的安全漏洞的过程。

二是可靠性测试和安全性测试并不完全等同。可靠性测试只关注软件的可用性，而安全性测试考查的软件安全属性更为广泛。安全测试往往从攻击者的角度出发，以发现能够利用的安全漏洞为目的。

三是软件安全测试的整体过程是伴随软件开发的整个生命周期的。软件安全测试与软件生命周期的关系如图 11-1 所示。在需求分析阶段提出安全性需求、启动测试计划的编制工作时，就已经开始了安全测试的生命周期；而当软件交付后，软件安全测试用来重现生产活动中遇到的安全漏洞，用以指导安全性运维工作；而用户因为业务需要或合规性需求，也可能再次采购第三方服务进行安全测试。

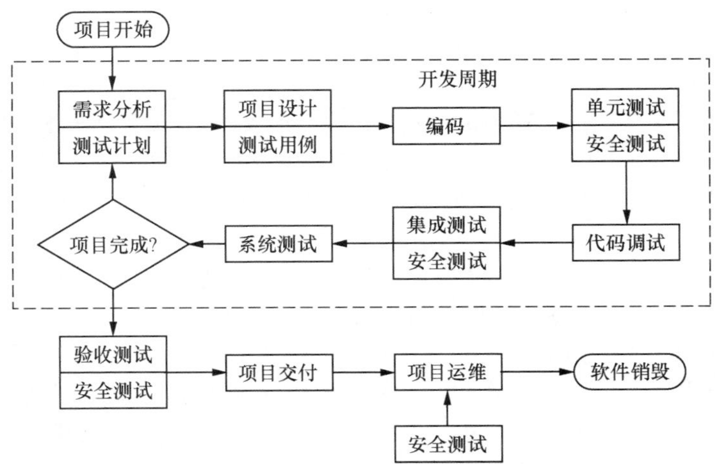

图 11-1 软件安全测试与软件生命周期的关系

2. 软件安全测试的标准

随着《网络安全法》的施行和软件安全审查工作的推进，软件安全质量保证相关国家标准也对软件安全性和测试细则提出要求。《系统与软件工程 系统与软件质量要求和评价（SQuaRE）第 51 部分：就绪可用软件产品（RUSP）的质量要求和测试细则》（GB/T 25000.51—2016）和《系统与软件工程 系统与软件质量要求和评价（SQuaRE）第 10 部分：系统与软件质量模型》（GB/T 25000.10—2016）是对 GB/T 25000.51—2010 和 GB/T 16260.1—2006 的修订，增加了信息安全性的质量和测试要求，主要包括保密性、完整性、抗抵赖性、可核查性、真实性和信息安全性的依从性（安全性保证能够与文档说明相一致）。

3. 软件安全测试的原则

随着软件安全开发生命周期理念的推广和软件安全工程方法的应用，软件安全测试工作也得到大量的工程实践。软件安全保障本身是以风险管理为导向和起点的，融合了最佳实践和工程化的方法。工程化方法重视系统的观点和具体的实现过程管理。与安全设计原则指导软件设计和安全实现一样，软件安全测试的原则对软件安全测试工作的开展和测试用例设计起指导性作用。安全测试应能够验证安全设计的原则是否真正得到体现。业界一致认可的软件安全测试原则如下。

（1）逆向思维原则：开发人员可能并没有主观意愿去发现自己工作成果中的安全漏洞，因此最好设立独立的安全测试团队。安全测试人员应采用逆向思维方式设计测试用例和执行测试，而不是正向思维方式。

（2）知识支撑原则：测试人员应该对软件开发有一定了解，同时对软件安全有深入了解。

（3）测试自动化原则：测试过程应该以工具为主、人工为辅，相互结合、互相补充。业界往往采用工具先行、人工复查模式，这样能达到较好的测试效果。

（4）分层原则：测试用例分层设计，一是可以检验软件的纵深防御原则是否有效实现；二是当前大部分软件都涉及管理层、应用层、网络层、系统层和数据层，某些严重的威胁是综合利用各层次的轻微漏洞来实现的。

（5）测试最薄弱环节原则：用户输入、软件内的数据交互、共享数据的访问点等内容，往往是攻击面最大、安全性最薄弱的环节，应对其进行重点测试。

（6）业务相关原则：根据行业对抗性测试的统计结果，业务逻辑漏洞是占比最高的漏洞类型，因此，测试用例的设计应该充分考虑软件或系统的业务逻辑和上下文数据相关性。

（7）阶段性测试原则：软件安全测试应分阶段进行，如图 11-1 所示。如果将安全测试置于软件交付之前一次性进行，则很可能事倍功半。

除上述软件安全测试原则外，根据软件支撑的业务类型不同，还有些特殊行业的软件安全测试原则，在此不做赘述。总之，树立顶层设计的思想对软件安全测试的有效性至关重要。

11.1.2 安全测试方法

我们可以按照不同的角度对软件安全测试方法进行分类，如按照黑盒/白盒测试进行分类、按照静态/动态测试进行分类、按照形式化/非形式化测试进行分类。在软件安全生命周期的不同阶段，采用的软件安全测试方法也不尽相同。下面以应用为导向，介绍三类软件安全测试方法。

1. 静态测试

静态测试又叫静态分析，是指在不执行代码的情况下对其进行评估和测试的过程。在软件开发过程的具体实现中，一般采用两种形式：代码安全审查和代码安全走查，这两种方法均属于白盒测试。

代码安全审查又叫代码安全审计（审核），是指通过阅读代码的方式验证代码是否符合安全编码规范、是否实现某种预设的安全机制的过程，有经验的安全测试人员或自动化测试的工具，能够快速识别代码中的安全缺陷。自动化的代码审查工具往往误报率较高，需要人工复查，而人工复查的效果则取决于测试人员的经验。一般而言，发现的安全问题均较真实，但漏报率较高。

设有 Java 代码段如下：

```
    //拼接的SQL语句，存在SQL注入漏洞
    String sql="select * from users where username= ' "+userName+" 'and password= ' " +
password+" ' ";
```

```
//建议参数化查询
String sql1= "select * from users where username=? and password=?";
PreparedStatement preState = conn. prepareStatement(sql1);
preState. setString(1, userName);
preState. setString(2, password);
ResultSet rs = preState. executeQuery();
…
```

测试人员审核以上的代码时，发现软件开发人员在编写代码时将用户输入的用户名和密码直接进行 SQL 语句拼接（代码中第 2 行），这导致软件存在 SQL 注入漏洞，正确的做法是，应该采用参数化查询，保证用户输入无法参与编译，从而避免 SQL 注入。类似地，在 Java 的 ORM 模型 Mybatis 中对“#”和“$”操作符的误用，也会引发 SQL 注入漏洞。

据不完全统计，目前在代码安全性审查过程中有超过 80%的公司使用自动化工具。常见的代码审查工具有两类：一类是针对特定开发语言的，另一类是针对多种开发语言的。后者如 IBM Security AppScan Source、Fortify 等。前者如 JAVA 代码查审工具 JTest，C++的代码安全审查工具 C++Test，JavaScript 代码安全查审工具 JShint 等。而如果按照工具是否收费，又可以分为商用工具和免费工具。

代码安全走查是指开发人员与安全架构师、安全测试人员集中讨论代码安全性的过程。其目的是交换代码层面是如何实现安全机制和安全编码的，对代码的安全标准进行集体讨论。在代码安全走查的过程中，开发人员有机会向其他人来阐述他们的代码安全性。即便是简单的代码阐述也会帮助开发人员识别出安全缺陷，并想出针对安全缺陷的解决办法。通常来讲，代码安全走查是纯人工方式的安全分析和测试过程。

2. 模糊测试

模糊测试（Fuzzing Test）是一种通过提供非预期的输入并监视异常结果来发现软件故障的方法，属于黑盒测试或灰盒测试（某此情况下，进行模糊测试前已经对源代码或通过软件设计说明书对程序流程有一定的了解）。模糊测试不关心被测试目标的内部实现，而是利用构造畸形的输入数据引发被测试目标产生异常，从而发现相应的安全漏洞。模糊测试是强制软件程序使用恶意或者破坏性的数据并观察执行结果的一种测试方法，健壮性不好的程序会崩溃或引发异常，大量的缓冲区溢出漏洞都是由模糊测试发现的。

模糊测试的过程一般包含 6 个步骤。

（1）确定测试的目标。

（2）确定输入的向量。

（3）生成模糊测试数据，可由测试工具通过随机或半随机的方式生成。

（4）测试工具将生成的数据发送给被测试的系统（输入）。

（5）测试工具检测被测系统的状态（如是否响应，响应是否正确等）。

（6）根据被测系统的状态判断是否有漏洞可以被利用。

经常采用的模糊测试模式可以是暴力测试、等价类测试、边界值测试和组合字段测试等。组合字段测试是某几个输入相互配合的情况下引发程序异常。例如，在系统产生某些畸形数据的情况下，利用畸形数据引发某些功能异常或系统崩溃。由于需要产生大量的或超长的畸形数据，模糊测试通常需要使用某些自动化或半自动化测试工具来进行。Web 系统测试工具 Burp Suite 可按用户定义或正则表达式方式，自动生成有效载荷，如图 11-2 所示。其他的模糊测试工具包括 Defensics、Antiparser 和 SPIKE 框架等。

3. 对抗性测试

对抗性测试就是模拟黑客攻击或入侵的方式来进行软件安全测试，包括客户端软件的反编译测试（测试花指令、软件加壳或加密等措施是否能够抵抗软件破解）、针对特定应用系统的渗透测试和针对组织整体业务的红蓝军对抗测试（演练）。这里介绍一下广泛采用的渗透测试方法。渗透测试是通过模拟恶意攻击者进行攻击，来评估软件系统安全性的方法。渗透测试往往能够发现业务逻辑错误（在代码审查和模糊测试过程中难以发现）。

如图 11-3 所示，渗透测试的流程与黑客攻击基本相同，其中获得授权和测试报告是渗透测试与黑客攻击不同的。

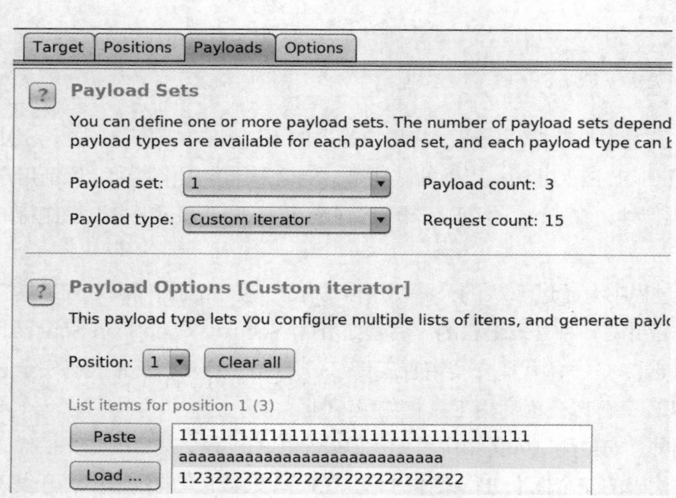

图 11-2 Burp Suite 模糊测试

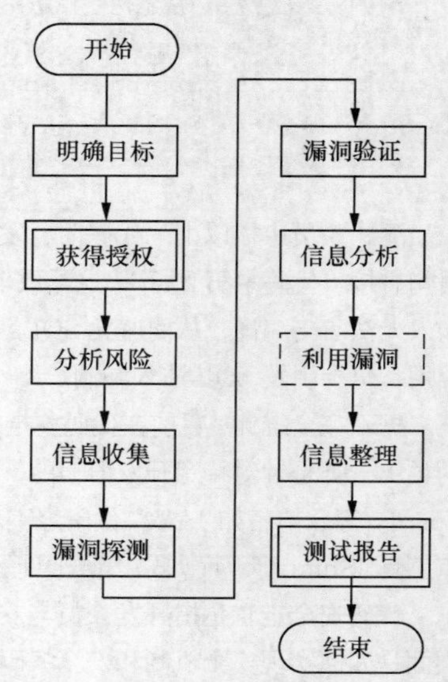

图 11-3 渗透测试的流程

注：虚线框表示流程可选。

如果是在已运行的软件系统上进行渗透测试，要注意三个关键问题。

① 获得授权才能进行渗透测试（对某些内网部署的软件系统进行渗透测试时，需要取得内网访问权），而且要避免在业务高峰期进行。

② 针对渗透测试准备应急预案，避免测试过程影响正常业务。

③ 明确是否需要进行渗透后的横向和纵向的内网渗透和漏洞利用动作（如获取数据等操作）。

4. 三种测试方法的比较

三种安全测试方法的应用时段、测试目的、所需信息，以及各自的优缺点对比，如表 11-1 所示。

表 11-1 三种安全测试方法对比

测试方法	应用时段	测试目的	所需信息	优点	缺点
静态测试	单元模块测试	编码级漏洞	白盒	能够发现问题的根源	漏报率和误报率较高
模糊测试	单元模块测试 集成测试	编码级漏洞、模块级漏洞	黑盒为主，有时是灰盒	可同时测试可靠性	漏报率较高，有时问题难以复现
渗透测试	验收测试 独立的安全测试	编码级漏洞、模块级漏洞、业务级漏洞	灰盒为主，有时是黑盒	能够发现复杂的业务漏洞	漏报率较高（测试覆盖率较低）

静态测试主要应用于单元模块测试阶段，虽然也有代码安全审查这种第三方服务，用以针对已发布的系统进行安全性检查，但往往由于代码集中审查的工作量太大，且大量的历史遗留系统采用不同的编码实现，甚至有可能包括已经退出历史舞台的开发语言，很难取得预期效果；而模糊测试既可以用于单元模块测试，也可以用于软件发布后的安全测试；渗透测试则主要是在软件发布后的真实生产环境下（或在测试平台中）进行测试。

5. 安全测试用例示例

表 11-2 所示为代码静态审查示例。该示例采用自动化的代码静态分析工具 Fortify SCA 进行扫描，以检

查 Web 应用程序在编码过程中是否有违背安全开发规范的地方。

表 11-2　　代码静态审查示例

编号	SEC_Web_SRC_ TOOL_01
测试用例名称	HP Fortify SCA 扫描测试
设计者	
评审	
测试目的	利用自动化的代码静态分析工具 Fortify SCA 进行扫描，以检查 Web 应用程序在编码过程中是否有违背安全开发规范的地方
用例级别	基本
测试条件	已有 Web 应用的源码； 测试用机上安装了 Fortify SCA，且有相应的规则包
执行步骤	（1）开始菜单打开 Fortify SCA 所属工具 Scan Wizard，按向导提示操作。 （2）设置完毕后，在源码目录下将生成扫描批处理，默认名称为 Fortify{项目名称}.bat。 （3）双击该.bat 文件，开始扫描。 （4）扫描完成，保存扫描结果，并对结果进行分析
预期结果	经过对扫描结果分析，确认不存在“中等等级”及以上级别的漏洞
备注	注意： （1）该用例的执行完全在测试用机上执行，需要内存较大。建议测试用机配置：内存 4GB 以上，CPU 两核以上。 （2）由于自动化工具不涉及业务逻辑的检查，只是提示一种漏洞存在的可能性，因此需要对扫描结果进行人工审查，并参照相应语言的语法格式与业务逻辑进行分析判断。 （3）如果扫描结果较大，可以仅对中等等级以上的缺陷进行审查
测试结果	

表 11-3 所示为 Web 应用测试示例。该示例测试修改密码功能是否存在安全缺陷。如果存在缺陷，攻击者是否可以通过此缺陷获取用户密码或修改其他用户的密码。

表 11-3　　Web 应用测试示例

编号	SEC_WEB_ AUTH_01		
测试用例名称	修改密码测试		
测试目的	测试修改密码功能是否存在安全缺陷。如果存在缺陷，攻击者是否可以通过此缺陷获取用户密码或修改其他用户的密码		
用例级别	基本		
设计者		审核者	
测试条件	（1）在测试机上访问 Web 网站正常。 （2）网站提供修改密码的功能。 （3）已知某正确的用户账号		
执行步骤	（1）登录网站。 （2）进入密码修改页面。 （3）查看是否必须提交正确旧密码，如果不需要则存在漏洞。 （4）填写并提交修改密码数据，拦截/侦听该请求，如果密码明文传输则存在漏洞		

续表

执行步骤	（5）分析步骤（4）获取的修改密码请求，观察新、旧密码是否通过同一个 HTTP 请求提交到服务器，如果不是则存在漏洞。 （6）观察步骤（4）获取的修改密码请求，提交了用户名或用户 ID，尝试修改为其他用户名或用户 ID 时，如果能够成功修改，则其他用户的密码存在漏洞
预期结果	用户修改密码时必须提供旧密码，提交的修改密码请求中密码加密传输，且普通用户无法修改其他用户的密码
备注	注意： （1）如果初始口令为系统提供的默认口令，或由管理员设定时，则在用户/操作员使用初始口令成功登录后，系统必须强制用户/操作员更改初始口令，直至更改成功，否则存在漏洞。 （2）拦截修改密码请求可以使用 Burp Suite 或 WebScarab 等工具，只是侦听的话可以使用 Wireshark 等工具抓包。 （3）对 HTTPS 的可以使用 SSLsplit 等工具尝试 MIMT 分析
测试结果	

表 11-4 所示为渗透测试的扫描阶段测试示例。该测试利用自动化的 Web 安全扫描工具进行渗透扫描，以发现 Web 应用中存在的常见漏洞。

表 11-4　　渗透测试扫描阶段测试示例

测试用例编号	SEC_WEB_INSPECT_TOOL_01		
测试用例名称	OWASP TOP 10 全站扫描测试		
测试目的	利用自动化的 Web 安全扫描工具进行渗透扫描，以发现 Web 应用中存在的常见漏洞		
用例级别	基本		
设计者		评审者	
测试条件	（1）测试环境已就绪，测试用机上 IE 浏览器可正常访问 Web 应用。 （2）测试用机上正版的 HP WebInspect 已就绪。 （3）必要的数据已准备就绪（测试账号等）		
执行步骤	（1）测试机上启动 HP WebInspect，开始向导扫描。 （2）单击 Create a Standard Web Site Scan，创建标准站点扫描。 （3）在 Start URL 栏中输入网址，确认是否正常。 （4）扫描目录设置为 Directory and subdirectories（站点及子目录）。 （5）Scan Type 设置为 Standard，Method 设置为 Crawl and Audit。 （6）设置规则为 OWASP TOP 10-2013。 （7）如果需要登录宏的话，录制。 （8）完成设置，开始扫描。 （9）扫描完成，保存扫描结果，并对结果进行分析		
预期结果	经过对扫描结果分析，确认不存在“中级”及以上级别的漏洞		
备注	注意： （1）该测试执行耗时较多，需要良好的网络环境来缩短执行时间。 （2）该用例的执行对被测系统的性能影响比较大，而且可能导致一些垃圾数据，建议只在测试环境执行。 （3）由于在很多情况下自动化工具只是提示一种漏洞存在的可能，因此需要对所有的结果进行人工的分析判断。 （4）分析过程用到的辅助工具请自行准备		
测试结果			

具体的自动化安全测试软件的功能和使用方法，将在下一节中以 WebScan 为例进行介绍。

11.1.3　安全测试示例

1. 工具简介

在日常的安全测试中，经常会使用一些工具，以提高测试效率。Web 安全的测试工具种类繁多，各款工具功能各有侧重。本节以杭州安恒信息技术股份有限公司开发的明鉴 Web 应用弱点扫描器（MatriXay）作为示例进行讲解。该扫描器具有 Web 安全测试中所需要用到的几乎所有功能，能够满足日常的 Web 安全测试需要。

MatriXay 是在深入分析研究 B/S 典型应用架构中常见安全漏洞以及流行的攻击技术基础上，研制开发的一款 Web 应用安全专用评估工具。它基于漏洞产生的原理，采用渗透测试的方法，对 Web 应用进行深度弱点测试，可帮助应用开发者和管理者了解应用系统存在的脆弱性，为改善并提高应用系统安全性提供依据。

2. MatriXay 功能结构

MatriXay 主要功能包括项目管理、报表管理、项目扫描、弱点检测、工具管理、全局配置和用户管理。MatriXay6.0 软件的功能结构如图 11-4 所示。

图 11-4　MatriXay6.0 软件的功能结构

3. Web 安全测试过程

（1）创建扫描任务

可以通过扫描任务向导，创建扫描任务，并可设置立即开始扫描、指定时间开始扫描和不扫描。扫描开始后，扫描目标对象，收集正确的扫描信息，同时将扫描结果展示给用户。扫描过程中，可以进行暂停扫描、重新扫描、移除扫描任务等操作。这些操作不会对目标 Web 应用系统产生性能影响。

新建扫描项目可以在一个项目里添加多个扫描任务，每个扫描项目可配置不同的扫描选项，可以通过以下方式打开【创建任务向导】界面。

① 单击右上角图标，选择【文件】→【新建向导扫描】菜单。

② 在工具栏上单击按钮，打开【创建任务向导】界面。

（2）添加扫描对象

扫描对象创建完就可以添加扫描对象，如图 11-5 所示。

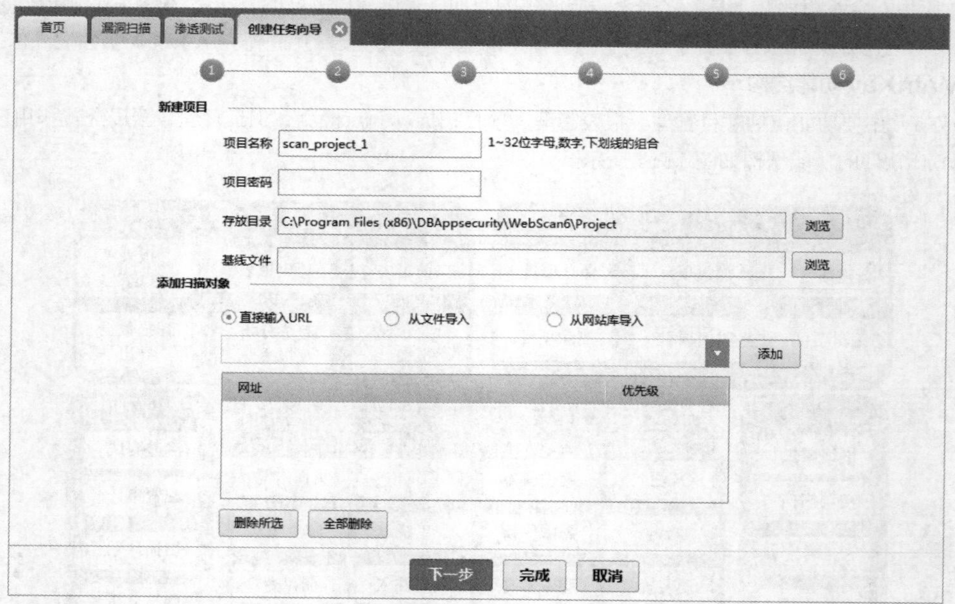

图 11-5　添加扫描对象

① 新建一个项目，如图 11-6 所示。新建项目的各项说明如表 11-5 所示。

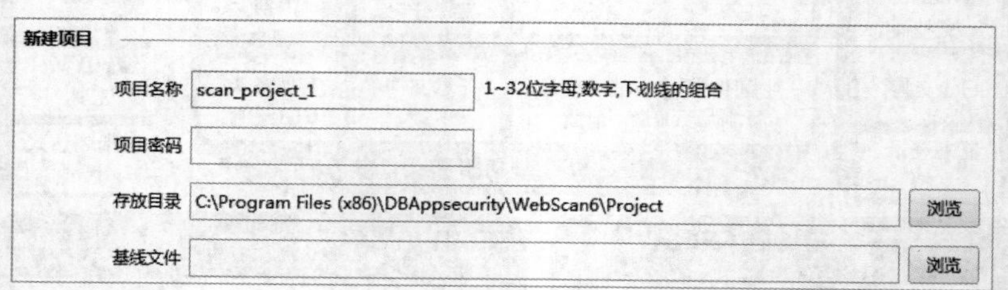

图 11-6　新建项目

表 11-5　新建项目的各选项说明

序号	选项	说明
1	项目名称	项目名称用于区别不同的扫描项目，系统会自动生成一个项目名称，为了方便管理，建议手动命名为有含义的项目名称
2	项目密码	项目文件密码，设置了项目密码后，当要加载这个项目时，必须输入密码，方能正常加载，保证了数据安全性

续表

序号	选项	说明
3	存放目录	默认是系统设置目录（详见【系统设置】中的【项目文件默认存储路径】），存放格式为 mscan6，用户可单击【浏览】设置新的项目保存的目录
4	基线文件	选择一个上次扫描过的项目文件（格式为 mscan6），基于上次的扫描结果文件再次扫描同一个网站，可以在一定程度上防止因为网络因素的不稳定，导致扫描结果的不稳定

② 添加扫描对象，支持以单个或批量方式添加扫描对象（扫描网站），如图 11-7 所示。

图 11-7　添加扫描对象

③ 操作。单击【完成】，新建立即扫描任务，以默认扫描配置进行扫描。单击【下一步】，跳转到【项目属性配置】向导，可进行项目模板、项目属性、策略选择、项目配置等相关操作，单击【取消】，退出新建任务向导。

（3）项目基本属性配置

在图 11-5 所示页面中单击【下一步】，进入项目基本属性配置页面，如图 11-8 所示。

图 11-8　项目基本属性配置页面

扫描项目属性配置，可设置项目扫描目标、扫描范围、扫描行为方式、最大 URL 数。项目属性说明如表 11-6 所示。

表 11-6　　项目属性说明

序号	选项	说明
1	引擎智能选择	路径排重=否，参数排重=按参数名排重，由 WebScan 智能控制漏洞发现和扫描速度
2	漏洞发现优先	路径排重=否，参数排重=无，设置扫描以漏洞发现优先的方式执行扫描过程
3	扫描速度优先	路径排重=是，参数排重=按参数组合模式排重，设置扫描以扫描速度优先的方式执行扫描过程
4	扫描当前域	表示只扫描当前子域，如输入 www.test.com，只扫描 www.test.com 这个域
5	扫描整个域	表示扫描整个网站，如输入 www.test.com，test.com 下所有的子域都会被扫描
6	检测当前页	只扫描输入 URL，如输入 www.test.com.cn，那么只扫描此一个 URL
7	检测子路径	只检测属于用户指定的 URL 路径的子路径页面。如输入 http://192.168.29.190/eWebeditor/ 这个 URL 地址创建扫描任务，WebScan 只会扫描 eWebeditor 这个目录下面的 URL
8	检测全部页	会检测所有引擎爬行到的页面，外域的 URL 链接也会被爬行检测
9	智能选择	智能选择深度优先或广度优先
10	深度优先	按深度优先算法爬行
11	广度优先	按广度优先算法爬行
12	最大 URL 数 30000	表示引擎最多爬行 30000 个不同的 URL 时，停止爬行新的 URL
13	最大 URL 数 5000	表示引擎最多爬行 5000 个不同的 URL 时，停止爬行新的 URL
14	最大 URL 数无限制	表示直到爬行完所有的 URL

域的选择。如 b.a.com、ad.a.com 都属于 a.com 这个域。扫描 b.a.com 这个 URL，如果扫描范围设置了整个域，那么 a.com 下面的所有子域都会检测；如果设置成检测当前子域，那么只会扫描 b.a.com 这个域，而不会扫描 ad.a.com 域。

策略选择级别如图 11-9 所示。

图 11-9 【策略选择级别】界面

策略选择级别有五个选择：漏洞扫描、等级保护、OWSAP TOP10、网页木马、自定义策略。若选择预设置的四个策略类别（漏洞扫描、等级保护、OWASP TOP10、网页木马），单击【下一步】，进入【扫描选项配置】向导；若选择【自定义策略】，单击【下一步】，进入【扫描策略设置】向导，自定义扫描策略。

单击【完成】，新建立即扫描任务（未设置的项目，采用默认设置）。

（4）扫描操作

在任务管理列表中，单击鼠标右键，可以进行的操作如图 11-10 所示。

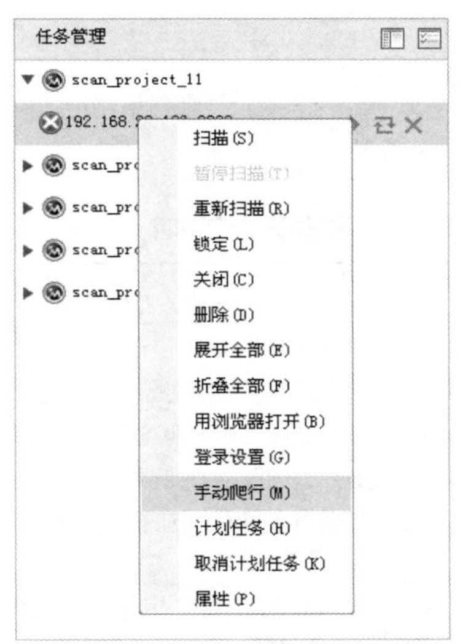

图 11-10　可进行的操作

关于操作的说明见表 11-7。

表 11-7　关于操作的说明

序号	选项	说明
1	扫描	对【扫描状态：暂停中、异常终止、不扫描】的扫描任务，可进行开始扫描/全部扫描操作
2	暂停扫描	对【扫描状态：等待中、扫描中】的扫描任务，可进行暂停扫描/全部停止操作
3	重新扫描	对【扫描状态：暂停中、异常终止、不扫描、已完成】的扫描任务，可进行重新扫描/全部重扫操作
4	锁定	锁定项目处于不可操作状态
5	解除锁定	用来解除被锁定的项目
6	关闭	关闭任务后，任务将从漏洞扫描界面的任务列表中和任务管理中心的列表中删除；但是被移除任务的数据仍然被保存在项目文件中，若需要此任务信息，重新加载项目文件即可
7	删除	将此任务相关信息删除，包括从任务列表中删除，另外保存的项目文件也被删除
8	展开全部	将整个任务列表树展开
9	折叠全部	将整个任务列表树折叠
10	用浏览器打开	用默认浏览器打开扫描网站地址
11	登录设置	设置扫描任务中 Web 页面的登录方式，详见【登录设置】
12	手动爬行	单击手动爬行，则打开 WebScan 浏览器浏览扫描网站，进行手动爬行，详见【手动爬行】
13	计划任务	计划任务是实现用户在特定周期内对相同任务的扫描，以减少用户手动重复操作，详见【扫描计划】
14	取消计划任务	取消当前任务已经设定的扫描计划
15	属性	查看和修改任务扫描选项。用户可以在任务配置界面查看和配置每个任务的扫描选项和策略，详见【扫描选项配置详解】

对【扫描状态：暂停中、异常终止、不扫描】的扫描任务，可进行开始扫描/全部扫描操作，扫描状态变

为【扫描中】状态，在原有扫描基础上断点续扫。

（5）弱点编辑

为了便于对弱点结果进行判断，WebScan 提供了弱点编辑功能，可以添加遗漏弱点、删除误报弱点、修改弱点信息。修改弱点的说明如表 11-8 所示。

表 11-8　　修改弱点的说明

序号	选项	说明
1	添加弱点	添加弱点可以通过以下几种操作方式： （1）在扫描结果弱点显示区右键单击扫描对象，选择【添加弱点】。 （2）右键单击某个弱点类型，选择【添加弱点】。 （3）右键单击具体的某个弱点，选择【添加弱点】。 通过以上方式，打开【添加弱点】界面，选择弱点类型，输入网址和值，单击【确定】，保存手动输入的弱点信息
2	修改弱点	选择需要修改的弱点，右键单击修改弱点，显示编辑弱点的窗口。可以修改弱点类型、网址和值，修改完以后单击【确定】，保存修改的结果
3	删除弱点	选择需要删除的弱点，右键单击【删除弱点】，提示是否要删除。单击【确定】后，删除该弱点信息

4．项目文件管理

项目文件一般会自动保存到项目文件默认存储路径中，可在系统配置的【项目文件默认存储路径】中进行设置。另存项目文件的具体操作步骤如下。

（1）在任务列表中，选择需要保存的项目，单击工具栏 按钮，打开【另存为】对话框。

（2）在【另存为】对话框中，指定目标存储位置，输入保存的文件名，单击【保存】，完成项目另存为操作。

5．扫描结果

在主界面选择【漏洞扫描】选项卡，显示漏洞扫描相关信息，包括任务列表、扫描结果信息、弱点统计信息等，如图 11-11 所示。

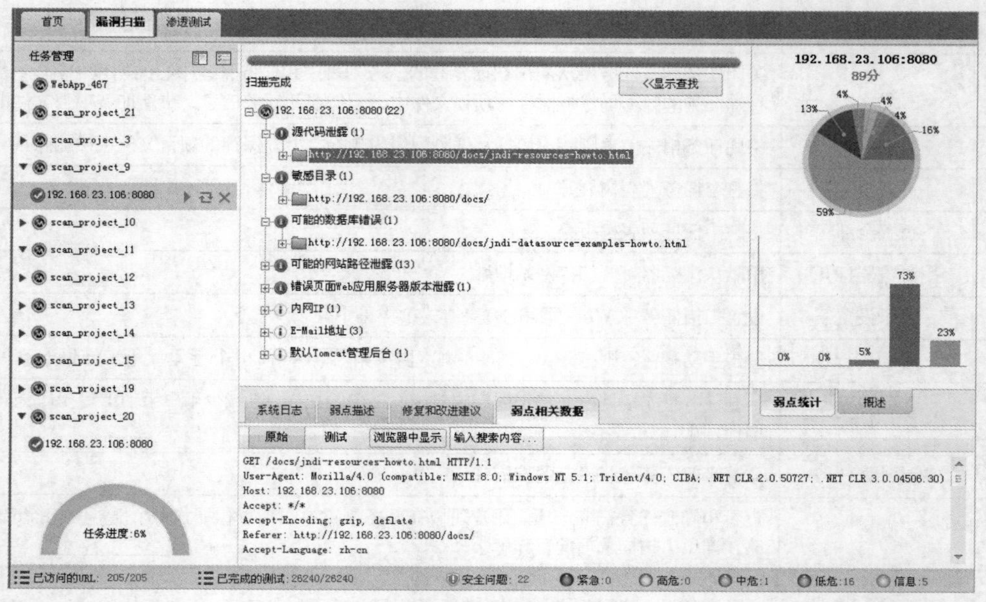

图 11-11　漏洞扫描相关信息

URL 统计是在根节点以“( )”显示此任务含有弱点的 URL 数目，在漏洞类型节点以“( )”显示此任务含有此种漏洞类型的 URL 数目，如图 11-12 所示。

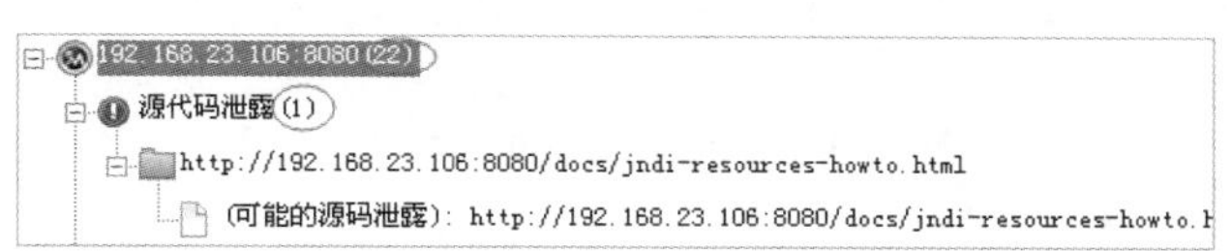

图 11-12 URL 统计

扫描结果会以不同的图标方式，来显示各个漏洞的危害级别，如表 11-9 所示。

表 11-9 不同图标对应的漏洞危害级别

图标	漏洞危害级别	备注
（红色）	紧急	可以直接被利用的漏洞，且利用难度较低。被攻击之后可能对网站或服务器的正常运行造成严重影响，或对用户财产及个人信息造成重大损失
（黄色）	高危	被利用之后造成的影响较大，但直接利用难度较高的漏洞；或本身无法直接攻击，但能为进一步攻击造成极大便利的漏洞
（蓝色）	中危	利用难度极高，或满足严格条件才能实现攻击的漏洞；或漏洞本身无法被直接攻击，但能为进一步攻击起较大帮助作用的漏洞
（绿色）	低危	无法直接实现攻击，但提供的信息可能让攻击者更容易找到其他安全漏洞
（白色）	信息	本身对网站安全没有直接影响，提供的信息可能为攻击者提供少量帮助，或可用于其他手段的攻击，如社会工程学等

显示所选任务各漏洞危害等级的弱点总数，如图 11-13 所示。

图 11-13 各漏洞危害等级的弱点总数

如图 11-14 所示，弱点统计仪表盘可显示安全值得分，安全值得分是综合不同危险等级分数的比例综合得出的结果，满分为 100 分，分值越低表示该网站安全性越低。各个等级分数，可在策略管理模块中自定义。

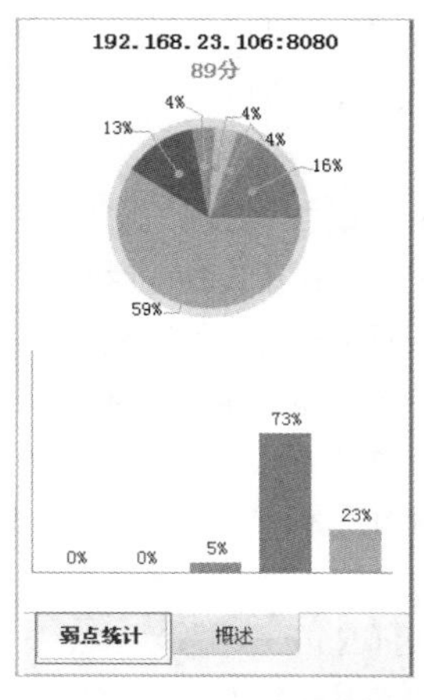

图 11-14 弱点统计仪表盘

在扫描结果显示区，单击扫描一个弱点 URL，会显示漏洞知识库中弱点的描述内容，如图 11-15 所示。

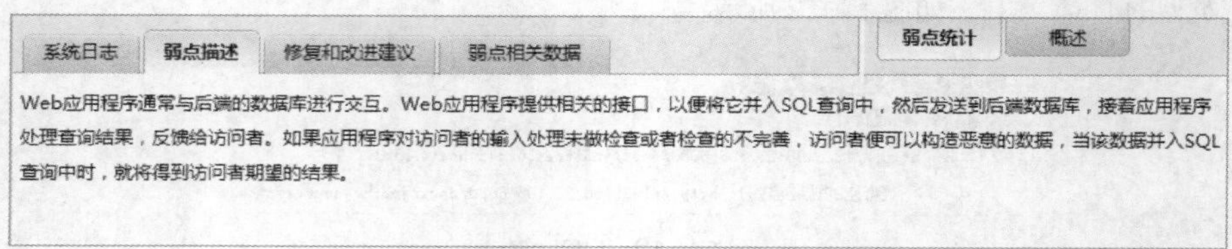

图 11-15 弱点描述

漏洞修复和改进建议如图 11-16 所示。

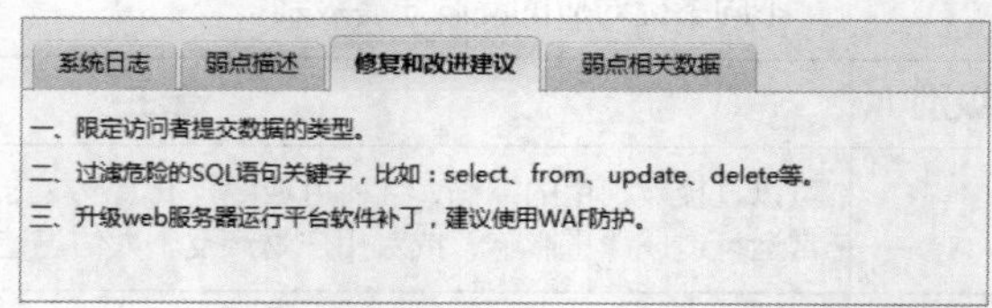

图 11-16 漏洞修复和改进建议

弱点相关数据如图 11-17 所示。

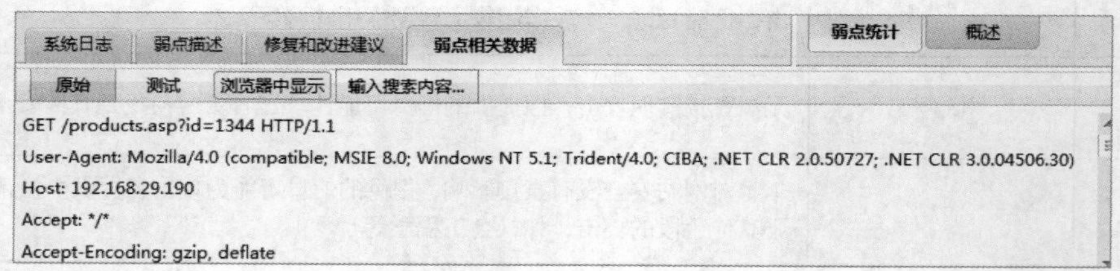

图 11-17 弱点相关数据

11.2 移动应用测试

11.2.1 移动应用测试简介

移动应用测试是对移动终端应用进行测试，移动应用的运行环境主要为 Android 和 iOS 系统，主要的测试方式可分为人工测试、自动化测试和云测试（众包测试）。

1. 移动应用测试的必要性

随着智能手机的全面普及，移动应用的数量也呈几何式增长。移动应用的开发和测试过程在时间方面存在局限。移动应用的质量也愈发难以保证。同时，由于设备厂商的井喷式增长和 Android 系统版本的快速更迭，移动应用在保障基本业务功能的同时，还要面对兼容性的挑战。如何保证移动应用高效、快速、安全地运行，以提高用户留存率，是当前移动应用开发者面临的最重要的难题。

移动应用测试是保证移动应用质量最基本的方法。在移动应用软件开发过程中，软件测试不仅是软件开发的一个有机组成部分，而且在软件开发的系统工程中占据着相当大的比重。它是保证软件质量的必要环节。

2. 移动应用类型

从应用类型来看，移动应用分为原生应用（Native App）、Web 应用（Web App）和混合应用（Hybrid App）。不同的应用类型的测试侧重点不同。原生应用直接运行于移动设备的 Android 或 iOS 等系统之上，支持离线运行，有较好的易用性、流畅的画面，以及较高的用户体验，因此测试重点应主要集中在软件安装与卸载、功能实现、交叉事件响应、兼容性等方面。Web 应用本质上是为移动浏览器设计的基于 HTLM5 的应用，因而测试重点应放在功能测试、UI 测试、兼容性测试、性能测试等方面。而作为两者的结合，混合应用的测试要求更高、更全面。

3. 移动应用测试流程

移动应用软件测试流程主要包括测试需求分析、测试计划编制、测试用例设计、测试实施、测试结果整理、测试报告生成等。从测试需求分析到测试实施阶段，安装与卸载测试、功能测试、UI 测试、兼容性测试、交叉事件测试、安全性测试、性能测试等测试重点涉及其中。测试人员应根据移动应用类型和具体的客户测试需求，确定测试的重点方向并明确测试需求和测试计划，继而进行用例设计和后续测试流程。

11.2.2 移动应用自动化测试工具简介

1. Calabash（适用于 Android 和 iOS）

Calabash 是一个开源的验收测试框架。Calabash 为 Android 和 iOS 自动化测试提供了一个单独的库。Calabash 是一个跨平台的框架，支持 Cucumber。Cucumber 能让你用自然的英语语言表述 App 的行为，实现行为驱动开发（Behavior Driven Development，BDD）。

Cucumber 测试使用一列语句写入，这些语句会形成很多测试场景。Cucumber 中所有语句使用 Ruby 定义。

在 Calabash 中，Cucumber 语句只能被定义一次，但可以在 Cucumber 脚本的不同场景中重复使用。实际测试是用 Gherkin 写的，依靠 Ruby 代码的支持，并在 Calabash 框架的上下文中运行。

Calabash 的优点如下。

（1）大型且热心的社区支持。

（2）简单，类似英语表述的测试语句。

（3）支持在屏幕上的所有动作，如滑动、缩放、旋转、敲击等。

（4）跨平台开发支持（同样的代码在 Android 和 iOS 设备中都适用）。

Calabash 的缺点如下。

（1）测试步骤失败后，将跳过所有的后续步骤。这可能会导致错过更严重的产品问题。

（2）需要时间来进行测试，因为它首先总是默认安装 App。但是，这种设置可以通过在代码中配置一个钩子（hook）覆盖掉。

（3）需要 Calabash 框架安装在 iOS 的 ipa 文件中。

（4）我们必须要有 iOS 的 App 代码。

（5）除 Ruby 外，对其他语言不友好。

2. Appium（Android 和 iOS）

Appium 是 Sauce Labs 出品的一个开源的自动化测试框架，用于原生应用、Web 应用和混合应用。框架内的 Appium 库函数调用 Appium 服务器是在操作连接设备的后台运行的。它在内部使用 JSONWireProtocol，来与使用 Selenium 的 WebDriver 的 iOS 和 Android App 进行互动。

不同于 Calabash 只支持 Ruby 开发，在框架中使用 Appium 时，可以选择 Java、Python 和 Ruby 以及所有其他 Selenium 的 WebDriver 支持的语言。

由于 Appium 服务器被托管在 Node 服务器上，因此可以通过触发一组 Node 命令来启动 Appium 服务器。当使用 Appium Standalone Application 作为服务器（从 Appium 网站下载）时，Inspector 工具可对 App 的所有定位器提供查找/识别/操作的能力。

Appium 的优点如下。

（1）支持多种语言。

（2）不需要访问源代码。

（3）跨平台脚本开发。

（4）大型社区支持。

（5）支持 Mac 上的脚本记录。

（6）使用 Appium 服务器应用程序的 Inspector 工具提取标识符。

（7）通过 Appium 服务器的桌面应用程序对 Selendroid 内置支持。

（8）它还使用供应商提供的框架：适用于 iOS 的 UIAutomator，分别适用于 Android 4.2+和 2.3+的 UIAutomator 和 Selendroid。

（9）支持物理设备与仿真器。

（10）支持原生应用、Web 应用、混合应用。

Appium 的缺点如下。

① 运行不够稳定。

② 执行效率不够高。

③ 环境配置较烦琐。

3. Robotium（Android）

Robotium 是一个开源的测试框架，用于功能测试、系统测试和验收测试场景。它与 Selenium 非常相似，但它只适用于 Android。它注册在 Apache License 2.0 下。

它简单且具有创建强大、可靠的自动化场景的能力，因此它在自动化测试社区广泛流行。

它采用运行时绑定到 GUI 组件。它安装了一个测试用例套件作为在 Android 设备或仿真器上的应用程序，并提供用于执行测试的真实环境。

Robotium 的优点如下。

（1）容易在最短的时间内编写测试脚本。

（2）预装自动化 App 是可能的。

（3）自动跟随当前 Activity。

（4）由于运行时绑定到 GUI 组件，相比于 Appium，它的测试执行更快、更强大。

（5）不访问代码或不知道 App 的实现，它也可以工作。

（6）支持 Activities、Dialogs、Toasts、Menus、Context Menus 和其他 Android SDK 控件。

Robotium 有以下缺点。

（1）不能处理 Flash 和 Web 组件。

（2）在旧设备上会变得很慢。

（3）由于不支持 iOS 设备，当自动化测试同时覆盖 Android 与 iOS 的情况时，测试会中断。

（4）没有内置的记录和回放功能，使用记录功能需要 TestDroid 和 Robotium Recorder 等收费工具。

4. Frank（iOS）

Frank 是一个 iOS 应用的自动化框架，允许使用 Cucumber 编写结构化英语句子的测试场景。测试时，Frank 要求在应用程序内部编译，这意味着它对源代码的改变是强制性的。这是一个使用 Cucumber 和 JSON 组合命令的工具，命令发送到在本地应用程序内部运行的服务器上，并利用 UISpec 运行命令。

Frank 的优点如下。

（1）在 Cucumber 的帮助下，测试场景可用结构化的英语句子编写。

（2）Symbiote——包含实时检查工具。

（3）团队关于 Web Selenium 和 Cucumber 自动化框架的经验，也是有效的。

（4）活跃的社区支持。

（5）不断扩大的库。

Frank 的缺点如下。

（1）对手势的支持有限。

（2）在设备上运行测试有点难。

（3）修改配置文件需要在实际设备上运行。

（4）记录功能不可用。

5. UIAutomator（Android）

UIAutomator 是由谷歌提供的测试框架，它提供了原生 Android 应用和游戏的高级 UI 测试。这是一个包含 API 的 Java 库，用来创建功能性 UI 测试，以及运行测试的执行引擎。该库自带 Android SDK。有很多教程可供初学者学习。在运行访问不同的进程时，它会给 JUnit 测试案例特权。虽然它对本地自动化应用既好又更简单，但它对 Web 自动化视图非常有限或几乎没有任何支持。它仅支持使用 API Level 16 及以上的设备，因为现在大多数的 App 支持 API Level 19 及以上。

UIAutomator 的优点如下。

（1）简单易学的教程。

（2）库由谷歌社区支持和维护。

（3）第三方支付集成了基于云计算的测试管理。

UIAutomator 的缺点如下。

（1）仅支持 Android 4.1 及以上。

（2）不支持脚本记录。

（3）不能获得当前活动或仪表化。

（4）目前不支持 Web 视图。

（5）库支持使用 Java，因此如果有人想和使用 Ruby 的 Cucumber 混合，会很困难。Java 有它自己的 BDD 框架，但在实践中用到的也不多。

以上介绍了较主流的几款自动化测试工具，更多的工具可根据应用需要查阅相关资料。

11.2.3 移动应用测试示例

1. 环境搭建

环境搭建主要是 Appium 的配置，全国大学生软件测试大赛移动应用测试使用此自动化工具。

（1）安装 node.js

node.js 的下载如图 11-18 所示。官网网址为 https://nodejs.org/en/download/。node.js 的版本号根据每年 Appium 插件的更新而定。

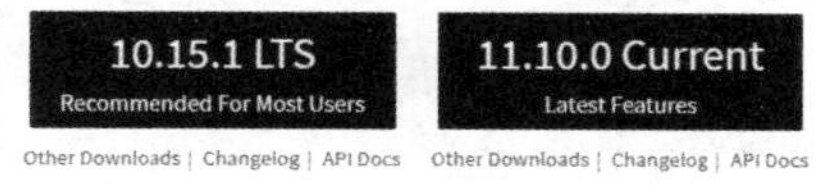

图 11-18　node.js 的下载

① 获取安装文件后，直接双击安装文件。根据程序的提示完成 node.js 的安装。

② 安装完成后，运行 cmd（或其他终端），输入 node –v，如果安装成功，会输出版本信息。

（2）配置 Java 环境

① Java 的 JDK 下载如图 11-19 所示。官网网址为 http://www.oracle.com/technetwork/java/javase/downloads/index.html。

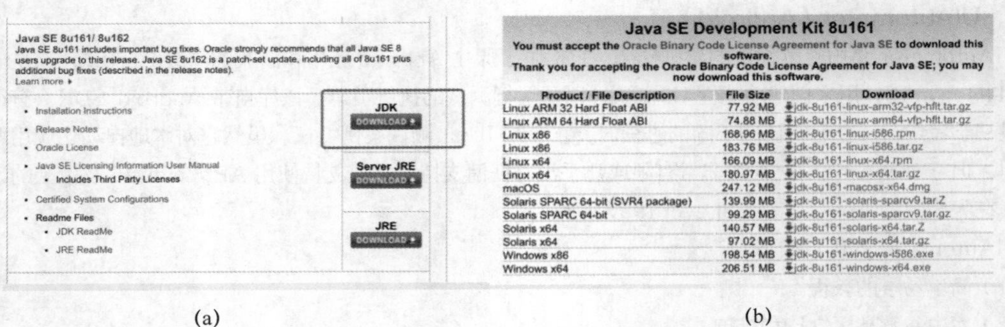

(a)　　　　(b)

图 11-19　Java 的 JDK 下载

② 配置 JAVA_HOME、CLASSPATH、PATH 环境变量，可参考网址 http://www.runoob.com/java/java-environment-setup.html。

③ 验证 Java 环境是否配置成功。打开 cmd（或其他终端）输入 java -version、-java、-javac 几个命令，看是否会报错。

（3）配置 Android SDK 环境

① 下载 Android SDK 如图 11-20 所示。推荐在 Android 中文网（http://www.androiddevtools.cn/）下载。

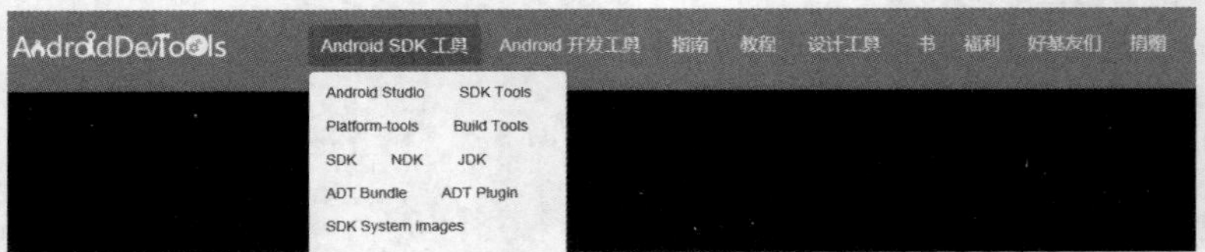

图 11-20　下载 Android SDK

② 启动 SDK Manager。解压 SDK 到本地后，进入 SDK 目录，双击启动 SDK Manager.exe。启动后，首先单击 Deselect All，取消勾选所有包，如图 11-21 所示。

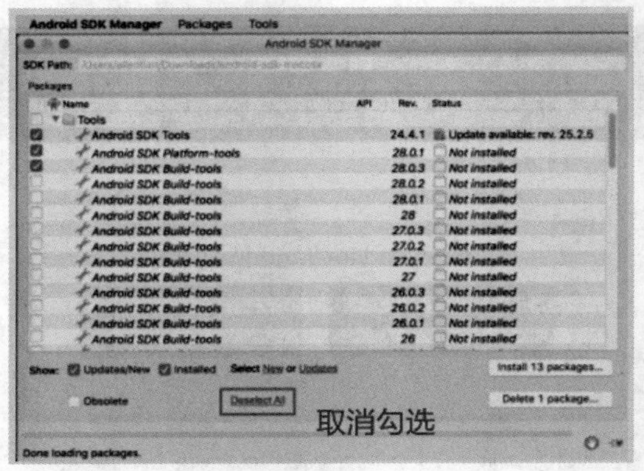

图 11-21　启动 SDK Manager 后，单击 Deselect All

③ 配置 SDK Manger 国内代理。由于我们选择的下载 Android 不同版本的开发包时，需要访问境外资源，下载速度慢，需要配置代理。启动 SDKManger→菜单→Tools→Settings，配置 Proxy Server 地址为：mirrors.neusoft.edu.cn，端口 80，并且在 Others 里勾选“Force https://...”复选框，配置完毕后单击 Close，如图 11-22 所示。

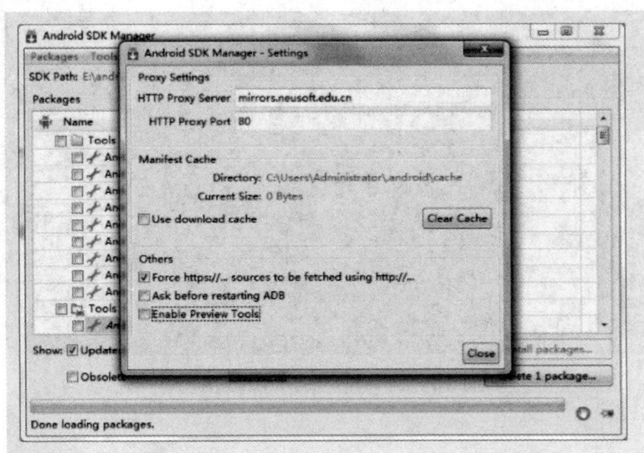

图 11-22　配置 SDK Manger 国内代理

④ 勾选必要包进行下载安装。

- 勾选 Tools 目录下的前三项。
- 勾选任一 API 版本大于大于 17 的 SDK Platform（根据安卓版本而定）。
- 单击 Install 4 packages…（注意弹出安装确认框后请对每一个包的安装协议都选择接受），然后进行安装，如图 11-23 所示。

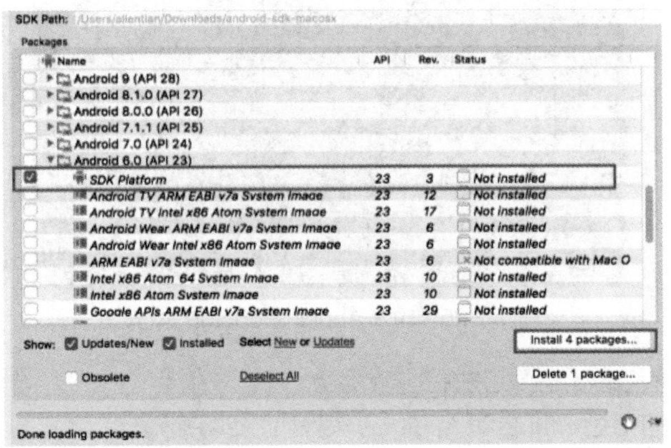

图 11-23　勾选必要包进行下载安装

⑤ 配置系统环境变量。

- 成功安装后 Android SDK 的根目录下应该同时包括 tools 和 platform-tools 两个目录。
- 设置 ANDROID_HOME 系统变量（若没有，请新建）为本机的 Android SDK 根目录，例如 E:\android-sdk-windows。
- 把 Android SDK 路径下的 tools 和 platform-tools 两个目录路径加入到系统环境变量 Path。

⑥ 验证 Android SDK 环境。在终端（cmd）输入命令 adb，回车，若输出图 11-24 所示 adb 版本和帮助

信息，则说明环境配置成功。

```
C:\Users\soft>adb
Android Debug Bridge version 1.0.40
Version 4986621
Installed as D:\android-sdk\platform-tools\adb.exe

global options:
 -a         listen on all network interfaces, not just localhost
 -d         use USB device (error if multiple devices connected)
 -e         use TCP/IP device (error if multiple TCP/IP devices available)
 -s SERIAL  use device with given serial (overrides $ANDROID_SERIAL)
 -t ID      use device with given transport id
 -H         name of adb server host [default=localhost]
 -P         port of adb server [default=5037]
 -L SOCKET  listen on given socket for adb server [default=tcp:localhost:5037]

general commands:
 devices [-l]             list connected devices (-l for long output)
 help                     show this help message
 version                  show version num

networking:
 connect HOST[:PORT]      connect to a device via TCP/IP [default port=5555]
 disconnect [HOST[:PORT]]
     disconnect from given TCP/IP device [default port=5555], or all
 forward --list           list all forward socket connections
 forward [--no-rebind] LOCAL REMOTE
```

图 11-24　输入命令 adb 执行

（4）安装 Appium

① 建议从官网下载安装文件。Windows 下载 zip 文件，Mac 请下载 dmg 文件。

② 直接双击 Appium-installer.exe 文件安装即可，但请务必记住安装路径。安装后桌面会生成一个 Appium 的图标。

③ 配置 Appium 系统环境变量。将安装路径下的 Appium/node_modules/.bin/加入环境变量 Path。

④ 重新启动一个终端（cmd），输入 Appium-doctor 执行。Appium-doctor 是用来检查 Appium 运行环境依赖的命令。如果出现提示 All Checks were successful，则说明环境搭建成功，如图 11-25 所示。

```
C:\Users\soft>appium-doctor
Running Android Checks
✓ ANDROID_HOME is set to "D:\android-sdk"
✓ JAVA_HOME is set to "D:\jdk\jdk1.8."
✓ ADB exists at D:\android-sdk\platform-tools\adb.exe
✓ Android exists at D:\android-sdk\tools\android.bat
✓ Emulator exists at D:\android-sdk\tools\emulator.exe
✓ Android Checks were successful.

✓ All Checks were successful

C:\Users\soft>_
```

图 11-25　输入 Appium-doctor 执行

如果执行报错，请根据报错情况解决没有安装的依赖。

⑤ 环境配置完成后，可通过 cmd 启动 Appium，如图 11-26 所示。

```
C:\Users\soft>appium
(node:12356) fs: re-evaluating native module sources is not supported. If you are using the graceful-fs module, please u
pdate it to a more recent version.
info: Welcome to Appium v1.4.16 (REV ae6877eff263066b26328d457bd285c0cc62430d)
info: Appium REST http interface listener started on 0.0.0.0:4723
info: Console LogLevel: debug
```

图 11-26　通过 cmd 启动 Appium

2. 测试需求

全国大学生软件测试大赛移动应用测试分项赛的一道赛题如下。

（1）编写脚本启动应用，同意启动页面协议进入主页面，如图 11-27 所示。

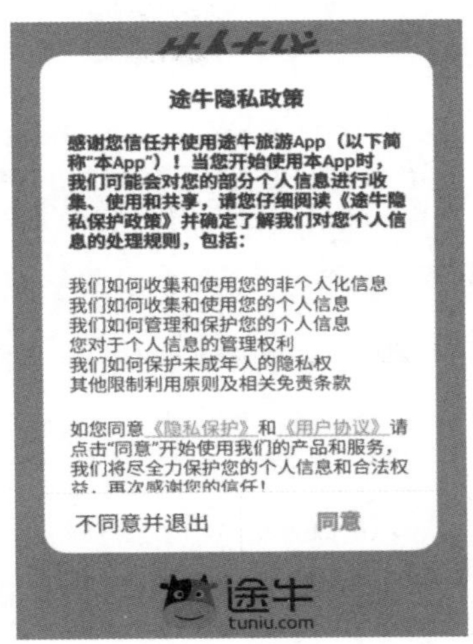

图 11-27　启动应用

（2）如图 11-28 所示，对主页面一定范围内控件及其子页面进行测试。

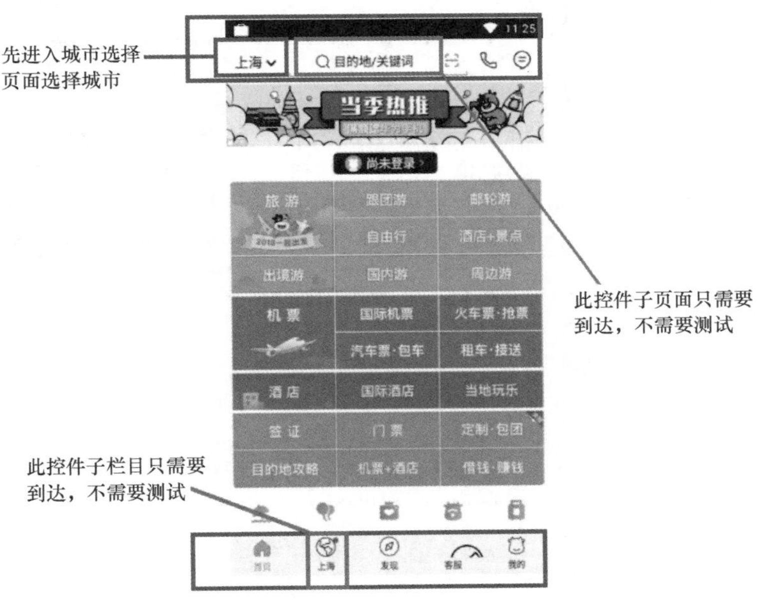

图 11-28　测试内容

（3）具体测试要求（略）。

3. 辅助工具

Android 自动化测试环境搭建完成之后，编写脚本时需要用到 uiautomatorviewer.bat 工具，如图 11-29 所示，路径为 D:\android-sdk\tools，计算机连接 Android 设备后，可通过此工具获取控件元素的参数，从而确定控件的位置。

4. 脚本编写

（1）使用 Appium 自动化测试工具，用 Eclipse 编写脚本代码。

（2）开始编写代码前，Android 设备连接计算机端，打开开发者选项，允许 USB 调试。

（3）运行 uiautomatorviewer.bat。

monitor.bat	2017/10/23 21:47	Windows 批处理...	2 KB
monkeyrunner.bat	2017/10/23 21:48	Windows 批处理...	2 KB
NOTICE.txt	2017/10/23 21:48	文本文档	820 KB
source.properties	2017/10/23 21:48	PROPERTIES 文件	17 KB
traceview.bat	2017/10/23 21:47	Windows 批处理...	3 KB
uiautomatorviewer.bat	2017/10/23 21:47	Windows 批处理...	3 KB

图 11-29　uiautomatorviewer.bat 工具

脚本编写界面如图 11-30 所示。

```
        try {
            Thread.sleep(8000);     //等待6s, 待应用完全启动
        } catch (InterruptedException e) {
            // TODO Auto-generated catch block
            //e.printStackTrace();
        }
        driver.manage().timeouts().implicitlyWait(9, TimeUnit.SECONDS); //设置尝试定位
        //同意
        try {
            driver.findElementById("com.tuniu.app.ui:id/tv_agree").click();
            Thread.sleep(1500);
        } catch (Exception e) {}
        //主页面上方
        try {
            driver.findElementById("com.tuniu.app.ui:id/iv_close").click();
            Thread.sleep(1000);
            driver.findElementById("com.tuniu.app.ui:id/header_city").click();//城
            Thread.sleep(500);
            driver.findElementById("com.tuniu.app.ui:id/ev_search").sendKeys("上海"
            Thread.sleep(500);
            driver.findElementById("com.tuniu.app.ui:id/tv_title_name").click();
            Thread.sleep(500);
```

图 11-30　脚本编写界面

项目架构如图 11-31 所示。

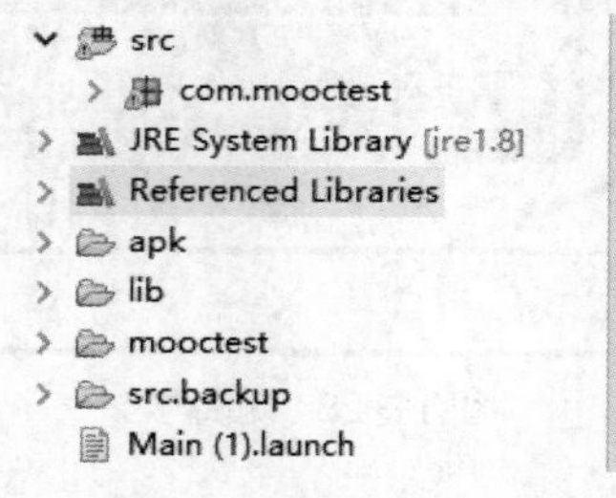

图 11-31　项目架构

（4）脚本代码示例如下。

```
package com.mooctest;

import io.appium.java_client.AppiumDriver;
import io.appium.java_client.AndroidKeyCode;
import java.io.File;
import java.net.MalformedURLException;
```

```
import java.net.URL;
import java.util.List;
import java.util.concurrent.TimeUnit;

import org.openqa.selenium.By;
import org.openqa.selenium.NoSuchElementException;
import org.openqa.selenium.WebElement;
import org.openqa.selenium.remote.CapabilityType;
import org.openqa.selenium.remote.DesiredCapabilities;
import org.openqa.selenium.remote.UnreachableBrowserException;

public class Main {
/**
* 所有和AppiumDriver相关的操作都必须写在该函数中
* @param driver
*/
    public void test(AppiumDriver driver) {
        try {
           Thread.sleep(8000);        //等待应用完全启动
        } catch (InterruptedException e) {
              // TODO Auto-generated catch block
              //e.printStackTrace();
        }
        driver.manage().timeouts().implicitlyWait(9, TimeUnit.SECONDS);
                //设置尝试定位控件的最长时间为8秒，也就是最多尝试8秒

        //同意
        try { //通过findElementById确定控件位置，参数为uiautomatorviewer.bat中id的内容。
              driver.findElementById("com.tuniu.app.ui:id/tv_agree").click();
              Thread.sleep(1500);
        } catch (Exception e) {}
        //主页面上方
        try {
           driver.findElementById("com.tuniu.app.ui:id/iv_close").click();
        Thread.sleep(1000);
        driver.findElementById("com.tuniu.app.ui:id/header_city").click();//城市
        Thread.sleep(500);
        driver.findElementById("com.tuniu.app.ui:id/ev_search").sendKeys("上海");
        Thread.sleep(500);
        driver.findElementById("com.tuniu.app.ui:id/tv_title_name").click();
        Thread.sleep(500);
        driver.findElementById("com.tuniu.app.ui:id/header_search_homepage").click();//搜索框
        Thread.sleep(500);
        driver.findElementById("com.tuniu.app.ui:id/tv_hot_search_destination_switch").click();
        //查看更多
        Thread.sleep(500);
        driver.sendKeyEvent(AndroidKeyCode.BACK);
        Thread.sleep(500);

        driver.findElementById("com.tuniu.app.ui:id/tv_hot_search_recommend_switch").click();
        //换一换
```

```
        Thread.sleep(500);
        driver.findElementById("com.tuniu.app.ui:id/ll_destination_all").click();//目的地大全
        Thread.sleep(500);
        driver.sendKeyEvent(AndroidKeyCode.BACK);
        Thread.sleep(500);
        driver.findElementById("com.tuniu.app.ui:id/ll_help_to_choose").click();//帮你选目的地
        Thread.sleep(500);
        driver.sendKeyEvent(AndroidKeyCode.BACK);
        Thread.sleep(1000);
        driver.findElementById("com.tuniu.app.ui:id/ev_search").sendKeys("南京");
        Thread.sleep(500);
        driver.sendKeyEvent(AndroidKeyCode.ENTER);
        Thread.sleep(1000);     }
…       // 后续代码略
    }
}
```

脚本编写细则可参照 Appium API 文档。

5．测试执行界面

脚本编写完成后，在 cmd 中打开 Appium；然后，在 Eclipse 编程界面上运行测试脚本，运行日志可在 Appium 界面中查看。

习 题

一、选择题

1．关于安全测试，以下表述中错误的是（　　）。

A．安全性测试关注的是软件不能做那些它不应该做的事情

B．安全性测试就是可靠性测试

C．安全测试往往从攻击者的角度出发，以发现能够利用的漏洞为目的

D．软件安全测试的整体过程伴随软件开发的整个生命周期

2．下列不属于安全性的质量和测试要求的是（　　）。

A．完整性　　B．及时性　　C．真实性　　D．可核查性

3．以下选项中不属于软件安全测试原则的是（　　）。

A．随机测试原则　　B．测试自动化原则

C．测试最薄弱环节原则　　D．反向思维原则

4．以下选项中不是安全测试工具的是（　　）。

A．IBM Security AppScan Source　　B．JShint

C．Logiscope　　D．Fortify

5．对抗性测试不包括（　　）。

A．反编译测试　　B．负载测试　　C．渗透测试　　D．对抗测试

6．下列关于移动应用中的原生应用，表述不正确的是（　　）。

A．支持离线运行

B．有较好的易用性、流畅的画面

C．是为移动浏览器设计的基于 HTLM5 的应用

D．直接运行于移动设备的 Android 或 iOS 等系统之上

7. 以下不属于移动应用自动化测试工具的是（　　）。

A. Calabash　　B. Appium　　C. Robotium　　D. JUnit

二、填空题

1. 所谓的对抗性测试就是模拟________或________的方式来进行软件安全性测试。

2. 如何保证移动应用高效、快速、________地运行，提高________，是当前移动应用开发者面临的最重要的难题。

3. 从应用类型来看，移动应用分为________应用、________应用和混合应用。

4. Appium 在内部使用，来与使用________的________ App 进行互动。

三、判断题

1. 二十一世纪初软件在安全方面面临的挑战称为“第三次软件危机”。（　　）

2. 使用 Appium 进行测试时，需要被测软件的源代码。（　　）

3. 软件安全性测试是在软件的生命周期内采取的一系列措施，用来防止软件出现违反安全策略的异常情况。（　　）

4. 安全性测试关注的是软件应当能做那些它应该做的事情。（　　）

5. 业务逻辑漏洞是占比最高的漏洞类型，因此，测试用例的设计应该充分考虑软件或系统的业务逻辑和上下文数据相关性。（　　）

6. 软件开发人员在编写代码时将用户输入的用户名和密码进行 SQL 语句拼接，可以防止 SQL 注入攻击。（　　）

7. 强度测试是强制软件程序使用恶意或者破坏性的数据并观察执行结果的一种测试方法。（　　）

参考文献

[1] 王兴亚，王智钢，赵源，等．开发者测试[M]．北京：机械工业出版社，2019.

[2] 秦航，杨强．软件质量保证与测试（第 2 版）[M]．北京：清华大学出版社，2017.

[3] 刘震，吴娟．软件测试实用教程[M]．北京：人民邮电出版社，2017.

[4] 郑炜，刘文兴，杨喜兵，等．软件测试（慕课版）[M]．北京：人民邮电出版社，2017.

[5] 李炳森．实用软件测试[M]．北京：清华大学出版社，2016.

[6] 宫云战．软件测试教程（第 2 版）[M]．北京：机械工业出版社，2016.

[7] 朱少民．软件测试（第 2 版）[M]．北京：人民邮电出版社，2016.

[8] 佟伟光．软件测试（第 2 版）[M]．北京：人民邮电出版社，2015.

[9] Stephen Vance．优质代码：软件测试的原则、实践与模式[M]．伍斌，译．北京：人民邮电出版社，2015.

[10] Lasse Koskela．有效的单元测试[M]．申健，译．北京：机械工业出版社，2014.

[11] 周元哲．软件测试实用教程[M]．北京：人民邮电出版社，2013.

[12] 李海生，郭锐．软件测试技术案例教程[M]．北京：清华大学出版社，2012.

[13] Glenford J.Myers, Tom Badgett, Corey Sandler．软件测试的艺术（第 3 版）[M]．张晓明，黄琳，译．北京：机械工业出版，2012.

[14] Petar Tahchiev, Felipe Leme, Vincent Massol, et al.JUnit 实战（第 2 版）[M]．王魁，译．北京：人民邮电出版社，2012.

[15] Stephen Brown, Joe Timoney，叶德仕，等．软件测试原理与实践（英文版）[M]．北京：机械工业出版社，2012.

[16] 徐光侠，韦庆杰．软件测试技术教程[M]．北京：人民邮电出版社，2011.

[17] 郑人杰，许静，于波．软件测试[M]．北京：人民邮电出版社，2011.

[18] Aditya P. Mathur．软件测试基础教程[M]．王峰，郭长国，陈振华，等译．北京：机械工业出版社，2011.

[19] Maaike Gerritsen. Extending T2 with Prime Path Coverage Exploration [Z].Utrecht: Universiteit Utrecht, 2008.

[20] Ron Patton．软件测试（第 2 版）[M]．张小松，王珏，曹跃，译．北京：机械工业出版社，2006.

[21] Paul C. Jorgensen．软件测试（第 2 版）[M]．韩柯，杜旭涛，译．北京：机械工业出版社，2003.